国家自然科学基金资助项目
批准号：51778123

南京近现代建筑修缮技术指南

Technical Guide for Conservation & Renovation of Near-Modern Architecture in Nanjing

—— 南京市规划局·东南大学建筑学院合作研究成果 ——

叶　斌

周　琦　主编

陈乃栋

中国建筑工业出版社

图书在版编目（CIP）数据

南京近现代建筑修缮技术指南 / 叶斌，周琦，陈乃栋主编. — 北京：中国建筑工业出版社，2018.4
ISBN 978–7–112–21896–7

Ⅰ.①南⋯　Ⅱ.①叶⋯ ②周⋯ ③陈⋯　Ⅲ.①建筑物 — 修缮加固 — 南京 — 指南　Ⅳ.① TU-87

中国版本图书馆CIP数据核字（2018）第043254号

责任编辑：郑淮兵　陈小娟
责任校对：李美娜

南京近现代建筑修缮技术指南

叶　斌　周　琦　陈乃栋　主编
＊

中国建筑工业出版社出版、发行（北京海淀三里河路9号）
各地新华书店、建筑书店经销
北京京点图文设计有限公司制版
北京方嘉彩色印刷有限责任公司印刷
＊
开本：850×1168毫米　1/12　印张：23　字数：594千字
2018年4月第一版　2018年4月第一次印刷
定价：226.00 元
ISBN 978-7-112-21896-7
　　　　（31817）

本书编写人员名单

主　　编：叶　斌　周　琦　陈乃栋

学术顾问：刘先觉

编　　委：

王昭昭　李建波　朱光亚　郭华瑜　孙　逊　周小棣　方立新
淳　庆　王　为　张国祥　林　静

研究及编写人员：（以姓氏拼音为序）

陈乃栋　陈　婷　陈易骞　陈宇恒　淳　庆　方立新　郭华瑜
韩艺宽　季　秋　李建波　李莹韩　林　静　卢　婷　阮若辰
孙　逊　汪永平　王　为　王昭昭　王真真　吴明友　夏仕洋
杨文俊　叶　斌　张国祥　张　力　赵珊珊　周　琦　周小棣
朱光亚　左静楠

序　言

南京是中国东南部的一座名城，不仅历史悠久，而且在近现代时期还是中华民国的首都，在这里遗存着许多重要的建筑历史遗产。长期以来，许多遗产在有关部门的保护下都逐步得到修复与适当的利用，为城市焕发了光彩。由于历史建筑的修复需要遵守一定的规范与必要的准则，这就给修缮与保护增加了一定的技术难度。在国际上，早就有过全球性的雅典宪章、威尼斯宪章、佛罗伦萨宪章、华盛顿宪章和联合国文化遗产决议，我国也出台了《文物保护法》等法律文件，它们都需要在实际操作中加以考虑，因此就给修缮带来许多专业难度与必要的技术要求。

南京近现代城市与建筑的保护和利用，既需要技术操作方面的研究，也需要建立思想观念层面的范式。本书就是以南京市规划管理部门多年来近现代城市建筑遗产保护管理工作的成果和经验，以及东南大学建筑学院周琦教授工作室近30年的研究成果和保护修缮完成的30多座建筑群、100多个保护修缮案例为基础，最终形成的保护修缮指南。本书的内容从以下几个方面展开：南京近现代城市与建筑概述，保护原则与方法，结构体系、内部构造体系、外部构造体系及特殊结构体系的保护修缮，建筑性能改善，保护修缮管理规程及保护修缮实践案例。结构体系、内部构造体系、外部构造体系及特殊结构体系的保护修缮是本书的技术核心部分，它们针对不同部位的不同修缮方式进行了详细说明，提供了一套适用于保护及利用的简便有效的修缮技术指南，可供有关管理部门及设计单位参考。

近现代建筑作为建筑文化遗产中的重要组成部分，它的现实意义与价值是不容忽视的。这些遗产不仅有继续使用的价值，而且可以被重新利用而获得更高的价值。因此，在城市改造中，有选择地保护一批近现代优秀的建筑是十分重要的，也是完全可行的。把新旧建筑看成是不可调和的矛盾完全没有必要，而且在认识上是片面的。同时，在保护和利用过去建筑文化遗产中所遇到的矛盾，也可以根据具体情况采用不同的解决方法处理。有些近现代建筑遗产经过处理后甚至可以成为一个城市的标志，例如澳门的大三巴牌坊就是典型的实例。今天我们整理分析与总结评价近现代建筑艺术，绝不仅仅是为研究而研究，更重要的是为了从遗产保护中吸取经验教训，寻找有益的手法与优秀的规律，同时对它们进行评估，给予它们应有的历史地位。

东南大学建筑学院教授

南京前近现代建筑保护专家委员会主任

刘先觉

2018 年 1 月 7 日

前　言

　　改革开放以来，随着新建筑、新社区大规模的出现，城市功能区块及基础设施日趋完善，南京城市面貌的变化可谓是翻天覆地、日新月异，取得了巨大的建设成就。与此同时，城市历史建筑的保护、历史文脉的延续，却面临着巨大的挑战。在过去30多年里，南京市政府单位、高等院校及科研院所调查统计了1300多处现存近代建筑遗产，其涉及多种建筑类型、不同建筑风格、多样建筑材料，可谓精彩纷呈。对这类建筑的保护修缮及改造利用工作也持续了30多年，有许多成功的经验，也有一些失败的教训。自2008年始至今，南京市政府对重要近代建筑和风貌区进行了挂牌工作。在目前南京重要近代建筑名录中所颁布的321处中，已挂牌247处。对大部分重要近代建筑和近代建筑风貌区编制了相应的保护规划或修缮实施方案，为近代建筑遗产的保护与利用奠定了重要基础。一些重要的近代建筑及片区，如南京1912、晨光1865等案例的成功激发了民众对近代建筑的关注，起到了很好的标识与推广作用，对近代建筑资源的保护已逐渐成为社会共识。

　　与此同时，由于缺乏统一的法律法规、技术措施及管理规范，也出现了很多问题。之前的保护工作主要集中于单栋建筑，不注重成片修缮，大部分修缮对象的选择未考虑如何串联，后续价值与影响力无法凸显。事实上，南京近现代城市的文脉肌理仍然保持完好，是我们进一步弘扬历史遗产、保护历史脉络的依据。整个城市的风貌，城市的骨架系统、历史街区、城市整体形象系统也需要得到完整的保护。近代建筑除了极个别用作博物馆外，其他被大量用作别的目的，这就需要在保护历史遗存的同时，也要关注当下及未来的使用需求。比如，原来的市政设施和水电管线远不能满足需求，在不影响建筑整体风貌的前提下，如何去置换新的设施？这在各个保护项目中也有一些尝试，但缺乏统一的规范和标准。

　　基于这些考虑及南京市规划管理部门多年的探索和实践，我们委托东南大学建筑学院周琦教授为首的研究团队对南京市近现代建筑的保护修缮及利用工作进行系统性研究总结，结合国内外理论思想、方针政策和具体操作经验，形成一套适合南京的既具有学术前瞻性又具备法律法规层面规范性的技术指南，为南京，也为国内各城市提供一个解决类似问题的样本，可供社会各界参考，并希望得到读者的批评指正。

南京市规划局局长

叶斌

目录

第一章

南京近现代城市与建筑概述

第一节　城市格局变迁

一、近代之前的城市形态特征

南京位于中国东南部，属于长江下游区域城市，东距长江入海口约 300 公里，区域地貌为宁、镇、扬山地的一部分，明城墙内的旧城区周围多山峦，城内河湖纵横、水网发达。对南京城市影响较大的山脉为宁镇山脉，其西段在南京地区形成了三个分支。北部分支由栖霞山、乌龙山、幕府山、狮子山、马鞍山、石头山等构成；中部分支由钟山、富贵山、九华山、北极阁、鼓楼岗、五台山、清凉山、石头山等构

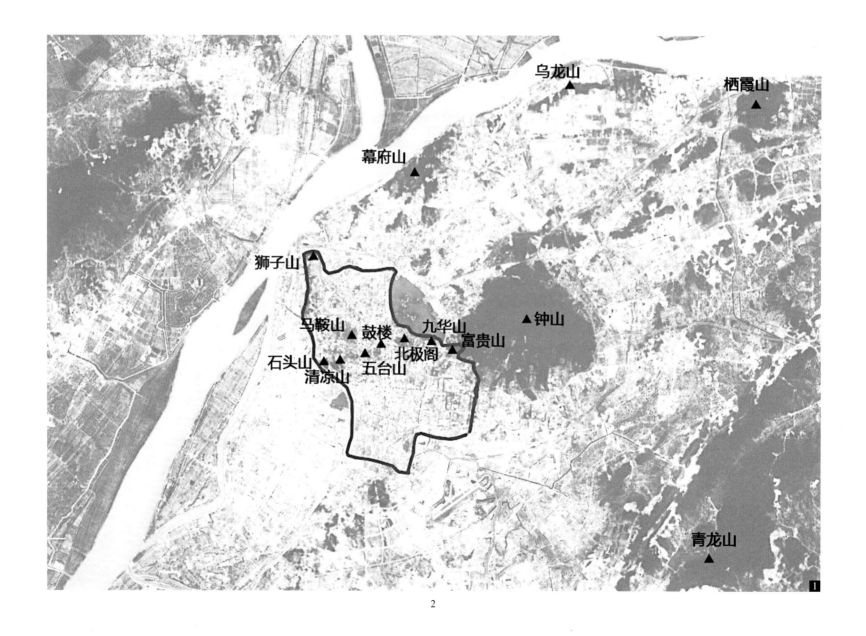

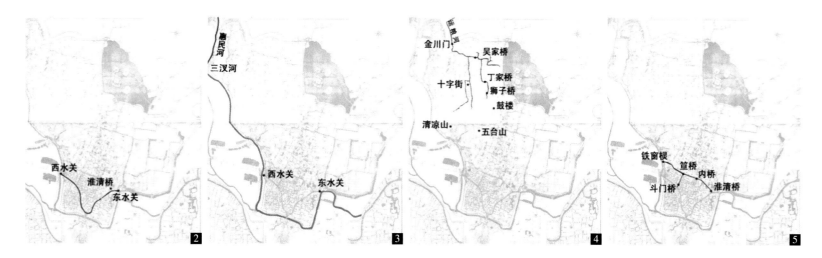

成；南部分支主要由青龙山、方山、牛首山、三山、云台山等构成。在河流水系方面，城外对南京影响最大的是长江，城内则是以钟山西延山脉为分水岭的秦淮河水系与金川河水系。此外，在南京历次建城中开挖了多条运河，如运渎、东渠、潮沟等，沟通了秦淮、金川、玄武湖、长江等重要水体，使南京城内外河网纵横、水运便捷。

南京主城区的城市建设始于战国初年的"越城"。越王勾践灭吴后，派范蠡"筑城于长干以图楚"。这之后一直到1840年之前，南京城经历过三次建设高潮，分别形成了"六朝建康城""南唐江宁府城""明初国都应天府城"，这三次建城结果极大地影响了近代南京的城市形态。

南京城自明朝以来一直存在"城南繁华城北荒"的现象。城北部由于在明朝时期一直属于军队驻防区，而城东部由于明皇城的存在，基本上也不存在由经济而引起的城市肌理、空间及景观的变化。在清朝时期，明故宫（皇城）又被清朝统治者设为了八旗驻防城。而城南市区从魏晋南北朝时期就一直是城市居民聚居区，城市肌理发展也较为细腻。清代南京城基本上延续了明初的风格，太平军战乱虽使建筑损坏殆尽，但城区外廓、主要道路走向、城市路网结构仍然和明朝时期大致相同，可以说明代南京城市形态是近代南京城市发展的基础。直到1949年，南京仍然主要在明城范围内发展，许多道路的位置、名称也一直沿用明初的设置。

二、近代城市规划与建设

（一）近代城市规划简介

南京近代城市规划真正开始建立体系、具备实施基础的时间并不长，大致集中在1927年至

图注　■1　南京山系图（来源：周琦建筑工作室，左静楠绘制）
　　　　■2 ~ ■7　南京水系图（来源：周琦建筑工作室，左静楠绘制）

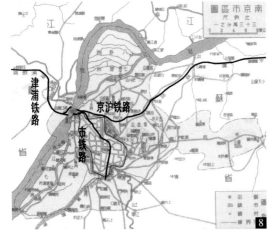

1937年，以及1945年至1949年间。20世纪初期开始在中国城市盛行的城市规划在一定程度上迎合了当时南京城市建设的需要，但是作为一种从西方引进的新事物，南京的建设者对其认识有限，1927年之前的两次城市规划编制实际上只是模仿了西方城市规划的形式，而对其近代城市规划的思想、方法、体系却并未触及。1927年之后的南京成为中华民国首都，城市地位的提升也带来了城市建设及管理方法的转变。以美国建筑师、工程师为顾问的《首都计划》将当时西方国家较为先进的城市规划理念、方法以及相关体系制度引入南京，极大地影响了之后的城市规划与建设。这种来自西方的规划技术与南京特殊的社会政治背景，如"首都地位""民族主义思潮"，以及国民党"党权代替法律治理国家"的政治特点相互混合，共同构成了南京近代城市规划的理念方法与体系特征。

（二）近代城市建设

1. 城市基础设施建设

清末民初，铁路站线、飞机场、港口码头、新式马路、水电管网等现代化基础设施开始在中国城市出现，并且以火车、飞机等新式交通工具为代表，产生了跨区域的交通方式。

（1）铁路方面

晚清和北洋政府时期建成沪宁铁路（1908年竣工）、津浦铁路（1912年通车）和宁

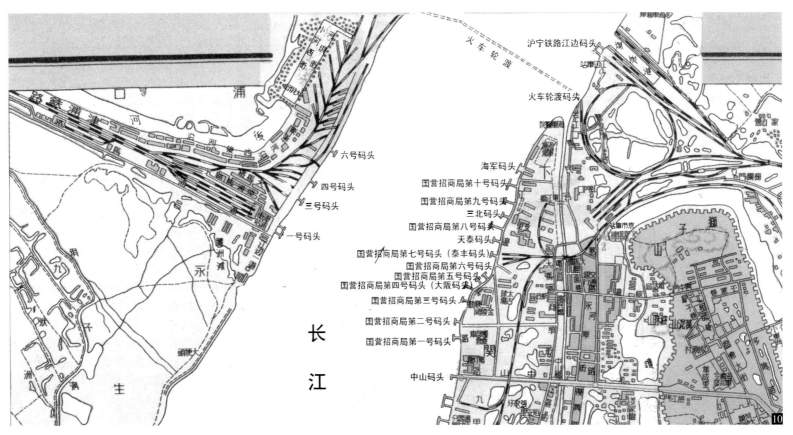

省铁路（即市内小铁路，1909年通车）。此三条干线初步奠定了南京铁路运输网络的基础。国民政府定都南京后实现了南北联运和区域网络成形。1933年9月，下关浦口铁路轮渡建成，10月通航。而京芜铁路及京市铁路的建设，也使得南京近代区域铁路网成形。

（2）港口码头方面

1899年下关开埠，国内外航运公司从此开始大量涌入南京设立航运机构，建立码头。1927年南京建都之后，下关港区最重要的基础设施工程为中山大道、热河路、铁路轮渡，以及隶属津浦路局的中山码头。1912年浦口开埠后，津浦铁路局在浦口共建立起码头十余座。1937年12月，南京港被日军占领，沦为日本海军长江舰队基地。战后国内局势不稳，南京港区在此时期发展几乎停滞。

（3）机场建设方面

近代时期南京市域范围内先后建立过南京小营机场（1912—1927年）、水上机场（1930—1937年）、南京大校场机场（1929—1949年，1949年由解放军南京军管会空军接管）、南京明故宫机场（1927—1949年，1949年由解放军华东军区接管，1958年废弃）、南京土山机场（1939—1949年，1949年被解放军南京军区空军接收，后作为民航通用航空基地）、南京草场村机场（1938—1945年）六座机场。

（4）道路系统方面

南京城厢外的公路主要是服务于南京主城与其周遭城镇的区域交通联系，有杭徽路、苏嘉路、沪杭路、京芜路、京杭路、宣长路、京建路等国道以及若干市郊公路。南京城区的近代道路修建大致可以分为两个时期：以1928年中山路的修建为界限，之前的城区（包括下关区域）道路修建多沿用旧有街巷空间，之后的道路修建则带来了城市路网结构性转变，极大地影响了南京城市形态的发展。1930年之前，南京市政府的道路建设主要围绕中山大道以及子午大道进行开辟。

2. 城市分区建设

（1）工业区建设

1899年下关开埠，金陵关的建立以及港口码头的繁荣，津浦与沪宁铁路的修建，这都使得下关与浦口成为中国南北水陆交通枢纽。因此，在南京近代历次城市规划编制中，沿江区域都被视为以港口交通为基础的工业区。孙中山的《实业计划》（1919年）主要是欲将南京沿江区域打造成内河港埠，借以发展工商业。而南京建都前的另外两部城市

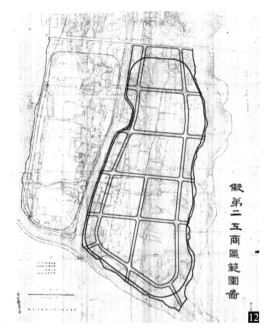

图注　◾8　民国时期南京铁路线（来源：周琦建筑工作室，左静楠绘制）

　　　◾9　民国时期南京机场分布（来源：周琦建筑工作室，左静楠绘制）

　　　◾10　新中国成立前南京沿江码头分布（来源：周琦建筑工作室，左静楠绘制）

　　　◾11　下关第一工商区范围（来源：左静楠，南京近代城市规划与建设研究，东南大学）

　　　◾12　下关第二工商区范围（来源：左静楠，南京近代城市规划与建设研究，东南大学）

新住宅区第一区中部鸟瞰图 **13**

14

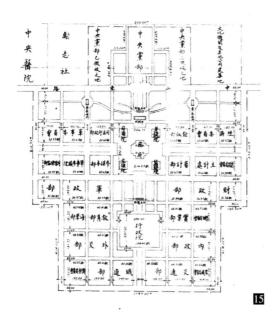

15

规划——《南京北城区发展计划》（1920年）、《南京市政计划》（1926年）均将工业区规划在长江沿岸幕府山一带。虽然在建都后《首都大计划》（1928年）的历次稿件中工业区位置并不确定，但也主要是沿江布置。《首都计划》（1929年）中区分了第一工业区和第二工业区两种工业区。

尽管南京全城分区计划并未实施，但是在1930年年底，首建会第34次常会却通过了南京市政府提出的"下关第一工商业区计划"，此后下关三汊河一带土地一直被南京市政府保留并作为工商业区运作，但截至抗战前并未能成功开发。抗战后南京市政府重提下关地段建设，不但将原"下关第一工商业区"改为"第一工业区"，还计划增开草鞋峡一带的"第二工业区"。

（2）住宅区建设

南京建都之后城市人口一直在增加，住房建设一直是南京市政府的工作重点。1928年，南京市政府即开始计划建筑平民住宅，分为甲、乙、丙三种：甲种住宅为二层楼房；乙种住宅为单层排屋，每户有两间居室并一间厨房及院落；丙种住宅也为单层排屋，但是建设标准要比乙等住宅低许多，每户前后分为两间。战后房荒严重，中央与地方两级政府的住宅建设分为"公务员之公教新村""市民住宅""平民与棚户住宅"三个类型，而对私人住宅建造行为则以完全放开、鼓励、提供帮助的态度展开。如同抗战前平民住宅建设一样，其空间布局与建筑形态受到地价与承租人群的影响。

（3）中央政治区建设

早在1935年2月，中央政治区域土地规划委员会便确立了政治区的范围，但是直到抗战爆发前，中央政治区似乎仅完成了中兴路（明御道街）的拓宽修筑工程。事实上，南京城内众多的行政机关很少在中央政治区内进行建造。截至抗战前夕，明故宫区域仅中山东路以北有励志社、中央党史档案馆、中央博物院等少数行政机关在此征地建造。南京的行政机关选址一般会受两个因素影响：第一，利用南京城内原有的官方建筑；第二，在新修交通干道两旁征地建造办公场址。南京建都之后，重点建设的中山路、汉中路、太平路、中华路构成了南北—东西交通干道，新建的行政建筑多位于这些干道沿线。由于城南为老城区，建筑密度大，旷地稀少，因此行政建筑的分布又以城北干道沿线居多。

（4）商业区建设

南京近代城市规划中的商业区按照商业区空间形态来分，大致可以分为三类：一类是"点状"，一类是沿主要路线布置的"带状"，最后一类则是集中于一定区域的"块状"。如果按照商业的业态来划分，可以分为：第一类为服务于附近居民区的零售小商业，这类商业在空间形态层面对应"点状"，分散于居民区内；第二类则是具有一定规模和服务半径的大型商业，这类商业对应的空间形态是"带状"商业街以及更大规模的"块状"商业区。1929年的《首都计划》首次对南京的商业业态进行了区分。20世纪30年代，南京市政府几次独立的商业区计划承袭了几次分区规划中商业业态与城市空间的关系原则，例如，在山西路新住宅区与政治区域住宅区内布置小型商业网点，而在主要交通干道两侧发展商业街区。

（5）教育区规划建设

南京首次对教育用地进行规划出现在 1928 年 2 月完成的《首都大计划》初稿中。在此计划中，学校区被设在了城东明故宫旧址。1929 年《首都计划》并没有设定明确的学校区域，而是针对当时城市学校的现状以及人口分布给出了指导性规划意见。1933 年 1 月 24 日，国民政府公布了正式的《首都城内分区图》以及《首都分区规则》，在《首都分区图》中，教育区域被明确划分出来，不似《首都计划》将教育区域合并在住宅区中。教育区的划分基本上尊重城市既有现实而来：高等教育区是沿袭原中央大学、金陵大学和金陵女子大学校园加以扩大而成。1933 年《首都分区规则》还对高等教育区的土地利用做出了一定的管控规则，如规定建筑功能仅限于学校、公园类别、书店、餐馆等零售店及火车客站，建筑高度为 16m，建蔽率为 50%。

（6）公园绿地建设方面

19 世纪末，西方城市规划中的城市分区思想开始在中国传播。分区中公园绿地区即为调和城市土地功能不平均使用、都市拥挤、混乱、不卫生状况而设立，它背后也有服务公共权益的价值理念。南京近代各个时段的城市规划编制都将公园绿地作为城市功能之一列入城市分区中。《首都计划》从优化全城功能角度来规划公园绿地，在南京已有公园（中山陵园、玄武湖公园、第一公园、鼓楼公园、秦淮公园）的基础上，计划选择地段增扩公园，开辟林荫大道，将分散的公园联络起来，使这些公园成为一个大公园。而对于城内新增加的公园，《首都计划》则将其分为两类：第一，古迹所在，如雨花台、莫愁湖、清凉山、朝天宫、五台山、鼓楼、北极阁；第二，在市区重要空间征地新建公园，如新街口区域、长江岸边。

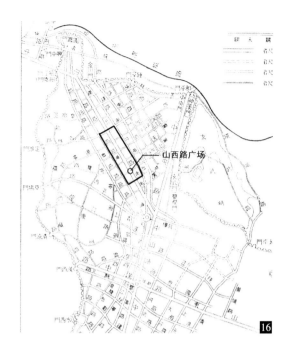

图注　**13**　新住宅区鸟瞰（来源：左静楠，南京近代城市规划与建设研究，东南大学）

　　　14　民国时期南京教育区分布（来源：周琦建筑工作室，左静楠绘制）

　　　15　中央政治区规划（来源：左静楠，南京近代城市规划与建设研究，东南大学）

　　　16　山西路商业广场规划（来源：左静楠，南京近代城市规划与建设研究，东南大学）

　　　17　民国时期南京公园绿地分布（来源：左静楠，南京近代城市规划与建设研究，东南大学）

第二节　近现代建筑发展

一、历史分期

南京近代建筑的发展过程和当时社会历史背景基本一致，大致可以分为四个阶段：第一阶段为 1842 年正式签订《南京条约》到 1927 年国民政府定都南京前，为初创期；第二阶段为 1927 年到 1937 年的"黄金十年"，是南京近代建筑发展的繁荣期；第三阶段为日占时期，从 1937 年到 1945 年日本投降，为停滞期；最后一个阶段为 1945 年到 1949 年，是近代建筑的战后恢复期。

（一）初创期（1842—1927 年）

1. 太平天国天京城的营造体系

1853 年，太平军攻占南京并在此定都，太平天国统治南京期间的建筑方式基本上延续传统制度，对于工匠实行诸匠营和百工衙制度。太平天国天京时期留下的王府、官衙、圣库建筑，除天朝宫殿毁于战火外，有遗迹可考的尚有 19 处。太平天国的宫殿称为天朝宫殿。癸丑三年（1853 年）四月兴工，半年告成，十分壮丽，工甫成，即毁于火灾。甲寅四年（1854 年）正月，在原址重建。

2. 清政府与北洋政府在南京的建造活动

清末南京建造传统大型木构建筑较少，多为修复或重建。如现存鼓楼、鸡鸣寺、净觉寺都是清末所建，但其规模比明代要小得多；清末政府兴建的重要西式建筑物包括洋务运动时期的兵工厂，如金陵兵工厂（1865—1886 年）、江南铸银元制钱总局（1897 年）等，清末新政时期的新式政府建筑、展会建筑群和新式学堂，如三江师范学堂（1903 年）、南阳劝业会会场建筑群（1907—1910 年）、江苏省咨议局（1909 年）等。其他重要的建筑还包括沪宁铁路下关火车站（1905 年）、下关大马路新邮局（1918 年）、下关中国银行大楼（1918 年）。

3. 基督教会在南京的建造活动

据《金陵通纪》记载，基督教会这个时期在南京主要的建造活动包括：同治五年（1866 年），法国立天主堂于丰富巷；光绪十一年（1885 年）冬，美英两国各立耶稣教堂于旱西门内四根柱子，未几美国又立医院于城北干河沿；1892 年马林医院。基督教会其他建造活动还有 1884—1912 年的明德女子中学、1888 年的汇文书院、1912 年的震旦大学预科部、1913 年开始建造的金陵大学等。教会建筑在 19 世纪末的南京已达到相当规模，差不多有一小半是西式建筑，包括小教堂、学堂和医院等类型。

4. 外国人在下关开埠后的建造活动

1899 年下关开埠以后，列强纷纷在下关设立领事馆、商行、码头。1899 年，英商在下关宝塔桥等处建怡和洋行、太古洋行等西式建筑。1900 年，外国水兵上岸在港区附近驻扎，德国强借仪凤门内狮子山下空地建造水兵军营（今海军医院）。洋人在大马路设立天主堂，教堂附近建了许多形式结构完全一样的民居，廉租给贫民难民居住，条件是做教民。这些弄堂多为"天"字号街道：天保路、天保里、天祥里、天光里等。日本的邮船会社，德国的美旳时洋行、京宝公司，英国的太古洋行、怡和洋行等，纷纷在下关建楼房，设货栈，形成了商埠街。该时期，由外国民间资本建造的重要建筑物还包括和记洋行建筑群和扬子饭店。

（二）繁荣期（1927—1937 年）

1927 年国民政府定都南京，促进了南京城的全面规划与建设，形成了南京近现代建筑史上的一次建设活动高潮。该时期各种建筑类

型均得到迅速发展。

1. 公共建筑

（1）纪念性建筑

纪念性建筑方面，以中山陵园建筑群为代表。中山陵园的近代大规模建设始于 1925 年的中山陵图案竞赛，起初陵园范围仅有 4 平方公里，国民政府定都南京后，将陵园面积扩大至 30.58 平方公里，直属国民政府管辖，使它几乎成了国家公园，至 1937 年，已经完成绝大部分的建造。中山陵园的近代建设不仅有吕彦直设计的孙中山陵墓，还有其他 20 多位建筑师的作品，是在同一个场地上的联合创作，反映了十多年间南京早期近现代建筑设计的普遍水准。

（2）行政建筑

行政建筑方面，有国民政府铁道部、粮食部、交通部、外交部、立法院、国民党党史陈列馆、国民大会堂等。由于国民政府对"中国固有之形式"的推崇，这类建筑往往偏爱传统宫殿式造型或新民族形式，即整体采用西方现代建筑造型，局部采用中国传统建筑装饰的方法。外交部大楼是其中的代表。外交部大楼于 1933 年落成，平面呈"T"字形，入口有一个开敞的门廊，主体建筑为四层，另有一个半地下室。整座建筑的平面设计与立面构图基本采用西方现代建筑手法，但却结合中国传统建筑的特点与细部，因而体现了新民族形式的精神。立面上下划分为三段，即勒脚、墙身和檐部。墙面用褐色面砖贴面，平屋顶檐口下部用同色琉璃砖做成简化斗栱装饰，底层半地下室部分的外墙用水泥粉刷，象征基座。内部大厅天花饰有清式彩画，室内墙面亦做有传统墙板细部。

（3）商业建筑

商业建筑方面，银行、办公楼、商场等大量出现。银行建筑以带有柱式或柱式意向的西式立面、带天窗的底层中央营业大厅和环绕大厅的小房间为主要特征，其中陆谦受、吴景奇设计的南京珠宝廊中国银行（1933—1934 年）与缪凯伯设计的中山东路 1 号交通银行南京分行（1934 年）是该模式的典型案例。商场方面以中央商场为代表，中央商场筹建于 1934 年，1935 年动工，同年底建成。建筑分为两层，均为营业厅，商场内部设有天井，井楼上部装有高窗。

（4）文化教育建筑

文化教育建筑方面，有中央大学生物馆、大礼堂、金陵大学图书馆、国立中央研究院、国立美术馆等。文教建筑既有中国传统式、新民族形式，也有西方古典式。教会大学如金陵大学、金陵女子大学均采用中国传统样式建筑，而国立大学如中央大学却采用西方古典样式建筑。大礼堂是中央大学西方古典建筑群的中心，其造型宏伟，属欧洲文艺复兴时期的古典形式，从基座、线脚、柱式到穹顶都表现出西方古典建筑手法的高度素养。

图注　　**1**　由教会建设的金陵大学建筑群（来源：左静楠，南京近代城市规划与建设研究，东南大学）

其他类型公共建筑还有中央医院、中央体育场等。

2. 居住建筑

这一时期南京的居住建筑主要有颐和路公馆区、梅园新村等。颐和路公馆区为上层阶级新住宅区，共有1700余户，平均每户建筑面积达400平方米，全部为独立花园洋房，每户均有汽车库和门房。梅园新村的布局随意而有序，住宅的类型多样，包含了花园式洋房、无院式独立别墅、联排住宅、里弄式住宅等。梅园新村是从20世纪20年代开始，至40年代末逐步形成民国政府官员的中高档居住区。

3. 工业建筑

南京自来水厂创建于1929年，1933年开始供水。水厂位于汉西门外北河口以北蒲包州，汲取长江之水为其水源，主要设备从德国西门子公司进口，水质达到可直接饮用的标准，最大日供水量六万吨，但有自来水接入的用户数仅2000户（1935年），另有若干集中供水点。民国南京电厂有两家，分别是首都电厂和浦口电厂。首都电厂的前身是创办于1909年的金陵电灯官场，其发电厂有两处，一处位于城内西华门，一处位于下关江边，是南京城市用电的主要供应商。浦口电厂主要提供铁路用电和浦口地区用电。

（三）停滞期（1937—1945年）

1. 新街口广场中心布置工程

新街口广场中心布置工程（原为纪念塔）目的在于宣扬三民主义和孙中山精神，在日占时期的南京具有重大的政治意义。该项目由政府发起，设计人是工务局技正查委平。根据1942年的工务局工作报告，"整理新街口广场及国父铜像纪念塔工程自七月十日开始兴工至十一月十一日全部完竣，所有广场布置以及浇制混凝土石凳等工程亦于十二月三十日全部告成。"建成后的新街口广场在20世纪30年代初建的基础上，在四块草坪中间添加了小型喷水池，正中心设立了孙中山铜像，铜像周围添加了石凳等设施。

2. 简易市政建筑群：菜场、市场、屠宰场、平民住宅及小型商业建筑

此类简易市政建筑群是出于战争破坏后的实际需要快速兴建起来的，主要的建设时间在1939—1940年。菜场类建筑多为厂房式单侧条状采光单坡顶大型简易建筑，木柱双层芦席屋顶，仅部分台阶铺位处砌筑水泥。清凉门外屠宰场建筑群内的建筑物均为砖木结构洋瓦屋面双坡顶平房。平民住宅更为简陋，如小桃园住宅修理中发现原建筑为稻草屋顶和墙体，仅以毛竹为山墙柱。另有修理火葬场等记录。比简易市政建筑略为精细建造的是小型市政商业建筑，包括太平路市房、中山东路市房。此类建筑多利用受战争毁坏的市中心沿街建筑的基地，兴建小型联排式二层商业用房。

图注　**2**　金陵兵工厂建筑群（来源：季秋.中国早期现代建筑师群体：职业建筑师的出现和现代性的表现（1842—1949）——以南京为例.东南大学）

　　　3　英商和记洋行建筑群（来源：周琦建筑工作室，韩艺宽拍摄）

　　　4　下关火车站（来源：季秋.中国早期现代建筑师群体：职业建筑师的出现和现代性的表现（1842—1949）——以南京为例.东南大学）

3. 原有住宅区规划的后续设计

在汪伪时期，南京市政府地政局会同工务局，在原有的抗战之前的20世纪30年代南京住宅区规划的基础上，先后于1940年年底和1941年年底进行了清凉山公园住宅区及第二、三住宅区的设计。

（四）恢复期（1945—1949年）

1945年还都后，南京的人口数量快速回升，造成了严重的住房问题，因此产生了适应快速建造和低造价的现代住宅。设计的重点从战前的独立式小住宅、里弄式住宅，转变为战后的宿舍楼、公寓楼等集合住宅。此时多数涉外公寓、机关机构宿舍和市民住宅，在住宅类型中属于中等住宅，也就是集合住宅。在中等住宅中，华盖事务所设计的美军顾问团公寓（1945—1946年）和基泰工程司设计的公教新村第一村到第五村（1946年）是最具代表性的作品，前者代表了南京城市抗战后集合住宅的最高标准，后者几乎是当时所有集合住宅的原型。与公教新村较类似的集合住宅还有：中央银行南京马家街宿舍、首都法院宿舍、资源委员会矿产测勘处职员眷属宿舍，以及工务局设计的市民住宅等。

在这一时期，南京城市内还新建了功能性较强的建筑物，如火车站、候船厅、医院等。建筑师运用新的结构和材料，根据功能进行设计，创造了简洁有力的空间和形式。基泰工程司1946年设计的下关火车站扩建工程，以现代形式完全取代了老火车站的西式古典样式。一年后，基泰工程司在邻近下关火车站的码头附近设计了南京招商局候船厅及办公楼：带状长窗、出挑阳台、均布平面柱网、自由的隔墙和内部空间都表现出现代建筑的特点。基泰工程司在1948年所做的结核病医院与1933年建成的中央医院相比，平面组合形式非常自由，没有任何对称轴线，完全按照功能和不同流线设计，以南北向体块穿插连接两排东西向大楼。

这一时期另外一个重要问题是战前建筑的修缮与扩建。国民大会堂修缮改造是抗战后的重要项目，包括内部大规模改建、建造国民大会堂马路正对面的照壁、增建新闻处及贷款休息室房屋、增建停车场等。基泰工程司在1947年扩建了1936年的国际联欢社，1935年建筑师高观四设计的中央商场在1946年经过扩建，于南侧完整复制了原有结构。

二、建筑特点

近代南京作为清代两江总督所在地、国民政府首都，并不像其他开埠城市如广州、上海、天津、青岛、大连等，以西式建筑为主。南京的城市建筑往往是中西合璧、兼容并蓄，力求适合这座城市的特殊性质。在南京既可以看到西方古典建筑样式的移植，也可以看到新兴现代主义建筑的产生，同时也集中了中国固有形式的探索和新民族形式的探索。

（一）西方古典建筑形式

19世纪中后期，西方传教士和商人进入南京，带来当时西方流行的折中主义建筑，如法国罗曼式的石鼓路天主堂，美国殖民地式的汇文书院建筑群。19世纪后期洋务运动创建的金陵机器局，其机器正局和机器大厂都采用折中主义时期的厂房形制。同时期的江苏省咨议局（1908年）、两江总督府西花厅（1908年前后）均为西方折中主义样式。真正的古典建筑形式开始于20世纪初，该类建筑采用从西方引进的建筑形式，以西方古典柱式为构图基础，主要用于文化教育建筑、商业建筑和一些官邸、使领馆等，如原中央大学图书馆（1924年）、中央大学生物馆（1929年）、中央大学大礼堂（1930年）、交通银行（中山东路1号，1936年）等。

（二）中国固有之形式

最早对中国固有形式的探索出现在教会建筑中，如金陵大学建筑群、金陵女子大学建筑群等。这些建筑往往采用砖木或钢筋混凝土结构，具有现代的功能，但其外观刻意模仿中国传统建筑的样式，以示对中国文化的尊重。以20世纪20年代中后期中山陵设计和国民政府

《首都计划》为起点，这种"西洋骨中国皮"的建筑在中国建筑界流行起来，尤其是在政府机关、公共纪念性建筑中产生深刻影响，如中山陵（1929年）、国民政府铁道部（1930年）、国民政府考试院（1928年）、励志社（1931年）、国民政府交通部（1933年）、华侨招待所（1933年）、中央博物院（1936—1947年）等。该类建筑多为钢筋混凝土结构体系，同时利用混凝土材料的塑性性能模仿出中国传统建筑的特点，如屋顶、柱、各装饰构架等，建筑造型和立面设计等均符合中国传统宫殿式建筑的要求。

（三）新民族形式

20世纪30年代，现代建造技术、功能需求不断推动建筑在物质层面的革新，民族复兴思潮中探索的一批建筑师不仅仅满足于宫殿式的中国固有形式，探索出一种将民族风格和现代建筑结合起来的"简朴实用式略带中国色彩"新途径，即"新民族形式"。这类建筑往往采用新的技术、新的平面构图和形体组合，同时在局部点缀传统的细部和图案装饰，室内也经常采用传统平棋天花和彩画。既体现现代建筑的简洁抽象，又体现传统中国建筑的特点，广泛适用于政府行政建筑、商业建筑、公馆类建筑等，在20世纪30年代后期的南京得以广泛接受采用。这类建筑的代表性案例有中央体育场（1931年）、中山陵音乐台（1932年）、中央医院（1933年）、紫金山天文台（1934年）、大华大戏院（1935年）、国民政府外交部（1934年）、国民大会堂（1936年）、国立美术馆（1936年）等。

（四）现代建筑形式

20世纪30年代后期以及40年代，西方现代建筑思潮进入中国，带来了西方现代建筑简洁的立面造型和抽象的几何体组合。这类建筑往往平面布局服从功能需要，对内部空间的重视超越了外观的对称形象，并注重新技术的应用。主要用于居住建筑、商业建筑等政治意义较弱的建筑类型。这类建筑的代表性案例有中央地质调查部地质矿产陈列馆（1935年）、新都大戏院（1935年）、国际联欢社（1936年）、首都饭店（1933年）、福昌饭店（1939年）、美军顾问团公寓大楼（1936—1945年）、下关火车站（1947年）、招商局候船厅（1947年）、新生活俱乐部（1947年）、孙科住宅（1948年）、中央通讯社（1949年）等。

三、建筑技术与营造厂商

南京的砖瓦在民国初年已享有盛名，并在1906年开始出现机制砖瓦厂，主要生产青色砖瓦。国民政府定都南京之后，红平瓦也开始流行，到1934年，南京砖瓦业有淡海、征业、大兴、新建、新利源、协议记、通华、宏业8个工厂。出现水泥厂之前，南京已有少数建筑应用了水泥材料，均从国外或其他城市运来。1921年，姚新记营造厂发起集资，在南京市郊龙潭镇创办了中国水泥股份有限公司（南京水泥公司），设有比较完整的轧石、磨碎、运输、装桶机械，是国内最大的三家水泥厂之一。1935年，启新洋灰公司在南京栖霞山筹建江南水泥股份有限公司。水泥厂的出现促进了钢筋混凝土结构建筑在南京的发展。

南京的营造业随着近代建筑的发展逐步建立了新的组织机构，并采用了新的施工技术。1858年后，相继出现了协隆、隆泰等由洋行经营的营造厂，开始在南京使用西式建筑技术，原来的陈明记、应美记等水木作也先后更名为营造厂。至1911年辛亥革命时，南京已有营造厂113家，能承建三层以下砖木结构房屋。1927年国民政府定都南京后，工程实行招标投标，施工方面开始使用少量混凝土搅拌机、磨石子机等机具。到1935年，南京已有营造厂480家，厂家之多，居全市各行业之首。其中比较有名的有姚新记、陶馥记、陆根记、陈明记等营造厂，中山陵工程就是由姚新记和陶馥记营造厂先后承建的。日军侵占南京时，营造厂纷纷内迁或倒闭。抗战胜利后，营造业再度繁荣。1948年，营造厂已增加到813家，承建了南京大量的建筑工程，施工技术也逐渐现代化。

图注　　5　原中央大学大礼堂（来源：周琦建筑工作室，韩艺宽拍摄）

6　励志社旧址（来源：周琦建筑工作室，金海拍摄）

7　原国民政府外交部（来源：周琦建筑工作室，金海拍摄）

8　原招商局候船厅（来源：周琦建筑工作室，韩艺宽拍摄）

第三节　近现代建筑的价值与意义

一、城市层面的价值

南京近现代城市和建筑形态的形成基于明清城市基本骨架，包括道路、景观、水系、山脉河流以及建筑群落的分布，在此基础上逐步建构形成近代城市的体系与面貌。线、面、点的城市布局是其重要特点，南京城以中山大道为主轴，营建出一种线状与面状结合的城市形态。

（一）线状（或带状）形态

线状形态是南京城市的主要特点之一。以修筑中山陵为起点，在政治因素的推动下，国民政府临时短时间内修筑成城市骨架系统。1930年之前，南京市政府的道路建设主要围绕中山大道以及子午大道进行开辟，这两条道路贯通南京城厢空间，从中山码头开辟道路到鼓楼，到新街口、中山东路再到中山陵，这个道路骨架体系建构了南京近代城市的基本线状形态。

其道路有以下几个特点：

（1）尺度较大，一般为五块板，包括机动车道、慢车道、步行道以及行道树；

（2）规格高，按照现代首都的式样，高标准建设而成；

（3）林荫大道、梧桐树也是道路的重要特点，在分隔车道的隔离带以及两侧人行道上进行绿化，共植两侧六排悬铃木行道树、中间绿道以及人行道绿道系统。

沿中山大道两边临时建设高标准建筑，20世纪20年代修筑完成林荫大道后，国民政府并没有按照《首都计划》完成其南京城的分区，而是沿着中山大道陆陆续续修建起重要政府行政建筑，由此重要片区、政治、经济、商业、工业和住宅片区沿着中山大道展开，这样的道路景观和建筑景观建构了南京重要的近代建筑风貌和城市特征。

（二）面状形态

东郊风景区作为南京近代城市东部的起点，占地48平方公里，很多历史纪念性建筑分布其中。包括三国时期孙权墓、明朝的朱元璋墓以及民国时期的中山陵等一系列陵墓体系，这些建筑结合自然山体和茂密森林植被，形成浓郁的人文景观和自然景观相融合的重要片区。

历史建筑群体形成的成片近代建筑群落还包括颐和路公馆区、下关大马路历史片区、和记洋行工业片区、1865工业片区等重要片区。

（三）点状形态

除了线状和面状布局以外，近代南京还有很多重要城市节点。近代时期，为了进一步提升首都城市形象，南京市政府在中山路沿线交通节点上建设了诸多环形城市广场，如山西路广场、新街口广场、鼓楼广场等。这些广场在政府的计划中具有不同的城市功能，如山西路广场配合"城北新商业区计划"，因此也叫"山西路商业中心广场"，而新街口广场四周则设定为银行商业区。但是从这些计划的执行情况来看，政府关注的并非广场的空间功能，而是由广场形成的宏伟首都形象。

除了沿中山大道上的城市节点外，还有一些散落在城市各地区、各街巷里的典型建筑。它们形成的区域中心也是南京的某种标志和象征。如新街口广场的中心雕塑，几经变化，无非各个政府赋予南京的政治象征，此外，各广场周围的重要建筑也形成了城市的名片。

二、建筑单体层面的价值

（一）社会历史价值

南京作为国民政府的首都，其物质群落记录了近代重要的历史事件，是这些事件发生的场所和物质背景。近现代建筑作为存储和见证历史的具象符号，参与到特定的历史事件、历史活动中，或与历史人物发生关联。通过实体形态直观地呈现和展示曾经流逝的岁月印记，有助于人们理解过去与当代生活之间的联系。

历史事件如孙中山奉安大典、孙中山就任临时大总统、国民政府变迁等，均在南京留下了重要的物质场所，即中山陵、原国民政府谘议局大楼（中华民国临时参议院）、原国民政府总统府旧址等。

其中，原国民政府总统府旧址历经太平天国时期的天王府、清末的两江总督府以及国民政府总统府，浓缩了整个中国近代时期的历史变迁、政治变故以及朝代的更替。其建筑群涵盖了中国传统式样、西洋古典式样、西洋现代式样等，称得上是近代建筑各种门派类别的"博物馆"，同时记载了中国社会政权更替、兴盛衰落的重要历史场景。如此种种的历史场景作为客观载体，成为重要的历史见证。

（二）艺术价值

与上海这种商业城市不同的是，南京作为近代的政治文化中心，具备更丰富的建筑风格，兼容并蓄。其建筑艺术发展共生繁荣的局面记录了中国百年近代建筑史最丰富的艺术特点。南京四种近代建筑风格都有众多精彩实例。此外，大量住宅建筑和工业建筑风格混杂、结构体系混杂、构造方式多样，需要用特别的方式进行整治和处理。

（三）技术价值

南京的城市建设包括城市基础设施，如铁路、码头、机场、公路建设和城市分区建设，如工业区、住宅区、政治区、商业区、教育区以及公园绿地建设。南京的城市建设采用了当时最先进的材料和技术，作为中国近代城市发展史上重要的科学技术特征，值得研究和保护。

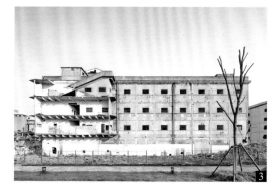

1. 建筑结构价值

南京近现代建筑包含了当时最先进的大跨度钢结构，如中央大学大礼堂，采用32m跨度的全钢结构，是当时中国最大跨度的钢结构体系，该记录保持了许多年；近8万平方米的和记洋行建筑群落，是中国仅存的最古老最完整的钢筋混凝土框架体系建筑群，是最早从西方引进的一批钢筋混凝土体系建筑；金陵机器制造局（现"南京晨光1865科

图注　　**1**　具有重要社会历史价值的总统府旧址（来源：周琦建筑工作室，韩艺宽拍摄）
　　　　　2　极具艺术价值的大华大戏院内部装饰（来源：周琦建筑工作室，韩艺宽拍摄）
　　　　　3~4　极具建筑技术价值的和记洋行钢筋混凝土结构（来源：周琦建筑工作室，韩艺宽拍摄）

技创意产业园"）由时任两江总督的李鸿章于 1865 年创立、马格里担任督办，为清政府在洋务运动早期创建的四大兵工厂之一，生产各类轻武器，其机械大厂采用了钢木体系，其旧址作为国内现存最完整的近代工业遗产建筑群，反映出典型的中国近代早期工业建筑的特征，在 150 余年后仍为我们续写精彩辉煌。

2. 建筑装饰价值

南京近现代建筑利用钢筋混凝土塑性而完成的各种装饰体系，包括中国传统装饰体系、西洋古典装饰体系、新民族形式装饰体系等，是近现代建筑中非常精彩的案例。

3. 建筑施工技术价值

从 20 世纪 20 年代到 40 年代，南京集中了中国最好的营造厂商。如姚新记营造厂是中山陵的施工单位，并承接了该时期由外国民间资本建造的重要建筑物，如和记洋行建筑群和杨子饭店。1913 年，英商和记洋行在下关大兴土木，由姚新记营造厂承接建筑工程，建起厂房、水厂、栈桥、码头等，占地 40 余公顷，规模巨大，是当时最先进的混凝土体系。

（四）使用价值

尽管部分南京近现代建筑局部或完全丧失了最初的建筑功能和经济效益，但因其特殊性仍能通过保护与修缮手段，再利用恢复或产生经济价值，即使用价值。南京近现代建筑由于在当时建设时吸收了国外先进的建筑经验及新材料、新技术，至今仍然保留得较为完整，但功能设计已无法适应当今的需求，多需在保存其历史建筑风貌的前提下有条件地改造利用。

三、近现代建筑的意义

从历史研究本身来看，南京近现代建筑是一个历史见证的载体，所以要对其历史形态加以保护。由于频繁的战争、朝代更迭等因素，南京 2500 年建城史，目前遗留最多的实物载体是南京近现代城市的形态、建筑及其体系。它们形成了目前南京主要的历史风貌、历史特征、历史线索和历史场景，建构了中国近代首都的基本的风貌，是人们认识了解并理解南京的重要实物物证。

南京近现代城市的形态、建筑及其体系，对未来南京城市规划的制定、城市建设的发展以及建筑形态、建筑色彩、建筑布局和建筑体量都有着重要的参考意义。未来南京的城市建设应极大地尊重近代时期形成的城市脉络、建筑形式和空间特征，在南京城市发展中应能延续这些历史特点，同时结合未来，定位一种融合自然山水、历史文脉和现代生活的城市形态。

第四节　近现代建筑保护工作简介

一、建立近现代建筑历史文化资源库

近 30 年来，南京市规划局、市住建委、文广新局提出了"找出来、保下来、亮出来、用起来、串起来"的策略，并进行了大量基础性工作，建立了历史文化资源数据库。目前，南京市经第三次全国不可移动文物普查核实并登记的近现代重要史迹及代表性建筑共有 1304 余处，其中有 215 处被列为各级文物保护单位。在各级文物保护单位中，国家级文保单位有 42 处，省级文保单位有 55 处 55 点，市级文保单位有 118 处 112 点，遍布南京城乡 11 区，影响面较大。

二、编制保护行动方案

近 30 年来，南京市对近现代建筑给予了高度关注，进行了多次普查，编制过多轮保护规划和研究。

1988 年，东南大学与南京市规划局、南京市文物局合作进行近代建筑普查，并出版《中国近代建筑总览·南京篇》一书，共收集 190 处建筑。1998 年，南京市规划局组织市规划院编制《南京近代优秀建筑保护规划》，共确定 134 处建筑为优秀建筑。1998 年，南京市规划局组织编制《南京颐和路民国时期公馆区历史风貌保护规划》《梅园新村地区保护与利用规划研究》等一批民国时期建筑的保护规划，确定了保护范围、保护内容。2002 年，南京市规划局与东南大学合作开展《南京近代非文物优秀建筑评估与对策研究》，确定 42 处保护建筑。2003 年，南京市规划局组织编制《南京老城保护与更新规划》，确定了老城"文化之都、活力之都、宜人之地"的总体发展目标，同时对老城历史文化资源一一做了梳理，其中挖掘了大量民国名人故居、使馆建筑。2003 年，南京市规划局开展了覆盖老城的控制性详细规划，对老城内的历史文化资源编制了保护名录和保护图则，将保护与更新的理念落到实处。2005 年，南京市规划局会同南京市文物局开展覆盖全市域的"南京历史文化资源普查建库工作"，整合南京历史文化资源，并纳入城市地理信息系统。2006 年，南京市规划局编制完成《南京市 2006—2008 年民国建筑保护和利用三年行动计划》。2007 年，南京市规划局会同市建委、市房产、文物行政主管部门提出南京市重要近现代建筑和近现代建筑风貌区保护名录。2008 年，南京市规划局组织编制保护名录的保护规划。2009 年以后，按照《南京历史文化名城保护规划（2010 年）》要求先后完成了颐和路、梅园新村、总统府等 17 片近现代风貌区保护规划。通过大量的规划与研究，使得一批有价值的近代建筑在快速城市化进程中得到保护。

三、出台保护条例

2006 年 7 月 21 日，南京市第十三届人民代表大会常务委员会第二十三次会议制定，2006 年 9 月 27 日，江苏省第十届人民代表大会常务委员会第二十五次会议批准通过《南京市重要近现代建筑和近现代建筑风貌区保护条例》（以下简称《保护条例》），并于 2006 年 12 月 1 日起正式施行，使南京的重要近现代建筑保护有法可依。

《保护条例》明确了保护对象，确定了保护原则和保护要求，规定了保护的相关程序、保护的主体、保护资金的来源、相关部门的职责，以及重要近现代建筑和风貌区使用管理要求。同时还要求成立重要近现代建筑和风貌区专家委员会，建立重要近现代建筑和风貌区保护名录制度，对重要近现代建筑和风貌区设立统一标识牌。

《保护条例》规定，规划行政主管部门负责重要建筑和风貌区保护的规划管理；房产行政主管部门负责重要建筑的修缮和使用保护管理；文物、建设、市容、市政公用、园林、旅游、环保、宗教、国土资源、公安消防等部门应当按照各自职责，协同实施。

四、成立保护专家委员会

2007年10月，成立了"南京市重要近现代建筑和近现代建筑风貌区保护专家委员会"。保护专家委员会全面担负起重要近现代建筑保护名录和保护规划的技术审查和认定工作，为保护工作提供了强大的技术支撑。2008年3月，在专家委员会的指导下，南京市政府批准五批南京市重要近现代建筑及近现代建筑风貌区保护名录：第一批保护名录为24处列入国家级文保单位的近现代建筑；第二批保护名录为55处列入省级文保单位的近现代建筑；第三批保护名录为16处列入第一、二批市级文保单位的近现代建筑；第四批保护名录为96处列入第三批市级文保单位的近现代建筑；第五批保护名录为66处非文物保护单位的近现代建筑及10片近现代建筑风貌区。

2012年12月6日，南京市人民政府又公布了第六批重要近现代建筑和近现代建筑风貌区保护名录的通知（55处）（宁政发〔2012〕332号公布），并开始对重要近现代建筑进行挂牌展示工作。

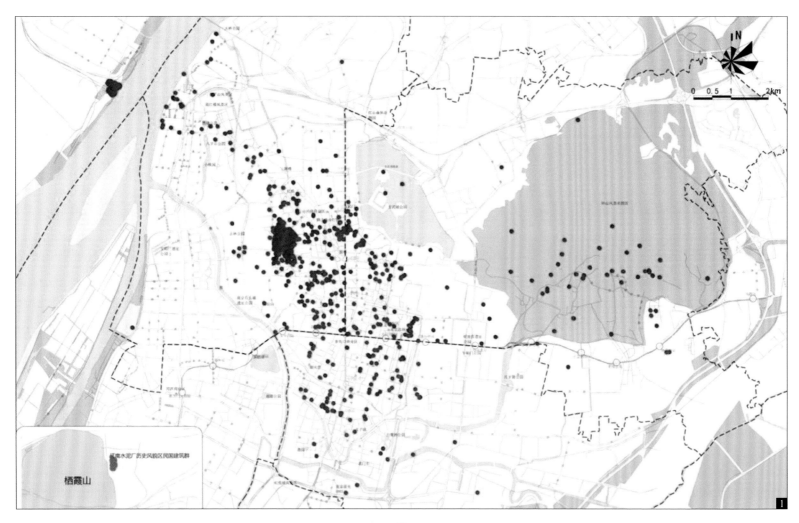

五、年度整治和三年行动计划

（一）年度整治行动实施情况

2006 年，南京市制定了 7 栋民国建筑的整治年度计划，并完成了整治方案的编制，其中部分民国建筑得到了实施。如大华电影院、原南京市邮局（现夫子庙邮局）、原上海银行（现南京市工商银行）等。

2007 年，南京市制定了 16 个资源点、8 片风貌区的整治年度计划，并完成了整治方案的编制。完成了颐和路十二片区更新改造以及梅园新村雍园片区整治。

2008 年，南京市人民政府关于批转市建委《2008 年南京市重要近现代建筑和近现代建筑风貌区整治实施方案》的通知（宁政发〔2008〕85 号公布），明确了整治行动的组织架构，结合 2007 年的实施情况，对未实施的整治计划进行了调整完善，制定了 17 个资源点、9 片风貌区的整治年度计划。

2012 年 9 月 25 日，南京市人民政府关于印发《2012 年南京市重要近现代建筑保护与整理实施方案》的通知（宁政发〔2012〕274 号公布），以中山大道为主要轴线，以公共功能建筑为重点，2012 年启动并部分完成 44 处、66 栋近现代建筑保护利用工作。

（二）开展近现代建筑保护和利用三年行动计划

2015 年，南京市委、市政府制定了《2015—2017 年南京重要近现代建筑保护与利用三年行动计划》。拓展计划编制范围，覆盖全市域 11 区。在 2006—2008 年提出的"Z"字形，一线八片保护与展示利用的基础上，结合《南京江北新区 2049 战略规划暨 2030 总体规划》，以及南京四大工业区转型发展和《南京工业遗产保护规划》，加强对江北浦口、六合区重要近现代建筑，以及近郊区栖霞雨花台区工业遗产的保护力度。技术路线上，在整理以往工作的基础上，结合南京近现代建筑分布特点和特色、地位和价值，挖掘历史文化内涵，策划贴近时代的文化主题项目，再充分征求各区政府意见，尽量与各区政府近期开发地块、棚户区改造、环境整治项目结合，优先选择位于城市节点、文化轴线沿线、交通便利的地块，取得各区政府支持后上报市政府批准实施。

本次《三年行动计划》制定，将南京重要近现代建筑的"保护与利用"的有机结合作为重点，努力实现在保护中利用在利用中保护的原则。一实施抢救原则。抢救第一，优先整治现状保存堪忧、房屋结构安全存在隐患的近现代建筑。积极干预，对危旧房改造工作中的近现代建筑实施具有针对性的近现代建筑修缮与环境整治工作。二实施成片整治原则。以重点成片以及相邻能够形成规模的近现代建筑群的修缮与整治为原则。近现代建筑越成片、规模越大的优先列入工作计划。三实施有效保护与合理利用结合原则。进行保护与利用的近现代建筑（群）要能够有利于结合后续的再利用活动，成为城市重要节点，修缮的建筑（群）不仅能够为民众的日常生活提供方便，更能够带动本地块与周边地段的文化、旅游等产业发展。四实施等级原则。南京近现代建筑数量众多，类型丰富，在行动计划中文保等级高，且未修缮的重要近现代建筑应优先选择。应重点保护的文物具有的历史价值、文化价值更高，进行修缮利用后能更好地带动南京城市历史文化资源的展示。总体目标要在 2015—2017 年间，共计划完成由"一轴"中山大道民国轴线串接起的"二十一片区六个民国文化主题策划"（涉及 218 栋）及 15 栋零星重要近现代建筑的保护修缮与环境整治工作，保护修缮总建筑面积约 16.4 万 m^2，测绘建档 236 处；挂牌保护 75 处，带动开发周边地块 143hm²。

图注　　**1**　南京市主城区重要近现代建筑分布（来源：南京市规划局）

第二章

保护原则与方法

第一节 城市与建筑保护

一、城市层面的保护原则

（一）保护和加强点、线、面的城市形态

中山路林荫大道的格局、尺度、道路断面的整体形态要得到完整保护。沿中山大道的城市广场、建筑应体现南京特有的庭院布局，一般的建筑需沿中山大道退后，前面形成过渡的空间、绿化和广场，形成尺度比较小、有进深的城市布局。中山大道两边的新建筑应严格控制体量、高度及其与道路的关系。沿中山大道重要的城市界面、城市节点、重要的历史建筑本体保护之外，其周边的环境特点、空间意象要得到加强和保护。

（二）保持并强化面状群落其特征

系统化地规划与保护历史片区，严格控制在片区历史环境中增加大体量建筑。散落在城市中的各种建筑，不仅要对其本体加以保护，同时也要控制周边环境，在高度、体量、色彩等方面要与历史建筑相协调。建筑的调查、研究和保护规划需要系统进行，应建立南京近现代建筑历史档案、价值评估、使用状况和未来规划等信息的立体化数据库，为将来的保护利用提供基础。

（三）强化城市和建筑特点

从建筑历史文脉出发，南京城未来的发展要兼容并蓄，统筹考虑历史、现在和未来。原有的城市肌理要加以强化，原有建筑特点要继续保留，形成具有地方特色和深厚历史底蕴的现代化城市。

二、建筑保护利用方法

（一）保养维护及监测

保养维护及监测是文物古迹保护的基础。保养维护能及时消除影响建筑安全的隐患，

图注　**1**～**2**　原国民政府总统府（来源：周琦建筑工作室，阮若辰拍摄）

惠民桥

中
山
北
路

中
央
路

鼓楼

大石桥

乾河沿 中
山
路

小营

国民政府

汉 中 路 新街口 大行宫 中 山 东 路 明故宫

西华门

朝天宫 太

复成桥

建 业 路 平
白
下
路

半边街

大中桥

建 康 路 升 州 路

秦 南京市政府

淮 夫子庙 河

淮
秦

河 中
华
路

● 行政
○ 文化卫生宗教
● 工商业
▬ 全局整合度核心空间

并保证其整洁度。监测是认识建筑蜕变过程及时发现建筑安全隐患的基本方法。对于无法通过保养维护消除的隐患，应实行连续监测，记录、整理、分析监测数据，作为采取进一步保护措施的依据。对可能发生变形、开裂、位移和损坏部位的仪器监测记录和日常的观察记录。保养维护是根据监测及时或定期消除可能引发建筑破坏隐患的措施。如及时修补破损屋面，清除影响安全的杂草植物，保证排水、消防系统的有效性，维护其环境的整洁等，均属于保养维护的内容。作为日常工作，保养维护通常不需要委托专业机构编制专项设计，但应制定保养维护规程。说明保养维护的基本操作内容和要求，以免不当操作造成对建筑的损害。

（二）加固

加固是直接作用于建筑本体，消除蜕变或损坏的措施。加固是针对防护无法解决的问题而采取的措施，如灌浆、勾缝或增强结构强度以避免建筑结构或其他构成部分蜕变损坏。加固措施应根据评估，消除隐患，并确保不损害建筑本体。

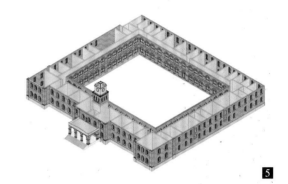

加固是对建筑不安全的结构或构造进行支撑、补强，恢复其安全性的措施。应特别注意避免由于改变建筑的应力分布而产生对文物古迹造成的新损害。由于加固要求增加的支撑应考虑对建筑整体形象的影响，非临时性加固措施应当做出标记、说明，避免对参观者造成误解。加固必须把对建筑的影响控制在尽可能小的范围内。若采用表面喷涂保护材料，或对损伤部分灌注补强材料，应遵守以下原则：①由于此类材料的配方和工艺经常更新，需防护的构件和材料情况复杂，使用时应进行多种方案的比较，尤其是要充分考虑其不利于原状的方面。②所有保护补强材料和施工方法都必须在实验室先行试验，取得可行结果后，才允许在被保护的建筑实物上作局部的中间试验。中间试验的结果至少要经过一年时间，得到完全可靠的效果以后，方允许扩大范围使用。③要有相应的科学检测和阶段监测报告。当建筑自身或环境突发严重危险，进行抢险加固时，应注意采取具有可逆性的措施，以便在险情舒解后采取进一步的加固、修复措施。

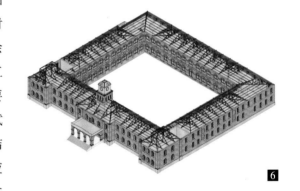

例如，原临时政府参议院的修缮工程中就采用了加固的方法进行保护。该大楼于1909年开工建设，1910年落成。砖木结构，清水砖墙，三角形木屋架，圆拱形窗，地上二层，地下一层，平面呈正方形，占地面积4600m²。根据《湖南路10号办公楼（原临时政府参议院）结构安全性及抗震性现状鉴定报告》结构情况勘察，该建筑"根据现场检查及相关人员介绍，该房屋初建时为青砖墙、木柱、木楼盖、木屋架以及黏土瓦屋面组成的砖木混合结构，后期经历过大修、扩建等改造。现有结构由青砖和红砖混合砌筑

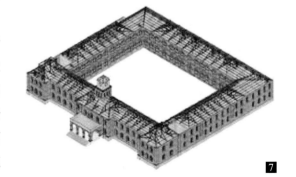

图注   **3**   南京近现代建筑分布（来源：周琦建筑工作室，左静楠绘制）

           4   原临时政府参议院外景（来源：周琦建筑工作室，金海拍摄）

           5   原临时政府参议院承重墙体系（来源：周琦建筑工作室）

           6   原临时政府参议院承重墙上加檩条（来源：周琦建筑工作室）

           7   原临时政府参议院屋架体系（来源：周琦建筑工作室）

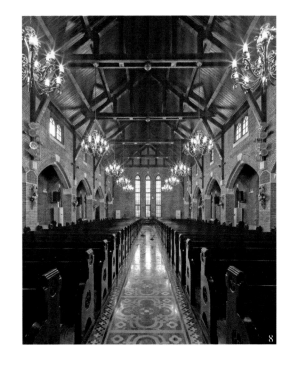

墙体、木柱、木楼盖、混凝土楼盖、木屋架以及黏土瓦屋面、绿色铁瓦楞屋面等组成的混合结构。"修缮中对采用混凝土套加宽原砖砌条形基础底面积的方式对基础进行了加固。所有承重墙均采用钢筋网砂浆面层进行加固。建筑结构不变，仍保持砖墙承重，木屋架木楼板体系。屋架加固中，对于损坏的木构件采用新型木材料按原材质原规格原尺寸进行了加工替换。木构件交接处用钢结构进行适当加固。现存锈蚀铁件应全面进行除锈处理，按相关工艺技术规程涂刷防锈漆，并满足相关规范要求。木屋架与木檩条均进行防虫防腐防火处理，满足相关规范要求。加固还采用了壁式粘弹性阻尼器，其对主体结构提供的等效阻尼和等效刚度能有效地减小地震作用，提高结构的整体抗震性能，并可适当减小结构的抗震构造措施，有利于减小加固工程量，缩短施工工期，与传统的加固方法相比，也有较好的经济性。

（三）修缮

修缮包括现状整修和重点修复。现状整修主要是规整歪闪、坍塌、错乱和修补残损部分，清除经评估为不当的添加物等。修整中被清除和补配部分应有详细的档案记录，补配部分应当可识别。重点修复包括恢复建筑结构的稳定状态，修补损坏部分，添补主要缺失部分等。对于重要的历史建筑应慎重使用全部解体的修复方法。经解体后修复的建筑应全面消除隐患。修复工程应尽量保存各个时期有价值的结构、构件和痕迹。修复要有充分依据。附属建筑只有在不拆卸则无法保证本体安全的情况下才被允许拆卸，并在修复后按照原状恢复。由于灾害而遭受破坏的建筑，须在有充分依据的情况下进行修复，这些也属于修缮的范畴。

现状整修和重点修复工程的目的是排除结构险情、修补损伤构件、恢复文物原状。应共同遵守以下原则：①尽量保留原有构件。残损构件经修补后仍能使用者，不必更换新件。对于年代久远、工艺珍稀、具有特殊价值的构件，只允许加固或做必要的修补，不许更换。②对于原结构存在的，或历史上干预造成的不安全因素，允许增添少量构件以改善其受力状态。③修缮不允许以追求新鲜华丽为目的重新装饰彩绘；对于时代特征鲜明、式样珍稀的彩画，只能作防护处理。④凡是有利于建筑保护的技术和材料，在经过严格试验和评估的基础上均可使用，但具有特殊价值的传统工艺和材料则必须保留。

现状整修包括两类工程：一是将有险情的结构和构件恢复到原来的稳定安全状态，二是去除后期添加的、无保留价值的建筑和杂乱构件。现状整修需遵守以下原则：①在不扰动整体结构的前提下，将歪闪、坍塌、错乱的构件恢复到原来状态，拆除后期添加的无价值部分。②在恢复原来安全稳定的状态时，可以修补和少量添配残损缺失构件，但不得大量更换旧构件、添加新构件。③修整应优先采用传统技术。④尽可能多地保留各个时期有价值的遗存，不必追求风格、式样的一致。重点修复工程对实物遗存干预最多，

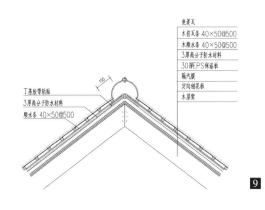

鱼鳞瓦
木挂瓦条 40×50@500
木顺水条 40×50@500
3厚高分子防水材料
30厚EPS保温板
隔汽膜
定向刨花板
木屋架
丁基胶带粘贴
3厚高分子防水材料
顺水条 40×50@500

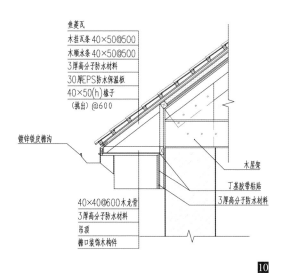

鱼鳞瓦
木挂瓦条 40×50@500
木顺水条 40×50@500
3厚高分子防水材料
30厚EPS防水保温板
40×50(h)椽子
（挑出）@600
镀锌铁皮檐沟
木屋架
丁基胶带粘贴
3厚高分子防水材料
40×40@600木龙骨
3厚高分子防水材料
吊顶
檐口装饰木构件

图注　⑧　圣保罗堂内景（来源：周琦建筑工作室，金海拍摄）
　　　　⑨　圣保罗堂屋脊修缮大样图（来源：周琦建筑工作室）
　　　　⑩　圣保罗堂屋顶修缮大样图（来源：周琦建筑工作室）

必须进行严密的勘察设计，严肃对待现状中保留的历史信息，严格按程序论证、审批。

重点修复应遵守以下原则：①尽量避免使用全部解体的方法，提倡运用其他工程措施达到结构整体安全稳定的效果。当主要结构严重变形，主要构件严重损伤，非解体不能恢复安全稳定时，可以局部或全部解体。解体修复后应排除所有不安全的因素，确保在较长时间内不再修缮。②允许增添加固结构，使用补强材料，更换残损构件。新增添的结构应置于隐蔽部位，更换构件应有年代标志。③不同时期遗存的痕迹和构件原则上均应保留；如无法全部保留，须以价值评估为基础，保护最有价值部分，其他去除部分必须留存标本，记入档案。④修复可适当恢复已缺失部分的原状。恢复原状必须以现存没有争议的相应同类实物为依据，不得只按文献记载进行推测性恢复。对于少数完全缺失的构件，经专家审定，允许以公认的同时代、同类型、同地区的实物为依据加以恢复，并使用与原构件相同种类的材料，但必须添加年代标志。缺损的雕刻、壁画和珍稀彩画等艺术品，只能现状防护，使其不再继续损坏，不必恢复完整。⑤建筑群在整体完整的情况下，对少量缺失的建筑，以保护建筑群整体的完整性为目的，在有充分的文献、图像资料的情况下，可以考虑恢重建筑群整体格局的方案。但必须对作为文物本体的相关建筑遗存如基址等进行保护，不得改动、损毁。相关方案必须经过专家委员会论证，并按相关法规规定的审批程序审批后方可进行。

以南京基督教圣保罗教堂历史建筑保护修缮工程为例。圣保罗教堂位于太平南路 396 号，于 1923 年落成，距今已有 80 余年历史，是南京现存最早的基督教圣公会礼拜堂之一。在其修缮过程中未改变原有立面，未改变原有结构体系，未改变原有有特色的室内装修。同时，适应使用要求、新的设备的要求，以及重点保护区的现代化功能要求。通过现场考证及历史研究，尽量恢复其原有色彩、材质及式样，使其恢复历史原貌，并延续生命。由于圣保罗教堂建筑修建年代较早，结构有所破损，故采取适当加固措施，以提高其整体性、抗震性。维修重点有以下几点：解决屋面破损、变形问题；解决外墙面饰面剥落开裂以及清洗的问题；解决外立面的整治问题；解决各种装饰构件破损、开裂和除尘问题。

（四）保护性设施建设

保护性设施建设是指通过附加防护设施保障建筑和人员安全。保护性设施建设是消除造成建筑损害的自然或人为因素的预防性措施，有助于避免或减少对建筑的直接干预，包括设置保护设施，在遗址上搭建保护棚罩等。监控用房、库房及必要的设备用房等也属于保护性设施。它们的建设、改造须依据相关保护规划和专项设计实施，把对建筑及环境影响控制在最低程度。

保护性设施应留有余地，不求一劳永逸，不妨碍再次实施更为有效的防护及加固工程，不得改变或损伤被防护的建筑本体。添加在建筑的保护性构筑物，只能用于保护最危险的部分。应淡化外形特征，减少对其原有的形象特征的影响。增加保护性构筑物应遵守以下原则：①直接施加在建筑上的防护构筑物，主要用于缓解近期有危险的部位，应尽量简单，具有可逆性；②用于预防洪水、滑坡、沙暴等自然灾害造成破坏的环境防护工程，应达到长期安全的要求。

建造保护性建筑应遵守以下原则：①设计、建造保护性建筑时，要把保护功能放在首位；②保护性建筑和防护设施不得损伤保护本体，应尽可能减少对环境的影响；③保护性建筑的形式应简洁、朴素，不应当以牺牲保护功能为代价，刻意模仿某种古代式；④保护性建筑在必要情况下应能够拆除或更新，同时不会造成对保护本体的损害；⑤决定建设保护性建筑时应考虑其长期维护的要求和成本。消防、安防、防雷设施也属于保护性设施。

由于保护需要必须建设的监控用房、文物库房、设备用房等，在无法利用原有建筑的情况下，可考虑新建。保护性附属用房的建设必须依据文物保护规划的相关规定进行多个场地设计，通过评估，选择对保护建筑本体和环境影响最小的方案。

（五）迁建

迁建是经过特殊批准的个别的工程，必须严格控制。迁建必须具有充分的理由，不允许仅为了旅游观光而实施此类工程。迁建必须经过专家委员会论证，依法审批后方可实施。必须取得并保留全部原状资料，详细记录迁建的全过程。

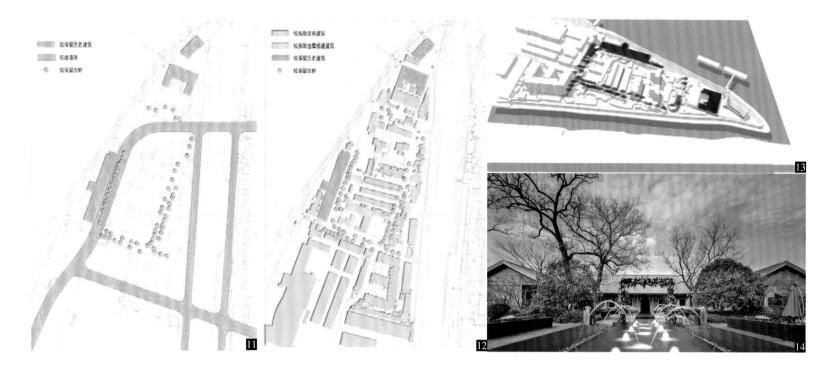

迁建工程的复杂程度等同于重点修复工程，应当遵守以下原则：①特别重要的建设工程需要；②由于自然环境改变或不可抗拒的自然灾害影响，难以在原址保护；③单独的实物遗存已失去依托的历史环境，很难在原址保护；④建筑本身具备可迁移特征。

迁建新址选择的环境应尽量与迁建之前的环境特征相似。迁建后必须排除原有的不安全因素，恢复有依据的原状。迁建应当保护各个时期的历史信息，尽量避免更换有价值的构件。迁建后的建筑中应当展示迁建前的资料。迁建必须是现存实物。不允许仅据文献传说，以修复名义增加仿制建筑。

（六）环境整治

环境整治是保证建筑安全，展示建筑环境原状，保障合理利用的综合措施。整治措施包括：对保护区划中有损景观的临时建筑进行调整、拆除或置换，清除可能引起灾害的杂物堆积，制止可能影响建筑安全的生产及社会活动，防止环境污染对建筑造成的损伤。绿化应尊重建筑及周围环境的历史风貌，如采用乡土物种，避免因绿化而损害建筑和景观环境。

影响建筑的环境质量有以下三个主要因素：①自然因素，包括风暴、洪水、地震、水土流失、风蚀、沙尘等；②社会因素，包括周边建设活动和生产活动导致的震动、污水和废气污染、交通阻塞、周边治安状况以及杂物堆积等；③景观因素，主要指周边不谐调的建筑遮挡视线等。对可能引起灾害和损伤的自然因素，应重点做好以下工作：①建立环境质量和灾害监测体系，提出控制环境质量的综合指标，有针对性地开展课题研究；②编制环境治理专项规划，筹措充足的专项资金；③制订紧急防灾计划，配备救援设施；④整治应首先清除位于保护区划内，影响文物古迹安全的建设和杂物堆积，根据规划和专项设计有计划地实施整治维护；⑤对可能损害文物古迹的社会因素进行综合整治，对直接影响文物古迹安全的生产、交通设施要坚决搬迁，对污染源头要统筹疏堵；⑥与有关部门合作，通过行政措施对严重污染并已损害文物古迹的因素实施积极的治理；⑦对交通不畅、周边纠纷和治安不良等因素，可通过"共建""共管"，建立协作关系加以

图注　**11**~**14**　原下关区江边路30号近代历史建筑组群周边环境整治（来源：周琦建筑工作室）

　　　　15　平移后归位的北京西路57号和天目路32号民国建筑（来源：周琦建筑工作室，李宣范拍摄）

　　　　16　民国建筑下建设地下车库（来源：周琦建筑工作室，许碧宇绘制）

治理；⑧对可能降低文物古迹价值的景观因素，应通过分析论证逐步解决；⑨改善景观环境，应在评估的基础上清理影响景观的建筑和杂物堆积；⑩通过科学分析、论证、评估确定视域控制范围，并在保护区划的规定中提出建筑高度、色彩、造型等的控制指标，通过文物保护规划和相关城乡规划实现视域保护。

在原下关区江边路 30 号近代历史建筑组群保护项目中，由于其周边有大量自主搭建的违章建筑，不仅严重损害了该建筑群的安全性，同时也破坏了整个滨江地带的风貌。因此，在保护修缮该建筑群的同时，也对其院落及周边环境进行了积极的保护，包括大量违章建筑的一次性拆除，道路系统的规划设计，滨江观景漫步景观道的设计等。

（七）平移

由于旧城区改造、道路拓宽等原因，某些近现代历史建筑需要在保持房屋整体性和可用性不变的前提下，将其从原址移到新址，如纵横向移动、转向或移动加转向等。平移的基本原理是将建筑物在某一水平面切断，使其与基础分离变成一个可搬动的物体；在建筑物切断处设置可移动托梁；在就位处设置新基础；在新旧基础间设置行走轨道梁；安装行走装置，施加动力将建筑物移动；就位后拆除行走装置进行上下结构连接。代表实例有北京西路 57 号和天目路 32 号民国建筑。

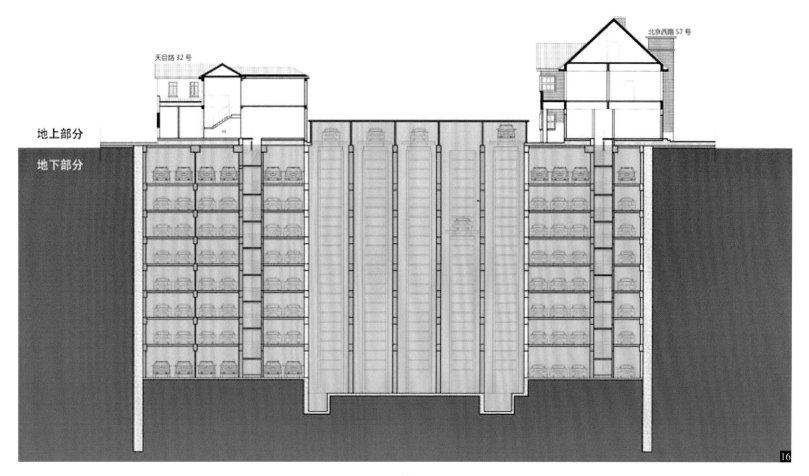

这两栋建筑位于民国时期历史保护风貌片区。建设单位所在的天目大厦原有地下两层，可供停车58辆，目前已无法满足停车需求。从2015年开始，建设单位在大厦东面两栋民国建筑场地位置进行地下停车场扩建，同时保护该区域民国建筑，因此该项目在苛刻的条件下，既需要保护民国时期历史建筑，又要满足省财政厅扩建停车位的需求。在进行地下停车库建设当中，由于工程场地限制，基坑施工过程中既需要对基坑变形进行严格控制，又要确保这两栋民国建筑的安全性。故该工程采用盖挖逆做法施工，作为对民国建筑的保护方法，先将内部加固，对建筑结构性较差以及出现损伤的部位进行整体加固、保护。将建筑在场地内部进行整体平移，避免地下施工损伤民国建筑，待地下施工结束，再分块浇筑盖板，最终将民国建筑移动到盖板上。

（八）整体抬升

由于历史原因，历史建筑周边地势逐渐提高，使得历史建筑处于相对较低的地势，容易发生淹水、排水不畅等现象，进而威胁到建筑安全。为应对这种危险，经常采取整体抬升建筑标高的策略。基础切割，整体提升，重做基础，在场地标记原有标高位置，并做相关标志牌。抬升施工大致流程如下：①安装提升机械式千斤顶，安装提升预应力螺纹钢筋并与抬升支架固定；②安装抬升同步控制设备；③安装结构应变监测设备和结构位移监测设备；④在钢牛腿下切断柱主筋；⑤结构抬升，同步控制千斤顶提升，完成一个行程，顶升过程中，进行结构监测，以保证同步顶升、结构安全；⑥锁紧防护用预应力螺纹钢筋，倒换千斤顶行程；⑦重复⑤、⑥步施工，直至完成顶升位至抬升高度；⑧锁紧防护用预应力螺纹钢筋，卸除千斤顶。

在南京博物院二期工程中，由于周边新建大楼以及博物馆新馆的建设，老大殿的相对高度降低，显得越来越矮。为了突出处于轴线终端的老大殿的主体位置，强化和丰富中轴线，同时提升其底部空间的使用功能和结构安全性能，该项目对老大殿采取了整体抬升的措施，最终抬升3m，大大突出了其视觉效果和在整个建筑群中的核心地位。同时，其原有的近3000m²的地下空间也得以利用。

（九）加建、改扩建

加建、改扩建是指由于各种现实需要，对历史建筑局部进行改变，并增加部分新建建筑，包括水平向扩张或竖向加层等方式，也包括由于停车或其他需要，对历史建筑地下空间进行开发利用。具体案例如北京西路57号和天目路32号民国建筑地下停车场建设、

图注　17～18　整体抬升后的南京博物院老大殿（来源：周琦建筑工作室，韩艺宽拍摄）

19～20　灵隐路26号建筑外景（来源：周琦建筑工作室，金海拍摄）

21　灵隐路26号建筑剖面图（来源：周琦建筑工作室）

灵隐路 26 号住宅地下空间利用、南京和记洋行厂房建筑群的保护利用等。前二者是竖向向下加层的典型案例，后者不仅新增了地下空间，在水平方向也进行了扩张。

灵隐路 26 号建筑位于鼓楼区灵隐路与天竺路交界处，建于 1932 年，原址包括一栋主房及三栋附房，近 500m²。项目在修缮改造地上建筑的同时，开挖了近 400m² 的地下空间，作为家庭娱乐室、影音室、佣人房、洗衣房、泳池、健身区及下沉庭院来使用。南京和记洋行厂房建筑群除了保存现有历史建筑外，为营造新的场所和业态在厂区内增加了新建筑。

第二节 保护修缮研究与设计

一、保护修缮研究

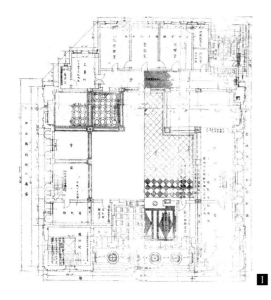

首先，业主提出历史建筑保护修缮及改造利用的需求，委托相关设计单位对该需求的合理性及可行性在法律、技术等层面进行分析和判断，并提交项目建议书及可行性研究报告。其内容包括基本历史信息、现状描述、保护修缮的目标等，形成一个社会、经济、法律层面的全面评估报告。其次，由有相应资质的设计单位、测绘单位及安全鉴定单位对历史建筑进行全面的调查研究，具体包括以下几项。

（一）建筑历史研究

建筑历史研究包括调查建造年代、建筑师、施工单位、业主变更情况、建筑历年的变化和改造情况以及营造厂商等相关信息。文件档案要通过业主单位的档案室、资料管理室及城市的档案管理部门对该建筑的历史文献档案进行彻底调查。南京主要的档案馆包括：

1. 南京市城市建设档案馆

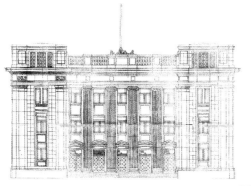

负责城市建设档案的接收、管理工作；负责城市建设档案的信息利用和咨询服务工作；受委托承担城市建设档案的有关执法工作。主要收集了从民国时期至今，南京几乎所有重大民用和公共建筑的原始图纸，包括设计图纸和竣工图纸，对收集重要建筑的详细资料和史料具有重要的价值。

2. 南京房产局档案馆

主要收集了从民国时期至今，南京各个房产的原始档案，包括位置、面积、前后屋主的变化和交易过程，为近代建筑的调查提供了最原始的屋主资料、户籍资料、位置资料和产权变更资料，作为历史调查和定位的依据。

3. 南京市档案馆

南京市档案馆是南京市人民政府直属的文化事业机构，是南京市永久保管档案基地。

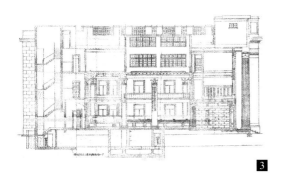

图注　**1**~**3** 南京市城市建设档案馆收藏的交通银行旧址历史图纸（来源：南京市城市建设档案馆）
4~**5** 南京市城市建设档案馆收藏的胜利电影院历史图纸（来源：南京市城市建设档案馆）
6~**8** 南京肉联厂档案室收藏的南京和记洋行历史图纸（来源：南京肉联厂档案室）

馆藏历史档案中有民国南京市政府与国民党中央党政军机关、各省市及知名人士的来往文书、函电;有国民政府、日伪政府、南京市政府、伪南京特别市政府等颁布的各项办法、条例、章则、规则、制度、指令、训令等,其内容涉及南京的城市规划、市政建设和管理、社会管理、工商、财政、金融、税收、卫生以及文化教育等,有记载孙中山先生逝世前疾病的治疗、逝世后的安葬、陵墓建设、陵园管理、纪念活动等史料,有民族工商业企业江南汽车公司、永利钲厂的档案等。

4. 中国第二历史档案馆

中国第二历史档案馆是集中典藏中华民国时期（1912—1949 年）历届中央政府及直属机构档案的中央级国家档案馆,馆藏总量为 225 万余卷,约 4500 万件。馆址在南京市中山东路 309 号,为"中国国民党中央党史史料陈列馆"旧址,由我国著名建筑大师杨廷宝设计,于 1936 年建成。档案库房、阅览大厅和业务大楼等建筑均为 20 世纪 50 年代后仿照宫廷建筑风格相继建成。1951 年 2 月 1 日,为集中管理国民政府遗留在南京的档案,中国科学院近代史研究所南京史料整理处成立,其后又从成都、重庆、昆明、广州和上海等地接收了大量国民政府中央机构的档案,奠定了馆藏档案的基础。1964 年 4 月,南京史料整理处改隶国家档案局,更名为中国第二历史档案馆。

5. 各单位档案室

一些单位产权项目的档案由该单位的档案馆保存。例如和记洋行的档案转到南京肉联厂档案室保存。

（二）建筑现状调查

对建筑现状进行测绘和破损情况分析。测绘结果需达到能够用于进一步设计修缮的要求。测绘的具体深度及其他要求可参照附录。对于大部分建筑一般只需皮卷尺、钢卷尺、卡尺或软尺就可以测出所有单体建筑的平面图。测绘平面时最重要的是先确定轴线尺寸,之后单体建筑的一切控制尺寸都应以此为根据。确定轴线尺寸后,再依次确定台明、台阶、室内外地面铺装、山墙、门窗等的位置,平面图就确定了。此外,还应该在此广泛使用

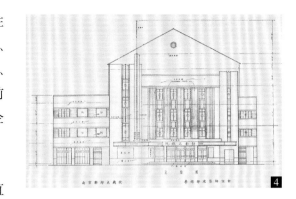

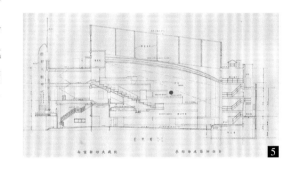

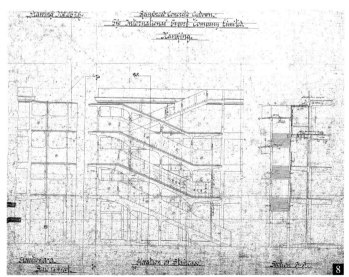

激光测距仪，其优点是数据准确，使用方便，并且能测到一些因条件限制而人无法站立和上去的点的距离。它的这一大优势能在测绘立面和剖面图时发挥很大的作用。破损情况分析须从结构体系、内部构造体系及外部构造体系等各个层面详细展开，各个部位的破损情况可参照本书相关章节的菜单表格。

（三）结构安全鉴定

委托相关资质单位进行安全鉴定检测，为下一步的结构设计提供基础资料。房屋安全鉴定就是由专门的机构对房屋的安全性做出科学的评价，确保居住人的生命财产安全。鉴定工作的主要内容为：

（1）房屋的结构体系，结构布置、主要结构构件尺寸、传力体系等检查；

（2）房屋结构现状检查，主要包括砌体结构构件的风化、裂缝以及木构件的腐朽、裂缝、变形等；

（3）主要相关参数抽样检测，包括：墙体倾斜、砖块抗压强度、砌筑砂浆抗压强度等；

（4）根据现场检查与检测结果，依据国家相关现行规范对房屋结构安全性及抗震性进行综合分析评价。

鉴定的依据有：

（1）委托方提供的房屋测绘图纸资料；

（2）国家现行相关规范、标准，包括：

《民用建筑可靠性鉴定标准》GB 50292—2015；

《建筑抗震鉴定标准》GB 50023—2009；

《木结构设计规范》GB 50005—2003；

《砌体结构设计规范》GB 50003—2011 等。

图注　　9~10　现场测绘（来源：周琦建筑工作室，胡楠拍摄）

　　　　11　激光测距仪及其他常用测绘工具（来源：周琦建筑工作室，李莹韩收集）

　　　　12　百子亭建筑测绘平面图（来源：周琦建筑工作室）

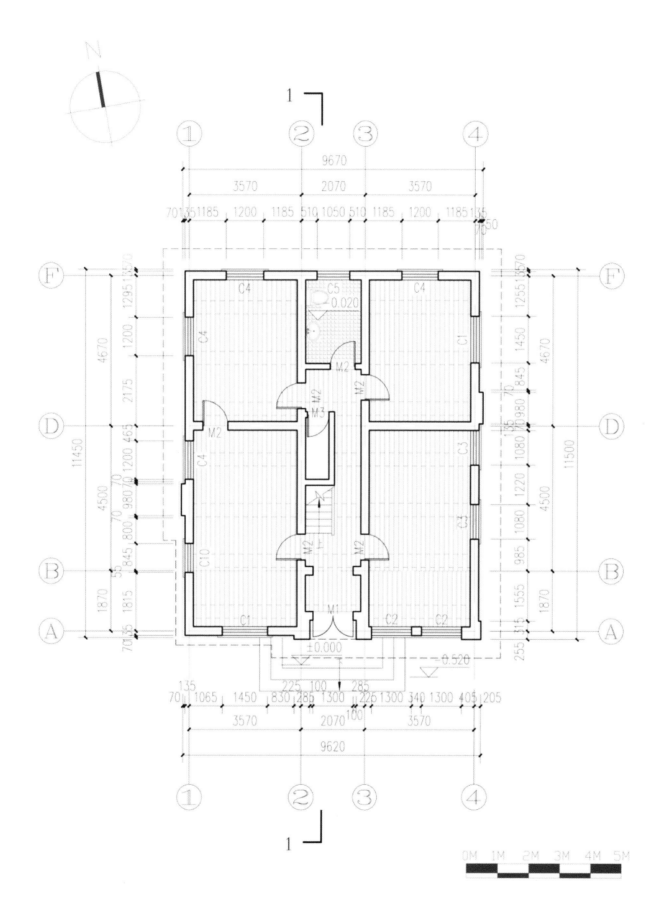

类别	部位	部位示意	现状照片	保存内容
室内	一层	入口门廊	入口门廊	1.拆除一层入口门廊，恢复历史原貌。 2.门廊入口台阶后期外贴红色瓷砖，建议恢复为水磨石台阶，与整体建筑立面色彩保持协调统一
		楼梯	楼梯	木楼梯为后期改建，建议拆除，按历史风貌重新制作并安装木制楼梯
	二层	卧室	卧室（未能进入，照片为入口）	1.该卧室位置原为露台，应恢复露台历史原貌。 2.建议保留原有卫生间，其余隔墙拆除

（四）价值评估

对历史建筑进行价值分析，包括社会历史价值、科学技术价值、艺术价值、使用价值等。价值判断的目标是确定保护的内容和力度以及修缮改造的可能性，最终对下一步修缮设计提出原则和措施。

历史建筑的社会历史价值主要从社会、政治、文物考古、史料记载等方面进行见证。在历史信息系统中建筑占有重要地位，具有重大历史价值的建筑物，能够反映当时的各种信息，是不同历史时期人类活动的产物。建筑是了解其历史变化的重要根据，各种变化也反应当下社会的政治经济制度的演变，是记录历史的无声语言。历史建筑成为判断历史实证、补充记载历史缺失不可或缺的铁证。因此，历史建筑能够反映历史的本来面貌。研究某一时代的科技发展与社会生产生活除了翻阅遗留的资料文献外，离不开对那一时代遗留下来的痕迹的研究。历史建筑能够较全反映不同时代的政治经济制度、社会活动和文化特点。

历史建筑遗产蕴含着丰富的科学技术信息。各种类型的历史建筑从不同侧面反映出各个历史时期人们认识自然、改变自然的能力，同时也标志着它们产生的那个历史时期科学技术与生产力的发展水平，成为人们了解和认识人类社会发展和建筑建造活动的实物依据。尤其是历史建筑优秀的设计规划理念和高超的营造技术，对于今天乃至以后的建筑活动都产生了积极的推动作用。

江苏·南京
东南建设工程安全鉴定有限公司
鉴定报告
第 SH201711***号

宁中里民国建筑群建筑结构安全性、抗震性检测与鉴定报告

委托单位：东南大学建筑设计研究院有限公司
鉴定对象：宁中里民国建筑群（共13幢砖木结构房屋）
资质证书：CNAS IB0195
鉴定类别：结构可靠性及抗震性能评价
鉴定时间（开始）：2017年11月21日

鉴定项目组技术负责人（签字）

鉴　定：赵　哲（工程师）
校　核：徐志纯（工程师、一级注册结构工程师）
审　核：陈雷峰（高级工程师、一级注册建造师）
审　定：曹双寅（教授）
鉴定项目组其他人员：刘光祥、孙朋、朱震、王先玮

宁中里民国时期建筑风貌区保护与修缮设计 14

15

　　建筑是一种综合性艺术，它融合了材料、建筑技术、美术、雕塑等为一体的造型艺术，使人们在有限的空间里有美的享受。历史建筑的艺术价值主要通过空间造型、装饰美，名胜古迹景观艺术，塑像、壁画等造型艺术和不同时代的题材、独特工艺等体现出来的。历史建筑能反映不同时代的文化特色和不同民族的文化特质，从建筑造型、装饰和环境设计直接讲述给人们不同时代的人类文明，不同民族的思想观念、情感伦理和审美情趣。从审美价值或欣赏价值来看都能给人美的享受，给人艺术启迪，陶冶人的情操。对于现代建筑，可以应用和借鉴其精华以表现创新手法技巧。

　　历史建筑具有极高的使用价值，住房城乡建设部于2017年提出：加强历史建筑的保护和合理利用，有利于展示城市历史风貌，留住城市的建筑风格和文化特色，是践行新发展理念、树立文化自信的一项重要工作。要采取区别于文物建筑的保护方式，在保持历史建筑的外观、风貌等特征基础上，合理利用，丰富业态，活化功能，实现保护与利用的统一，充分发挥历史建筑的文化展示和文化传承价值。积极引导社会力量参与历史建筑的保护和利用。鼓励各地开展历史建筑保护利用试点工作，形成可复制可推广的经验。同时探索建立历史建筑保护和利用的规划标准规范和管理体制机制。

二、保护修缮设计

　　在以上四方面的基础上完成修缮设计方案，并在设计方案文本里体现以上四方面的内容。设计成果包括建筑、结构、设备、节能各个专业的图纸及相关文件，并要求达到初步设计的深度。同时建筑设计图和现状测绘图要一一对应起来，可方便看出保护修缮及改造的部位。

图注　　13 百子亭建筑破损情况分析（来源：周琦建筑工作室）

　　　　14 宁中里民国时期建筑风貌区保护与修缮设计文本（来源：周琦建筑工作室，李莹韩制作）

　　　　15 宁中里民国建筑群建筑结构鉴定报告（来源：东南建设工程安全鉴定有限公司）

近代建筑一般都没有制冷系统，原有的采暖系统如壁炉，已经无法适应现代的生活要求。住户会自行加装采暖和制冷系统，在南京地区最常用的方式是采用空调系统。空调系统存在外挂机的设置问题。近代建筑一般的外墙为砖墙体系，经历了长年的使用和风化作用后，它的强度比较弱，因此外挂机的方式需注意两点：首先，对建筑外部的形式不能产生明显的影响或破坏。其次，支架的安装方式要结合建筑墙体加固和墙体本身的构造与结构安全措施。

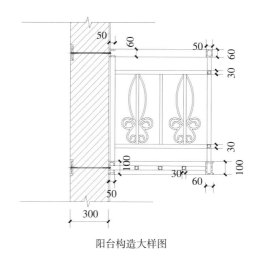

阳台构造大样图

采用分体式空调机，室外机统一布置于出挑的阳台内。阳台饰以金属栏杆，整体造型符合民国风格装饰特征，与历史建筑的整体风貌相协调。

南立面

一些详细的技术措施、参数、标准、施工工艺也需要一一呈现。设计方案完成后提交相应管理部门进行方案评审论证，在专家意见的基础上做进一步的修改和完善。

　　设计方案完成后是具体实施过程，包括施工单位的选择、材料技术的应用、施工工人的指导等后续事宜。历史建筑的修复需要进行现场指导，由于很多部位在测绘中难以打开，需要根据施工中发现的新情况不断与施工方进行沟通，完善设计。

　　本书从第三章起，对南京近现代建筑结构体系、内部构造体系、外部构造体系及建筑内外基础设施进行了详细调查总结，并提出不同情况下的保护修缮方法，同时对南京特有的一批近代大屋顶建筑做了专篇研究，最后的附录里包含了南京近现代建筑保护修缮管理规程以及扬子饭店的保护修缮实践案例。结构体系、内部构造体系、外部构造体系这三部分的图则是本书的技术核心部分，该部分针对建筑不同部位的不同修缮方式进行了详细说明，并提供了一套适用于保护及利用的简便有效的菜单手册。

图注　　**16**　宁中里修缮技术措施呈现（来源：周琦建筑工作室，李莹韩、杨文俊绘制）

　　　　17　宁中里历史平面与修缮平面（来源：周琦建筑工作室，李莹韩绘制）

　　　　18　宁中里部分结构加固设计（来源：周琦建筑工作室）

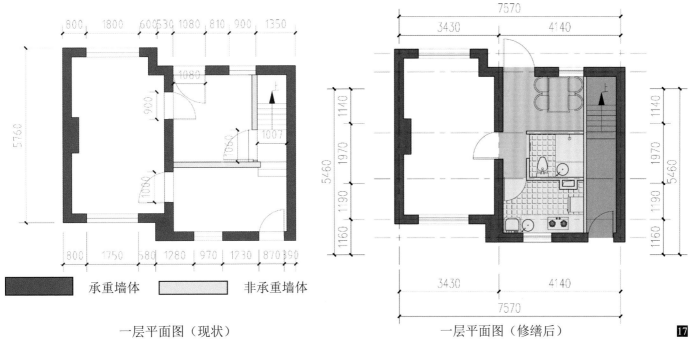

承重墙体   非承重墙体

一层平面图（现状）   一层平面图（修缮后） **17**

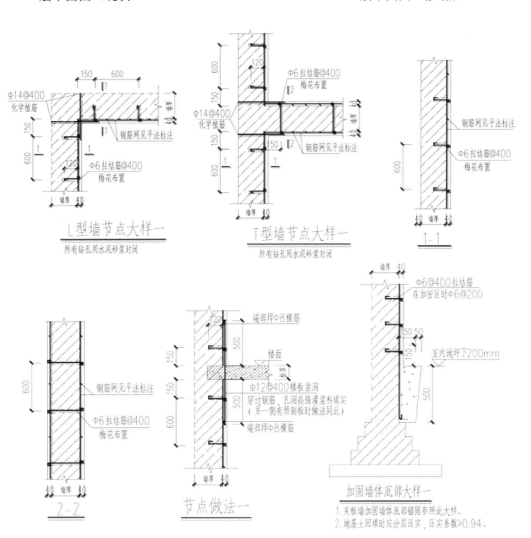

L型墙节点大样一
所有钻孔用水泥砂浆封闭

T型墙节点大样一
所有钻孔用水泥砂浆封闭

1-1

2-2

节点做法一

加固墙体底部大样一

1.夹板墙加固墙体底部锚固参照此大样。
2.地基土回填时应分层压实，压实系数≥0.94。

18

第三章

结构体系保护修缮

第一节　钢筋混凝土结构体系

一、概述

钢筋混凝土体系建筑指近代时期从西方引进的采用钢筋混凝土或和其他材料（砖、木、钢）共同作为结构构件的建筑。这种体系的建筑体量普遍较大、室内空间跨度较大、造价也较为昂贵，因而主要运用在重要公共建筑和工业建筑中，同时也用于部分住宅的局部构件中。20 世纪初，这种自欧美传入我国的钢筋混凝土技术得到了快速的发展和广泛的应用。

钢筋混凝土结构系统除了采用钢筋混凝土之外还往往运用了其他材料，按照材料的不同可以进一步分为四种不同的结构类型：钢筋混凝土框架结构，钢筋混凝土框架、砖墙混合结构，钢筋混凝土、砖墙、木屋架混合结构，钢筋混凝土、砖墙、钢屋架混合结构。

近代钢筋混凝土结构的使用年代较长，一般已超过正常使用年限，有不同程度的损伤，经锈涨开裂寿命计算分析，近代钢筋混凝土结构的剩余寿命大多在 10 年以内。这些达到或接近达到使用寿命的近代钢筋混凝土结构存在着安全隐患，但同时这批建筑一方面作为文物具有巨大价值，一方面又在国民经济生产中发挥着巨大作用，需要加以利用。因此，对其保护利用成了一个迫切需要得到解决的课题。

对钢筋混凝土建筑的保护修缮主要取决于该建筑的文物等级以及其所面临的功能和使用需求，应在做出准确的价值判断后再确定干预方法和保护措施。

（一）混凝土建筑的发展历程

混凝土材料至今已有 2000 多年的历史。1824 年，英国人约瑟夫·阿斯普丁发明的普通硅酸盐水泥，标志着现代意义上的混凝土建筑开始出现。水泥发明后迅速在世界范围里传播，50 年后传入

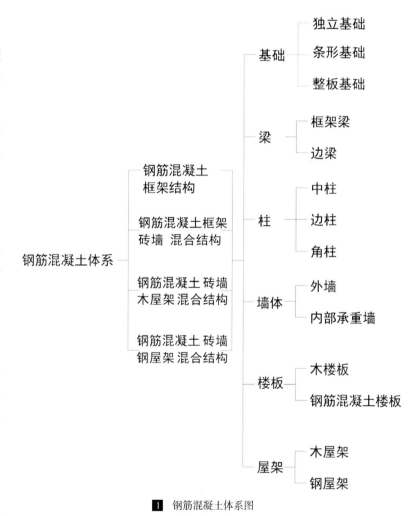

1 钢筋混凝土体系图

注：

1. 四种结构类型的相同局部构造存在相同的情况，修缮技术也相似，可以互相参考。

2. 同种结构类型中部分不同的构造修缮技术也互相适用，如梁的加固方式同样适合于柱。

3. 钢筋混凝土体系中以下部分修缮技术参照砖木体系有关章节。a. 条形基础加固；b. 砖砌体加固；c. 木屋架加固。

中国。1876 年，在唐山开平煤矿附近设窑生产水泥的唐山启新洋灰厂，是我国水泥工业的起源。随着结构力学和材料力学等科学理论的发展，钢筋混凝土结构的计算规范也逐渐建立。此后钢筋混凝土建筑在全世界广泛采用，在 20 世纪产生了巨大影响。钢筋混凝土建筑具有结构可塑性好、分布广泛、数量众多、改造维护简便等优点，在我国近代建筑中占据着重要地位。

（二）近代钢筋混凝土建筑保护修缮研究现状

在南京市众多近代建筑中，钢筋混凝土建筑占有很大的比例。近代钢筋混凝土建筑处在一个由古建筑结构形式向现代建筑结构形式过渡的一个历史时期，在材料性能、计算方法和构造设计上均不能同现代混凝土建筑相提并论。因此，对近代混凝土建筑的材料性能、计算方法和构造设计进行研究，是科学保护近代混凝土建筑的前提。

欧美发达国家在钢筋混凝土建筑方面有较长的历史，对其保护技术研究也较为成熟。1974 年，美国的贝尔·罗伯特（Robert Bell A）研究了伊利诺伊州一栋使用了 65 年的钢筋混凝土建筑的表面处理措施和修缮技术。1988 年，美国的布思比（Boothby）等对 20 世纪中期兴建的美国工业用途及军用的一些薄壳混凝土历史建筑进行检查，对这些建筑结构的保护性修缮进行了探讨，并列出了专业的修复措施和步骤。1989 年，美国的科尼·威廉（William Coney B）对历史建筑混凝土的修复、保护步骤进行了讨论，并对混凝土劣化原因、现场检测、实验室测试、修复程序及方案规划等进行了探讨。1998 年，德国的克莱斯特·安德烈斯（Kleist Andreas）等针对一栋有 60 年历史的建筑钢筋混凝土结构进行了修复研究，发现采用全面注入丙烯酸酯不仅可以阻止锈蚀发展，并有利于混凝土的长久保存。2001 年，希腊的巴蒂（Batis G）等通过电流测量修复与未修复区域不同类别电腐蚀样本的腐蚀保护效应，证明阻锈剂能够有效抵抗钢筋的锈蚀，减小钢筋混凝土的裂缝发展。2003 年，西班牙的博哈特·约翰（John Borchardt）对马德里一处历史建筑的加固案例进行了阐述，对原材料进行了检测，使用了碳纤维（CFRP）加固技术，达到了良好的加固效果。

（三）南京近代钢筋混凝土建筑的遗产保护及建筑利用研究

南京近代钢筋混凝土建筑数量繁多，且急需加固修缮，但在保护利用时不可一概而论。需从遗产保护、既有建筑的再利用方面分类型、分层次、分级别对其进行定性和定量的评估，建立价值评估体系，以采取相应的保护措施和技术。

从遗产保护学的角度，应从其重要性即保护等级、地理位置、现存状况等方面进行细致的、定量化的、层级性的价值判断，涵盖其历史价值、艺术价值、科学价值等方面。同时建立一套可量化的、相对标准性的价值判断评价体系，使得价值判断的主观性及其受人为影响率降至最低。从建筑学的角度，关注其空间重塑和建筑本身再利用的研究，突出建筑在城市之中的建筑学意义及其价值以及如何在让它适应新功能的同时保护其最具特征的价值。通过城市肌理演变、空间重组、结构加固或置换等研究，对其建筑学意义和设计方法进行探讨，为进一步的结构具体措施提供依据。综合史学研究、遗产保护研究，在技术介入之前对近代钢筋混凝土建筑提出干预原则。

（四）南京市近代钢筋混凝土建筑的技术研究

随着时间的推移，大量近代钢筋混凝土建筑在环境因素、使用因素等影响下，出现了不同程度的耐久性问题，这些问题威胁着建筑的整体安全性和建筑寿命，保护刻不容缓。而研究清楚其材料性能、结构构造和退化机理是结构加固的前提。

针对历史研究、遗产与建筑学研究得出的保护指导思想，以及材料退化研究，综合实际情况研究各种加固方法的优缺点、适应性，并针对不同情况提出新的、更为适用的加固方式。

（五）干预原则指导下的我国近代钢筋混凝土建筑保护利用方法研究

根据前期交叉学科所做出价值判断、功能置换和空间利用基础上提出来的保护等级和干预程度，结合技术研究，提出钢筋混凝土具体的保护利用的方法。方法初步计划分为三种程度：即最小干预原则、重点保护原则和最大限度利用原则，不同的原则对应不同的保护利用

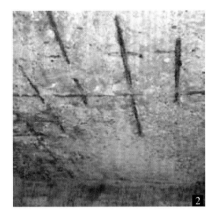

方式。最终目标是形成可供推广的具体的结构系统、构造措施、空间处理方式、材料及工艺等。

（六）混凝土材料常见劣化状况及原因

1. 导致混凝土损坏的因素

（1）环境的破坏性因素。环境的损害包括酸或碱的化学侵蚀、氧化、碳化、火灾和冻融循环。

（2）结构失效。结构失效的原因包括过载、冲击或疲劳。这些将导致混凝土开裂、压碎、磨损和变形。结构失效也可能是由于建造和设计上的失误造成的。

（3）变形约束。当混凝土单元不能自由地伸长和收缩，典型的开裂、压碎和弯曲就会发生。

（4）混凝土的徐变。在应力保持不变的条件下，混凝土的应变会随荷载持续时间的增长而增大。

2. 导致混凝土损坏的原因

（1）氯化物以外的化学锈蚀

混凝土中最普遍、破坏性最小的化学锈蚀是起霜泛白，或者说是混凝土中可溶的氢氧化钙流失。新的混凝土中，通过减少渗透性和限制水的侵蚀，可使其遭受最小风化。渗透性通过添加诸如减水剂、复合高效减水剂、引气剂等不同的混凝土外加剂和诸如微硅粉的火山灰来降低。这些材料和混凝土以适当的比例配置、浇筑、养护后能够得到最好的结果。现存的建筑物中，能够控制渗漏的唯一措施是消除（至少减少）明水或将水排走。

硫酸盐锈蚀对混凝土框架整体来说是一种比较严重的化学锈蚀。硫酸盐存在于地下水中，建筑物施工过程中用到液体或者气体时容易把硫酸盐引进来。与氯化物锈蚀钢筋混凝土相比较，硫酸盐是通过氢氧化钙和水泥的其他成分发生化学反应来破坏混凝土的。但是，硫酸盐对混凝土锈蚀的结果像氯化物一样，相比较初始体积有所膨胀，这种膨胀的化学反应是由于产生了新的硫酸盐晶体增长物理作用，这种反应频繁地发生在干湿循环过程中。硫酸盐破坏严重的混凝土通常需要更换，轻微破坏的地基和墙基础可以不修补，但是必须认真检测。

酸性物质通过溶解水泥浆体（尤其是氢氧化钙）或者通过骨料发生反应引起破坏，典型的破坏结果是混凝土表面一碰就碎，骨料脱落。酸性锈蚀也会引起结构失效，因为硫酸盐类的破坏，对于破坏比较严重的区域来说，建筑补救的最好方法就是更换失效的混凝土。

（2）霜冻和冻融循环的破坏

冷冻地区的混凝土如果没有很好的保护措施，将会遭受霜冻的破坏。混凝土毛细孔 水分和混凝土孔隙产生内部压力的水分冰冻能够导致局部混凝土瓦解。表面具有冰晶体 的混凝土破坏能通过肉眼或者放大镜观察到。在潮湿的混凝土表面很容易发现冰碴。在 混凝土中

图注　**1**　钢筋混凝土体系图
　　　　2 ~ **4**　钢筋混凝土化学锈蚀（来源：周琦建筑工作室）

加入均匀的引气剂能够吸收因为冰冻引起的内部膨胀，相应地减少了霜冻破坏的发生。

霜冻破坏的混凝土比较少见，所以在建筑物修复时必须确定是否存在这种损坏现象。有霜冻现象的截面真实强度可以通过抽芯进行检测。与霜冻破坏发生在混凝土养护阶段不同，冻融循环发生在混凝土任何阶段，水一旦进入混凝土较小的裂缝中冰冻时，这种循环就开始了，在这个过程中冰体膨胀致使裂缝扩大。在第二次冻融循环过程中，裂缝将膨胀扩张更多。这种冻融循环重复最终导致混凝土表面彻底破坏。通过添加合适比例的引气剂和正确养护，混凝土的抗冻融能力能够提高。通过加火山灰减少渗透性也能提高这种能力。但是，在沿岸建筑中，混凝土由于长时间暴露在水中而饱和，经过冻融循环导致的混凝土损害将很难避免。

二、钢筋混凝土体系分类

（一）钢筋混凝土框架结构

钢筋混凝土框架结构指由钢筋混凝土梁、柱组成框架共同抵抗使用过程中出现的水平荷载和竖向荷载的结构体系。框架结构的房屋墙体不承重，仅起到围护和分隔作用，梁和柱之间的连接为刚性结点。屋盖、楼板上的荷载通过板传递给梁，由梁传递到柱，由柱传递到基础。钢筋混凝土框架结构的构件材料为钢筋混凝土，因在近代早期钢筋混凝土价格昂贵，钢材和水泥大部分靠从国外进口，所以在使用中格外精简。纯钢筋混凝土框架结构在南京比较罕见，主要用于工业厂房类建筑，如南京原和记洋行建筑群和南京招商局旧址。

（二）钢筋混凝土框架、砖墙混合结构

钢筋混凝土框架、砖墙混合结构是指以砖砌体和钢筋混凝土柱、梁、板共同作承重构件的结构体系。一般而言，这种结构外墙为砖承重墙，内部为钢筋混凝土柱、梁、板承重。但也有内部采用砖墙作为承重墙的情况。

这是一种很常见的混合体系，因为建筑内部采用了钢筋混凝土框架，因而能够带来室内空间的灵活性和开敞性。早期钢材、混凝土较为昂贵，因此，这样一种混合体系比较适用于当时社会经济发展的条件，典型案例有中山东路一号、大华大戏院等。

（三）钢筋混凝土、砖墙、木屋架（楼板）混合结构

钢筋混凝土、砖墙、木屋架（楼板）混合结构是指以砖砌体、木楼板、木屋架和钢筋混凝土柱、梁共同作为承重构件的结构体系。同砖混结构一样，这种结构一般外墙为砖承重，内部采用钢筋混凝土柱、梁或砖承重墙，但不同的是其屋架和楼板使用木屋架和木楼板。

钢筋混凝土、砖墙、木屋架（楼板）混合结构融合了三种材料各自的结构性能优点。

相比于砖混结构，木屋架和木楼板能够支持较大的空间跨度，同时施工方便，构造简单，造价也较为低廉，典型案例有原临时政府参议院（辅楼）旧址等。

（四）钢筋混凝土、砖墙、钢屋架混合结构

钢筋混凝土、砖墙、钢屋架混合结构是指以砖砌体、钢屋架和钢筋混凝土柱、梁作承重构件的结构体系。同样，这种结构一般外墙为砖承重，内部采用钢筋混凝土柱、梁或砖承重墙，屋架使用钢屋架。

由于钢屋架能够营造大跨度的室内空间，因此，这种结构一般用于室内需要大空间的情况。典型案例有原国立中央大学（现东南大学）大礼堂等。

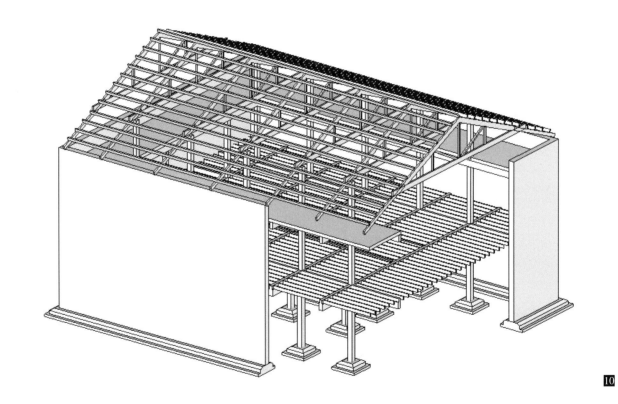

图注　⑤　南京招商局旧址（来源：周琦建筑工作室，韩艺宽拍摄）

　　　　⑥　和记洋行厂房（来源：周琦建筑工作室，韩艺宽拍摄）

　　　　⑦　交通银行旧址（来源：周琦建筑工作室，金海拍摄）

　　　　⑧　大华大戏院（来源：周琦建筑工作室，苏圣亮拍摄）

　　　　⑨　东南大学大礼堂穹顶（来源：周琦建筑工作室，吴明友拍摄）

　　　　⑩　原临时政府参议院（辅楼）结构体系示意图（来源：周琦建筑工作室，赵珊珊绘制）

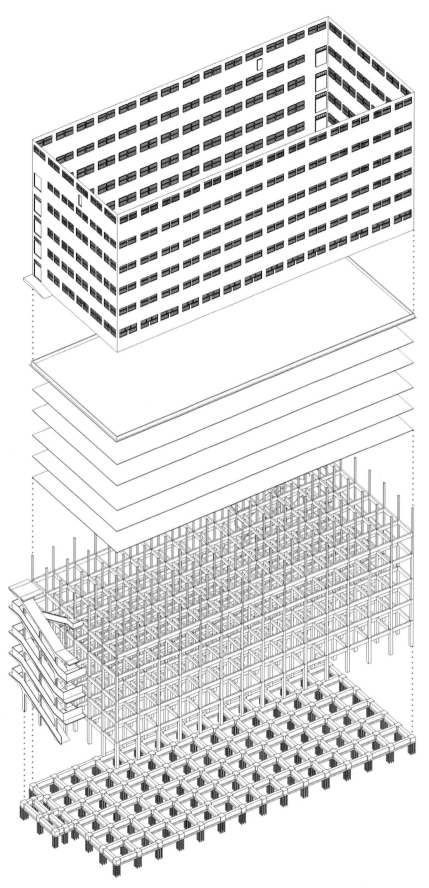

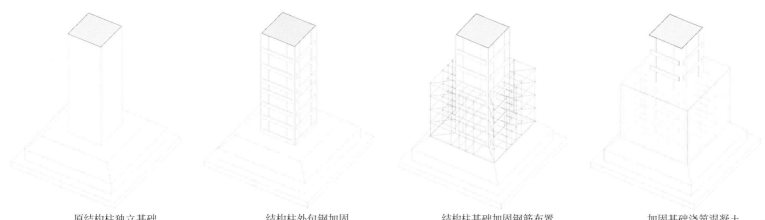

原结构柱独立基础　　　　结构柱外包钢加固　　　　结构柱基础加固钢筋布置　　　　加固基础浇筑混凝土

三、基础

南京近现代建筑常见钢筋混凝土结构的基础主要有三种类型：独立基础、条形基础和整板基础。独立基础常见的加固修缮方式为"增大截面法"（条形基础指墙下基础，其加固修缮方式参考砖木体系有关章节）。

加固时首先凿除混凝土构件表面的粉刷层，垫层至混凝土基层；对混凝土缺陷部位（混凝土疏松、破损）应清理至坚实基层。混凝土存在裂缝应按要求处理；钢筋锈蚀应进行除锈和清洁。将结合面处的混凝土按要求进行凿毛；被包的混凝土棱角要打掉。清除混凝土表面的油污、浮浆，并将灰尘清理干净。钢筋加工和绑扎，模板搭设要符合《混凝土结构工程施工质量验收规范》GB 50204—2002 的要求。灌浆料拌制和浇筑按产品说明施工，施工前应对混凝土基面充分洒水浸润。拌制灌浆料时水的掺入量按产品说明要求。浇筑过程中应保证气体自由溢出，保证浇筑密实。浇筑完成后应采取适当的养护措施。按《混凝土结构工程施工质量验收规范》GB 50204—2002 的要求制作试块进行检验。浇筑后的外观质量要符合《混凝土结构工程施工质量验收规范》GB 50204—2002 的要求。整板基础的加固方式也采用扩大截面的方法，在原有基础楼板地梁的两边扩大梁和柱的断面。

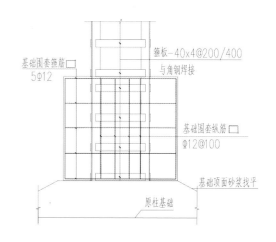

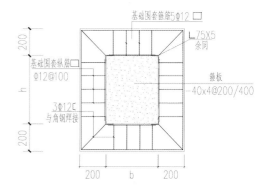

图注　　11　原临时政府参议院（辅楼）结构体系示意图（来源：周琦建筑工作室，赵珊珊绘制）

12　外包钢加固柱基础流程（来源：周琦建筑工作室，吴明友绘制）

13　外包钢加固柱基础大样（来源：周琦建筑工作室，吴明友绘制）

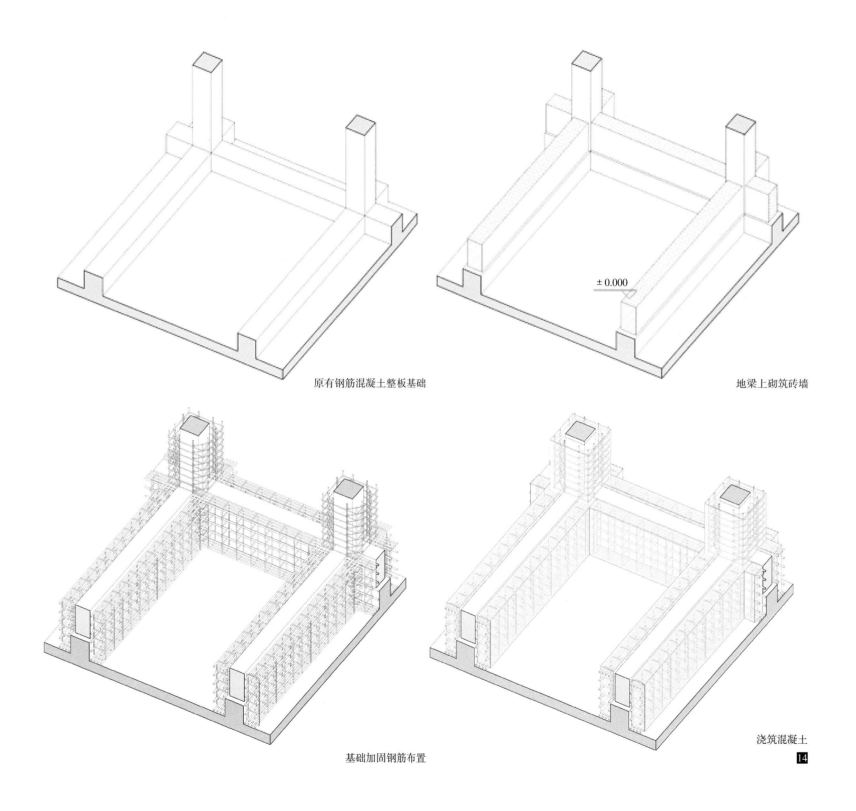

原有钢筋混凝土整板基础

地梁上砌筑砖墙

± 0.000

基础加固钢筋布置

浇筑混凝土

14

图注 **14** 钢筋混凝土整板基础加固示意（来源：周琦建筑工作室，吴明友绘制）

15 扩大截面法加固混凝土梁流程（来源：周琦建筑工作室，吴明友绘制）

四、梁

（一）加固的一般方法

不论是由于自身性能下降，还是由于荷载增加，梁是结构中最常遇到的被加固构件。许多适用于梁的加固技术同样也适用于别的类型的构件。

在选择加固方案之前，工程师应首先确定结构的确需要加固。为此，应进行材料测试，确定混凝土或钢筋的实际性能指标，以用于结构分析。

当加固结构构件时，通常有两种方法：主动法和被动法。主动法是提高构件的承载力使之能承受后加及已有的荷载，典型的主动法涉及施加预应力或支顶被修复的构件，以减少其应力水平。被动法是修复构件，使之仅能承担随后加的荷载。只有当原有构件发生一定变形时，补强部分钢筋才能发挥作用。已超载的钢梁或柱，仅通过焊接增加截面是无法起到加固作用的（即被动法加固），而必须通过卸除部分荷载（即主动法加固）以达到加固目的。

原有钢筋混凝土梁

（二）增设新构件和扩大截面法

严重超载的钢筋混凝土梁采用增设新构件的方法加固比较经济。根据板的承载力，新增的构件可以设在现有梁之间，也可以与现有梁平行靠在一起。在跨中设置新梁的优点在于缩小板跨，同时提高了板和梁的承载力。紧靠原梁设置新梁并相互连接，这样做的好处在于能用新梁来分担后增荷载。

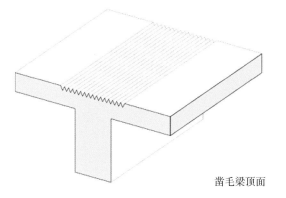

凿毛梁顶面

采用被动法加固，新梁仅仅承受后增荷载，而既有梁板仍承受原来的恒载。采用主动法加固，要将原有梁和板在恒载作用下引起的变形顶升回去，这种操作很棘手，经常是不必要的。也可以让新梁产生向上的荷载，这种荷载通常是由于支顶或加楔产生。

通常情况下，增设钢梁比增设混凝土梁要容易、快捷，这是由于混凝土梁需要支模板，并且由于加固部位上方的板而难以浇筑。为了使后增的钢梁起作用，它必须与被加固的梁变形协调。荷载将按构件的相对刚度进行分配。通常采用在原梁两侧增设槽钢的方法，这样能使槽钢与原有混凝土柱相连。为了分担荷载，3根梁可用贯通的螺栓相互连接。施工时，被加固梁区域内的活荷载应卸掉。

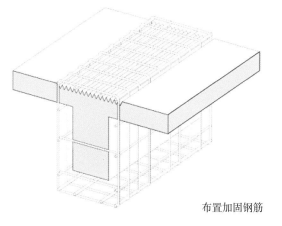

布置加固钢筋

为了使荷载传至钢梁上，需要用垫板或楔块使新梁与板紧密接触。对于离开原混凝土梁增设的钢梁，应当使梁和板可靠连接，使梁的侧向约束有保障，可以采用交错布置的膨胀螺栓。紧贴原梁设置的钢梁侧向有约束，可以不用螺栓。

另一种方法是采用柔性钢梁加固既有混凝土梁，仅在梁端锚固，其目的是通过引入向上的荷载，使原有混凝土梁部分卸载。采用这种方法时，通过千斤顶或是将楔块楔入板底和钢梁顶面之间，使新梁产生一个预定的向下挠度，支顶原有混凝土梁。支顶或加楔使荷载作用在槽钢上，相应减轻了原有混凝土梁的荷载，因而避免结构出现超载。这个方法与上一种方法相比有一个很大的优越之处，是新老结构不必一定应变协调。槽钢的刚度不一定与原混凝土梁相匹配，因此，可以使用轻而柔的槽钢，而不是别的加固方

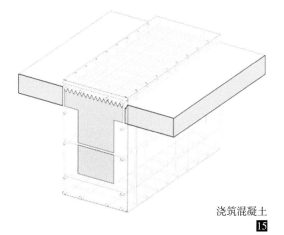

浇筑混凝土

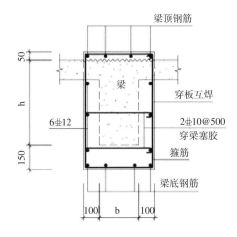

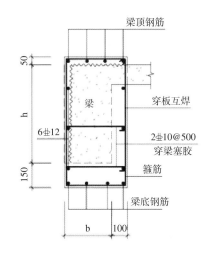

16

法中要求的重而刚的槽钢。

在某些情况下，增设钢梁并不是最好的方法。比如当加固后构件有防火要求，或者美学上要求仍保持原有的混凝土外观，或者不允许使用钢结构加固时，可以采用扩大截面法加固混凝土梁，加固过程包括：①尽可能地卸载；②凿毛混凝土表面以去除表面污物，提高粘结力；③浇筑或喷射新增的混凝土。 正确的表面处理和良好的粘结是防止在荷载作用下后增混凝土从原有结构上脱离，保证体系共同工作的关键。增强新老混凝土之间的粘结可以采用在梁腹板内水平打洞增设箍筋或设置短的锚筋，或者结合板面叠合层，增设闭合箍筋，完全包住原有混凝土梁。

扩大截面法是一种相对简单、比较流行的梁的加固法，但并不是没有缺点。一个潜在的问题是新增混凝土的收缩，当新混凝土硬化收缩时，老的结构混凝土截面尺寸不变，由于两部分之间通过粘结或机械连接，新混凝土的收缩将受阻而产生拉应力，如果拉应力积聚到足够严重的程度，新混凝土就会产生开裂或是剥离。这个问题可以使用无收缩混凝土或者特种抗拉混凝土来防止。另一个解决办法是采用灌浆料。

（三）减小跨度法加固

有时候，分析表明现有单跨梁受弯曲超载，那么可以通过减小跨度来提高梁体承载力。这可以在梁下与原有柱子相隔一定距离的位置增设柱子来实现。新增柱子需要"生根"，这往往可能需要切开楼板，使费用增加。或者，可以通过增设斜向支撑减小跨度，支撑一端设在原有柱的根部，另一端设在梁底部的某个位置。这种方法具有的优点是不需额外设基础。

这两种加固方法都会占用已有梁体下的空间，在有些场合是可以接受的。新加柱和支撑的材料选用钢最为简单，是由于它不收缩、安装快。所有的新老连接处通常都是受压的，用钻孔胶粘锚栓的方法安装一对钢杆可能就足够了。

用缩小跨度法来加固失效梁体的最有效办法是在梁下设承重墙，墙下生根，这在空间允许被占用的情况下是可行的。

（四）增设钢板锚栓加固

如果既有梁体的正弯矩承载力不足，那么可以采用增加抗拉钢板或组合杆件的办法来加固，钢板或杆件通过螺栓与梁体相连。这只有在原混凝土梁由于后增荷载发生变形时，新增的钢板才开始起作用。然而，在极限状态设计法中，则认为已有的混凝土梁内钢筋和附加的钢板在设计极限荷载下均达到屈服，组合截面共同抵抗总荷载。

连接螺栓的规格和间距取决于通过螺栓承压或抗剪需要由钢板向混凝土梁所要传递的荷载大小。锚栓在靠近原有梁内的钢筋位置穿过梁体时应十分谨慎，最好是事先测定

图注　**16** 框架梁加固大样图（来源：周琦建筑工作室，吴明友绘制）
　　　17 增设钢板锚栓加固流程（来源：周琦建筑工作室，吴明友绘制）

原梁内钢筋的位置再操作。

另一种钢板锚栓的方案是在梁底垂直锚入锚栓，这个方案更应该注意定位，并避开原梁内的钢筋。

还有另一种设计方案是增设两块钢板分别在梁顶面和梁底面，钢板可以用贯通梁高的锚栓进行连接。这种加固设计方案可用于超载很多的情况。但是，它需要贯通梁高的钻孔，难度较大，另外也需要在梁顶部铺面层，以隐藏上部钢板和锚栓。

当原有梁内钢筋较少较疏时，有可能不使用钢板加固。取而代之的是，可在梁底面顺梁长方向开槽，放入加固钢筋，其后槽内需用合适材料修补，比如环氧砂浆。如果开槽过程将梁底部箍筋切断，则应评估梁的抗剪能力。

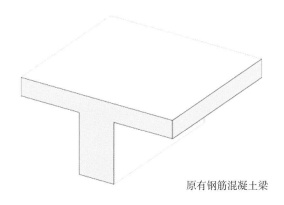

原有钢筋混凝土梁

（五）粘贴钢板加固

粘结钢板体系是机械连接方法的一个优良的替代方法。有三个因素对这种体系的成功很关键：

（1）表面必须处理良好，磨出的碎屑和污染物要被除掉，表面要打毛，对混凝土和钢都进行喷砂处理能起到很好的效果；

（2）环氧树脂应具有等于或超过混凝土的粘结力，能够适应环境条件；

（3）加固钢板应该足够长和薄，以避免从混凝土上脆性分离。

环氧树脂胶可以用压力注射的方法，也可以将胶抹在两个粘结的表面上。和使用其他任何胶一样，用两组分环氧树脂连接也要求将元件暂时压在一起，因此需要夹具和暂时的脚手架。

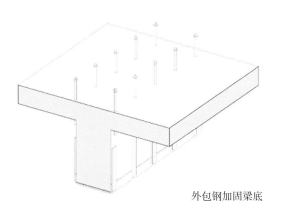

外包钢加固梁底

安装期间的支承以及一些附加的抗剪能力件，可以由打孔锚栓提供，在板的端部提供一些补充锚件可以防止由于钢板受力时较高的局部粘结应力引起的结合破坏；另一种避免钢板端部突变的可能方法是逐渐削尖它们。

这种体系在室外应用的一个弱点，是钢板与混凝土的接触界面上的腐蚀，这可能导致粘结失效。在钢板上涂漆来保护补强的钢板不是一个好办法，因涂层可能会干扰粘结效果。另一个需要牢记的问题是，从外部进行的钢板加固不能用作正在腐蚀结构的长期解决方法。新加的钢板不仅隐藏了腐蚀的信号以至于很晚才能发现，而且会加强电化学作用，使情况更加恶化。还有，在比较高的温度下使用环氧树脂胶会出现问题。

螺杆拧紧并焊接

（1）剥除原构件表面粉刷层，将表面用钢丝刷刷毛，用压缩空气吹净灰尘，再用清水冲洗构件表面，然后对构件表面的蜂窝麻面进行预修补处理，使表面基本平整。

（2）对钢板及角钢表面进行除锈和粗糙处理，用丙酮擦拭清洗表面。

（3）外粘型钢加固构件时，应将原构件截面的棱角打磨成半径 =7mm 的圆角。

（4）加固宜在环境温度为 5℃以上的条件下进行，并应符合胶粘剂或配套树脂的施工使用温度，环境温度低于 5℃时，应使用适用于低温环境的胶粘剂或配套树脂，否则应采用升温处理措施。

（5）采用胶粘剂粘贴钢板、型钢加固混凝土结构，其长期使用的环境温度不应高于60℃；处于特殊环境（如高温、高湿、介质腐蚀等）的混凝土结构除应按国家现行有关标

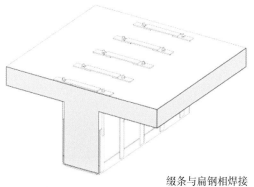

缀条与扁钢相焊接

17

准的规定采取相应的防护措施外，尚应采用耐环境因素作用的胶粘剂。

（6）构件加固处理完毕后表面需粉刷，也可采用在构件喷涂阻锈剂的方式，喷涂前仔细清理构件表面，不得粘有浮浆、尘土等。

（六）粘贴 FRP 加固

纤维增强塑料（FRP）板可以代替钢板，FRP 是用树脂将细小但很结实的纤维粘接在一起做出来的，它的强度有时会超过钢。因为一些 FRP 对由酸、碱和盐引起的腐烛有抵抗性，用 FRP 加固对于桥梁的修复最为常见。

粘结钢材需要的环氧树脂材料和粘结 FRP 的环氧树脂材料不同，正确选择环氧树脂材料对于工程的成功非常关键。环氧树脂应有足够的刚度和强度在 FRP 和混凝土之间传力。对于这种应用，橡胶质的环氧树脂似乎是个不错的备选材料。

FRP 加固可能有两种失效方式：抗弯失效和粘结失效。抗弯失效模式包括混凝土被压碎或 FRP 的断裂。粘结区失效的基本模式可能包括 FRP 板的粘结脱开，或者是纵向钢筋与板之间混凝土的抗剪失效。抗弯失效的模式表明了维修构件的延性是期望的，粘结区失效必须避免。

纤维复合物也具有其他一些局限性，常用的芳香尼龙纤维尽管具有优良的抗冲击性能，但压缩强度很差，使其仅用于受拉构件。

最具有吸引力的用于加固的材料是碳纤维增强塑料 FRP，它拥有许多人们希望的优点，非常结实，能抵抗酸碱引起的腐蚀，重量轻且无磁性。在大多数情况下，FRP 材料选择碳纤维。

对于 FRP 和其他纤维复合物，还缺乏长期使用经验，使得它们的应用受到制约。此外，缺少相关应用设计标准和规范也制约了它的应用。在制定出这些标准后，FRP 材料肯定能够在混凝土结构的修复中获得广泛的应用。

聚合树脂在高温下会软化而后失去强度，因此，在可能出现高温时，应避免使用环氧树脂胶粘剂粘贴钢板和 FRP 板。

为了减小火灾中性能的降低，对于关键的修复构件必须采取正确的防火措施。可采取的防火措施可能包括膨胀涂层和隔板墙围护，这两种方法都很昂贵。防火措施的造价，再加上已经很高的 FRP 材料的造价，可能使这种体系不如其他加固方法经济。

（七）后张法（体外预应力）加固

一种流行的加固混凝土梁的方法是后张法，也叫体外预应力法。这种方法是通过施加外力来抵消原有的设计荷载，由预应力筋来传递力。预应力筋可以位于加固截面之外（体外预应力），也可以位于其内（体内预应力）。体外预应力法更常用些，但体内预应力也可以用于已有后张结构中。

预应力钢筋束通过锚具与已有结构连接，锚具通常位于构件端部，预应力由固定在原结构上的或高或低的转向器提供。转向器使预应力筋在人们所期望的方向上产生预应力。

无论何时采用体外预应力法，都应该考虑新引入的外力在原结构上产生的效应。原有梁构件的端部可能不能接近，荷载是通过安装在梁侧面或底面的支架偏心传递的。为此，原梁构件应按这些力进行验算，支架和端部之间的部分也应验算。在体外预应力施加之前，构件上的裂缝、孔洞应做修复，以保证截面上传力均匀。

正如 FRP 的树脂粘贴，体外预应力钢丝束应做好防火，除非这种加固仅作为不重要的补充加固手段，即使失效也不会危及安全。

（八）梁的抗剪能力加固

以前的讨论关注的是提高已有混凝土梁的抗弯能力，相似的方法也可以用于提高已有混凝土梁的抗剪能力。例如，两块钢板可以用来提高已有的混凝土梁的抗剪能力。新增钢板覆盖在已有梁的侧边，至少两个位置用螺栓穿透固定在梁上。根据具体情况，抗剪和抗拉板可以用于同一个梁跨度内各个区域。

另一种提高已有混凝土梁抗剪能力的方法是增设新的箍筋，一种技术是设 U 形钢筋，竖直锚入梁的底部，粘结锚固。通常没有足够的混凝土保护层容许在已有抗拉筋外面放置新的箍筋，因此 U 形钢筋锚入底部钢筋之间，自然地，底部钢筋必须首先定位，并且必须非常小心，避免在钻孔过程中损坏钢筋。

没有足够抗剪能力的混凝土梁可能出现从支座的内部边缘向中间倾斜的裂缝，如果这些裂缝太宽，混凝土块体的互锁机制可能就会失效。加侧板或植箍筋对于修复和加固有如此严重剪力破坏的梁用处不大，但某种夹紧是有帮助的。另一种方法是在裂缝中注射环氧树脂胶重建互锁机制。常可以代替以上方法的做法是，通过增加柱子或斜撑，或者用螺栓连接在柱子上的钢托架缩短梁的跨度。

（九）置换新梁加固

还有一种加固方式是用新结构梁置换原有结构梁。实际工程中一般采用钢梁来作为新结构梁，这种方式一般用于原有结构梁受力性能极大损坏的情况。

五、柱

当柱需要承受的荷载超过承载能力，就需要加固已有混凝土柱子，典型的是建筑加层时，需要对柱子进行加强。这时已有的柱子必须能够支撑新增加楼层的荷载。当发现混凝土有达到预期的强度时，也需要对柱子加固。

（一）扩大截面法

这种方法允许加固后的框架仍保持全混凝土结构，提供内在的防火层，保留矩形柱子构型。这种把已有柱子包在混凝土中的方法减小了柱的柔度，增加了刚度。加固的部分只能承担未来增加的荷载，当目前已有的荷载已超载，柱子加固是没有用的，除非这些荷载先被卸掉。

针对中柱、边柱和角柱不同的加固细节，在这两种情况下，新老混凝土的结合通过粘结和锚筋的组合得以实现。将已有表面打毛并清洗干净，然后抹上胶粘剂有助于良好粘结。有关混凝土柱中箍筋间距和纵向钢筋侧向支撑，通常规定对于新包的混凝土也适用。

当需要加固的边柱和墙体浇筑成一个整体时，新包的混凝土可以分为两部分，墙的两侧各有一部分。这时，必须将墙钻透，用连接筋将两部分连接起来。为了使钻孔大小合理，可以规定在穿过钻孔后再弯折连接筋的末端。

柱子扩大截面的最大问题是干缩，混凝土硬化和完成收缩过程可能需要几个月甚至几年的时间，工程进度表所允许的几天甚至几周当然是不够的。当新的外包混凝土和已有的混凝土互相充分地粘结时，收缩受到抑制，新混凝土中会出现拉应力。如果这些应力足够大，新加部分将会垂直于构件长度方向开裂。

预置骨料混凝土通常能够提供最低的干缩率，因此非常适用于这种场合。这种类型的混凝土制作程序包括将粗骨料放入模板内，然后将液态砂浆泵入骨料空隙，由于粗骨料颗粒已经互相接触，干缩能被控制在最小。

虽然在理论上很简单，实际用预置骨料混凝土包建筑物柱子需要经验。将砂浆送入已有建筑物狭窄的空间里可能相当困难。典型的做法是让砂浆从高处通过沿着整个柱子长度的管道输送，当底下的部分被充满时，管子逐步向外抽出。这里显而易见的问题是放置和抽回管子，这经常要求在上面的混凝土梁上打孔，一个更为简单的方法是将浆体通过模板上的钻孔从底部泵入。

（二）增设新柱子

混凝土柱子也可以通过在靠近它的地方增设新的柱子加固，两根柱子可以完全独立，也可以通过钻孔锚筋或类似的方法相互连接。当已有的柱子在一根单梁处承受大部分载荷的时候，增设柱子具有特别的优点。和扩大截面法一样，新混凝土柱只承担未来增加的荷载，并不能帮助已有柱子分担它已经承担的荷载，除非这些荷载被预先卸掉。

新柱子可以用钢结构或混凝土制造，考虑到防火等级，应该优先选择混凝土。但从节省空间的角度，钢结构柱子是比较好的。一个好的折中方案是将钢柱包在混凝土中。

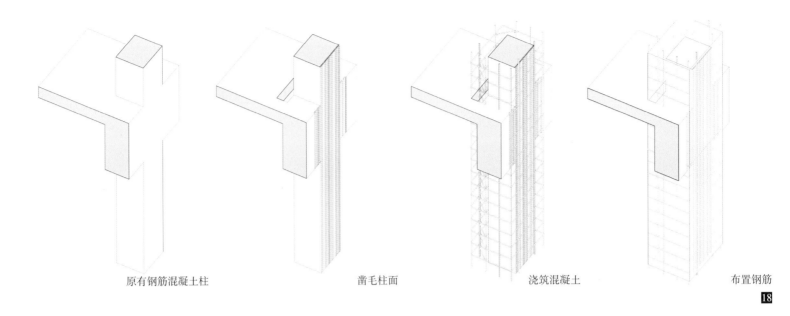

| 原有钢筋混凝土柱 | 凿毛柱面 | 浇筑混凝土 | 布置钢筋 |

18

19

20

紧邻柱子增设新柱显而易见的问题是基础如何处理，已有的柱子基础通常不够宽，而且紧邻已有柱子基础做新基础很可能没有空间。因此，当已有的基础足够宽，能够容纳两根柱子时，增设新柱子的方法最好。

不管由钢结构或者混凝土制作，新柱子必须在下端与基础顶面紧密接触，在上端顶住梁的下表面。为此，在柱子的上面留有一个间隙，以便在安装后填入不收缩的砂浆，当使用混凝土柱时，应尽可能晚地使用砂浆，以允许大部分干缩在早期发生。为了使干缩的效应最小，两个相邻的混凝土柱可以有意地将粘结分开，不使用互相连接的锚筋。

（三）外包纤维加固

一个刚刚出现的很有前途的能够在抗弯和抗剪加固中代替外包钢套的方法，是用连续的环氧树脂和纤维布将关键区域完全包裹起来。用纤维复合物包覆柱子的方法在桥梁的抗震加固中应用广泛，同时在建筑物修复中也占有一席之地。这种相对不是很贵的技术，不仅可以防止修复的柱子混凝土碎裂，保护它们免受进一步破坏，而且由于侧限作用可以提高柱子的抗剪和抗弯强度。

在这种方法的另一变种方法中，使用碳纤维复合布包裹。FRP具有人们所期望的许多优点，它结实、耐腐蚀、重量轻、没有磁性。碳纤维包裹方法很可能成为柱子加固的最一般的方法。

另外一种代替自重大的钢套和FRP套的方法就是用玻璃纤维套，它根据用户要求制作，以符合柱子外形，一层一层地快速贴到柱子上去，再用几层高强度聚酯胶防护。在一个工程中，用这个方法包覆混凝土桥柱，每个柱子的安装时间据报告小于2小时。像其他的加固方法一样，玻璃纤维护套起的作用是增加柱子在地震期间的延性。

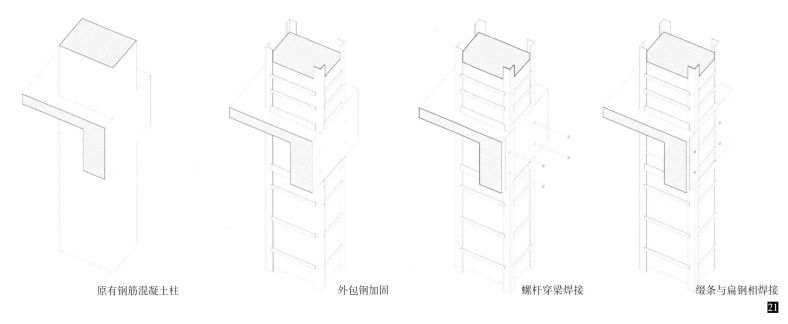

| 原有钢筋混凝土柱 | 外包钢加固 | 螺杆穿梁焊接 | 缀条与扁钢相焊接 |

21

（四）减小柱的长度

在有些情况下，已有的柱子对于所受的荷载来说太细。可以通过增加柱帽的方法来起到减小柱长度的效果。另一种缩短柱子自由长度的方法是用四个螺栓连接的钢制隔撑将板和柱子连接起来。

（五）置换新柱加固

还有一种加固方式是用新钢柱替换原有结构柱。这种方式用在原有结构柱已不能承载重量的情况，施工时一般先用钢柱支撑起原有楼板和梁，再将原柱锯掉，用新柱替换。一般情况下，新替换的结构柱不得改变原有柱网位置和间距。

（六）外包钢加固

第六种常见的加固已有混凝土柱的方法是用型钢加固，可以将角钢放在柱角上，并把它们通过胶粘剂或打孔锚件和已有混凝土连接起来，或者将柱子完全用钢板包起来。

用四根角钢加固是比较便宜的，但这种方法还没有被广泛应用。

另一种可行的方法是对已有柱子包一个焊接钢套，钢套与柱子之间填塞水泥砂浆。钢套对柱子产生侧限效应——正如螺旋箍一样，不仅提高柱子的抗压、抗弯承载力，而且提高柱子的延性。

这些方法用于具有铰接端的柱子会出现一些概念性的问题，上部必须转换为固定端。这需要对楼板和柱子的相对刚度进行仔细分析，保证必要的刚性。

图注　**18**　扩大截面法加固流程（来源：周琦建筑工作室，吴明友绘制）

　　　　19~**20**　扩大截面法加固照片（来源：周琦建筑工作室，吴明友拍摄）

　　　　21　外包钢加固流程（来源：周琦建筑工作室，吴明友绘制）

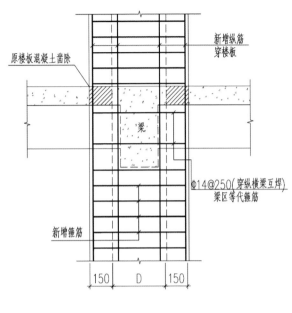

新增纵筋穿楼板
原楼板混凝土凿除
梁
Φ14@250(穿纵横梁互焊)梁区等代箍筋
新增箍筋

150　D　150

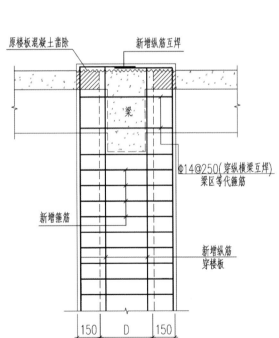

原楼板混凝土凿除
新增纵筋互焊
梁
Φ14@250(穿纵横梁互焊)梁区等代箍筋
新增箍筋
新增纵筋穿楼板

150　D　150

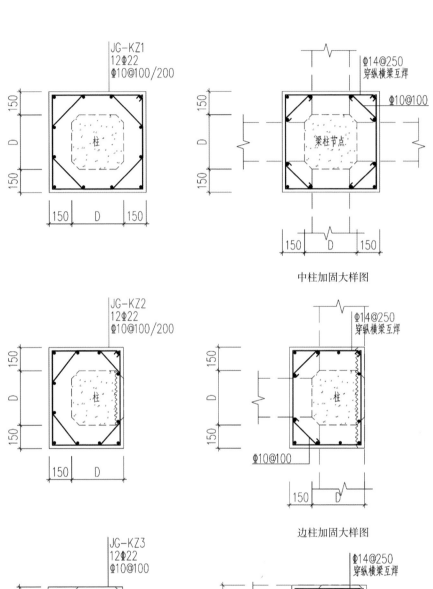

JG-KZ1
12Φ22
Φ10@100/200

柱

150　D　150
150　D　150

Φ14@250穿纵横梁互焊
Φ10@100
梁柱节点

150　D　150

中柱加固大样图

JG-KZ2
12Φ22
Φ10@100/200

柱

150　D

Φ14@250穿纵横梁互焊
柱
Φ10@100

150　D

边柱加固大样图

JG-KZ3
12Φ22
Φ10@100

柱

150　D

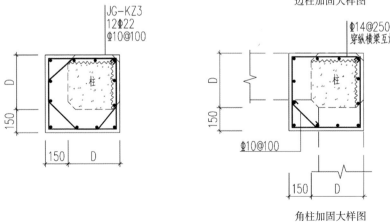

Φ14@250穿纵横梁互焊
柱
Φ10@100

150　D

角柱加固大样图

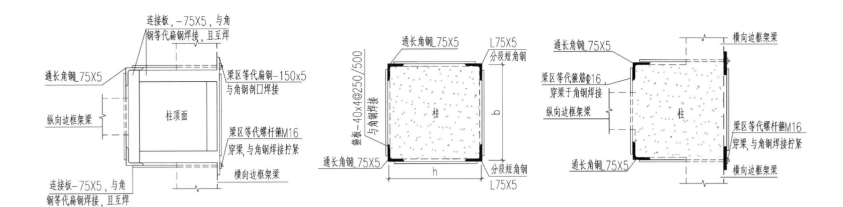

六、楼板

在某些情况下，已有结构板可以使用与梁同样的方法加强，除此之外，还有一些专门用于结构板的加固方法。

（一）预张紧钢丝绳网加固

（1）工艺流程：构件表面基层处理；定位放线；钢丝绳网片裁剪；张拉工具安装，网片就位、张拉；钢丝绳网片与加固体锚固；喷涂界面剂；聚合物砂浆喷涂压抹；聚合物砂浆养护。

（2）混凝土构件表面处理：①用铲刀把混凝土基面劣质层完全清除，然后用角磨机打磨处理混凝土基面，直至露出混凝土结构新面。②用聚合物砂浆对混凝土基面的缺陷部位进行修补。③对有裂缝的混凝土加固构件，要先对裂缝采取措施进行处理。④对于裸露且已产生锈蚀的钢筋，应先采用除锈和阻锈措施进行处理。

（3）定位放线：按设计图纸要求并结合混凝土构件的实际尺寸，在构件加固区铺设钢丝绳网片处定位放线，并用墨线弹出。

（4）钢丝绳网片的裁切：按钢丝绳网片的规格，使用切割机进行裁切。在钢丝绳的端头套上专用紧固环，并使紧固环扎紧钢丝绳头。

（5）钢丝绳网片的锚固、张紧：①根据定位放线尺寸打孔，安装张拉角钢和固定角钢，将钢丝绳一端穿过固定角钢孔洞，钢丝绳穿过孔洞后用液压钳把铝接头和钢丝绳压紧，将钢丝绳另一端穿入调节螺杆端头拉环后再穿铝接头，再用液压钳把铝接头和钢丝绳压紧，最后将调节螺杆装入张拉端角钢。②用扳手拧调节螺母至钢丝绳为紧绷状态，张拉时可通

图注　22　中柱、边柱、角柱的扩大截面法加固（来源：周琦建筑工作室，吴明友拍摄）

23　外包钢加固剖面详图（来源：周琦建筑工作室，吴明友绘制）

24～25　外包钢加固照片（来源：周琦建筑工作室，吴明友拍摄）

过垂直于被张拉钢丝绳与压条的垂直度观察每根钢丝绳的受力是否均匀。

（6）网片与混凝土的固定，应在网片就位并张拉绷紧的情况下进行锚栓布置，锚栓由销钉、膨胀套、开口销组成，锚栓的长度不应小于55mm，其直径不应小于4.0mm，净埋深不应小于40mm，间距不应大于150mm。

（7）按产品配比要求配置聚合物砂浆，分层喷涂于加固部位，仰面喷涂时，每道厚度以不大于10mm为宜，后一道喷抹应在前一道初凝后进行，最后涂抹之前的便于层与层之间达到更好的结合效果，最后一层一次抹平收光，砂浆喷涂设备应采用湿式预混，以便于层与层之间达到更好的结合效果，最后一层一次抹平收光，砂浆喷涂设备应采用湿式预混砂浆喷浆机喷涂，喷涂宜在界面剂涂刷后1小时内进行，可根据现场温度、湿度等情况适当调整。砂浆喷涂设备应采用湿式预混砂浆喷浆机喷涂，喷涂宜在界面剂涂刷后1小时内进行，可根据现场温度、湿度等情况适当调整。

（二）新增钢梁加固法

这种方法是在原有梁跨度中间的位置增设工字钢梁，通过这种方式有效地缩短原有跨度，提高楼板的荷载能力。施工时需要将钢梁与原有楼板栓接。对于双向结构板的加固，可以布置网格状的钢梁。

（三）新增钢板加固法

当由于种种原因不能采用新增钢梁加固时，可以采用新增钢板的加固方法。这种方法能够有效地提高楼板的抗弯能力。施工工程中，一般采用螺栓贯穿钢板和楼板，这种方式更加牢固地将钢板和楼板形成整体。当然，钢板之间的距离需要根据力学计算来确定，一般间距越大，现场施工工作量越小，但当间距过大时，钢板的作用就如分散的梁而不是一个整板。

（四）粘贴钢条加固法

第四种常用的方法是粘贴钢条的做法。即在整个楼板底部粘贴网格状的钢条，另外也可以用螺栓拴接。这种方式对加固结构的整体性能提升较好，而且不会占用楼板下的室内空间。

（五）粘贴碳纤维布加固技术

（1）粘贴碳纤维加固以环境温度不超过60℃，相对湿度不大于70%，及无化学腐蚀的使用条件为限，否则应采取有效的防护措施。

（2）粘贴碳纤维加固宜在环境温度为5℃以上的条件下进行，并应符合胶粘剂或配套树脂的施工使用温度，环境温度低于5℃时应使用适用于低温环境的胶粘剂或配套树脂，否则应采用升温处理使用温度。

（3）粘贴前应先清除被加固构件表面的剥落、疏松、蜂窝、腐蚀等劣化混凝土，露出混凝土结构层。

（4）对原混凝土构件的粘合面，可用硬毛刷沾高效洗涤剂，刷除表面油垢污物后再对粘合面进行打磨，直至完全露出新面，并用无油压缩空气吹除粉粒，待完全干燥后用脱脂棉沾丙酮擦拭表面，并用修复材料将表面修复平整。

（5）粘贴碳纤维之前应在混凝土表面涂刷一层底胶。

（6）按相关要求进行表面防护处理。如果需要进行粉刷防护，在面涂层进行拍砂处理，拍砂施工不得影响已粘贴的碳纤维。

图注　**26**　楼板的各种加固方式（来源：周琦建筑工作室，吴明友绘制）

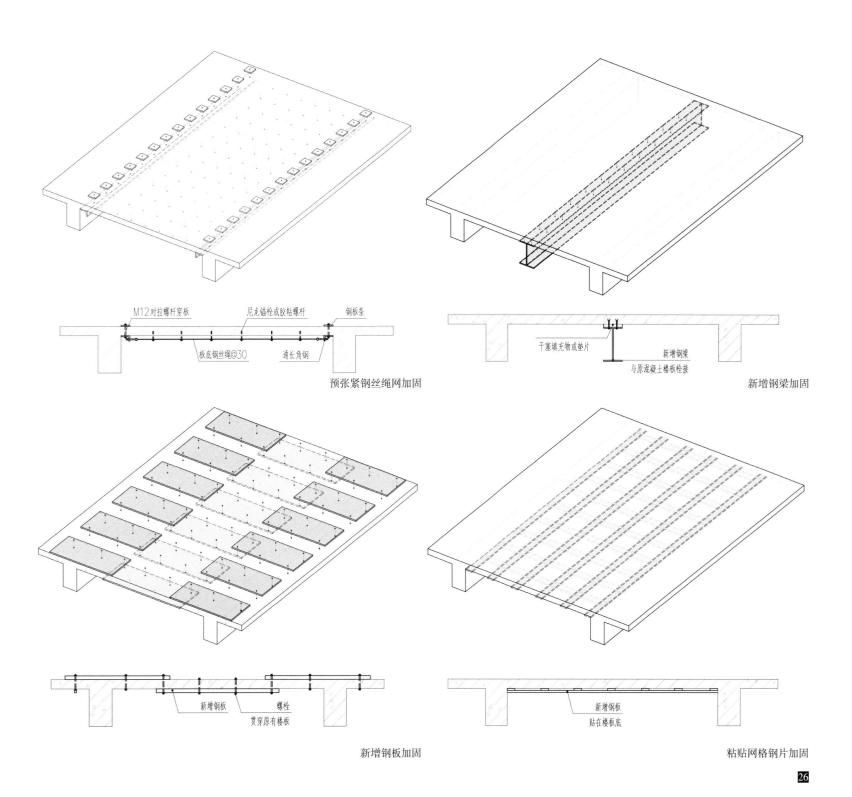

M12对拉螺杆穿板　尼龙锚栓或胶粘螺杆　钢板条

板底钢丝绳@30　　通长角钢

预张紧钢丝绳网加固

干塞填充物或垫片　新增钢梁

与原混凝土楼板栓接

新增钢梁加固

新增钢板　螺栓

贯穿原有楼板

新增钢板加固

新增钢板

贴在楼板底

粘贴网格钢片加固

26

57

第二节　砖木小住宅体系

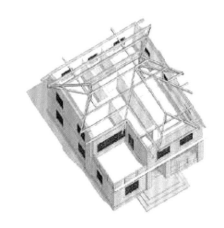

南京近代砖木小住宅体系主要指近代时期南京在西方影响下，以砖墙为竖向承重结构、以木屋架为屋面结构、以木梁及木楼板为横向结构，最后传力至条形基础的建筑体系。这种体系广泛用于住宅建筑中。

20世纪初，这种自欧美传入我国的砖木结构技术得到了快速的发展和广泛的应用。目前，南京现存的近千栋住宅建筑，其中绝大部分是砖木小住宅体系的建筑。

该类体系大量用于南京近代时期的小住宅建筑。例如，颐和路近代住宅区、梅园新村近代住宅区，以及百子亭及傅厚岗近代住宅区。南京现存大部分近代住宅皆为砖木体系，面广量大，其面临的问题也很繁杂。

该类体系主要使用砖材和木材作为建筑材料。砖为黏土砖。砖的形制一般仿制欧美体系之尺寸与材质，用中国本地的黏土烧制而成。砖材分为红砖和青砖，大量为青砖，少量为红砖。尺寸为 $9 \times 4.5 \times 2.25$，单位为英寸。木材使用中国本地杉木为主，杂木为辅，同时也有部分使用了北美花旗松。木材一般用于木楼板及屋面体系。屋架为木屋架，以两坡与四坡为主，用钢铁和木头进行链接。

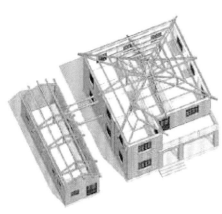

近代砖木小住宅的使用年代较长。这些达到或接近达到使用寿命的近代砖木结构建筑存在着安全隐患，但同时这批建筑一方面作为文物具有巨大价值，一方面又在国民经济生产中发挥着巨大作用，需要加以利用。因此，对其的保护利用成了一个迫切需要解决的课题。

对砖木小住宅建筑的保护修缮主要取决于该建筑的文物等级以及所面临的功能和使用需求，应在做出准确的价值判断后再确定干预方法和保护措施。

近代砖木小住宅体系建筑中，其结构系统是指建筑中传递荷载的各个组成部分的总和。按照不同的部位，可以将结构系统各构件分为地基基础、砌体、楼板、屋架。

图注　**1**　中央路 52-1 号（来源：周琦建筑工作室）

2　傅厚岗 16 号（来源：周琦建筑工作室）

3　傅厚岗 14 号（来源：周琦建筑工作室）

4　结构系统图

5　傅厚岗 114 号原砖砌大放脚条形基础示意图（来源：周琦建筑工作室，陈易骞绘制）

6　傅厚岗 114 号原砖砌大放脚条形基础详图（来源：周琦建筑工作室，陈易骞绘制）

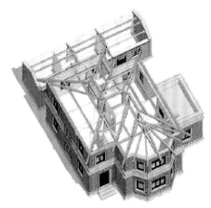

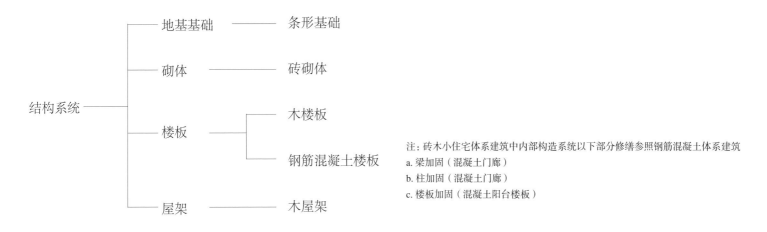

```
                  ┌──── 地基基础 ──────── 条形基础

                  ├──── 砌体 ──────────── 砖砌体
                  │
                  │                    ┌── 木楼板
  结构系统 ────────┤──── 楼板 ─────────┤
                  │                    └── 钢筋混凝土楼板
                  │
                  └──── 屋架 ──────────── 木屋架
```

注：砖木小住宅体系建筑中内部构造系统以下部分修缮参照钢筋混凝土体系建筑
a. 梁加固（混凝土门廊）
b. 柱加固（混凝土门廊）
c. 楼板加固（混凝土阳台楼板）

4 结构系统图

在砖木小住宅体系的建筑中，这些结构构件的做法特征鲜明。地基基础普遍采用砖砌条形基础，并且采用了大放脚的形式。砌体主要为砖砌体。砖材分为青色与红色两种。楼板分为木楼板与钢筋混凝土楼板两种。其中，大部分楼板为木楼板。钢筋混凝土楼板仅仅用于阳台、露台部分。屋架普遍采用的是木质屋架，局部节点有铁构件进行加固处理。

一、地基基础

近代砖木小住宅普遍使用地基为天然地基，基础为砖砌条形基础。这种地基基础的技术做法大量使用于居住建筑与公共建筑当中，其中以居住建筑为主。地基为未经加工处理的天然地基，基础采用砖砌大放脚（阶梯形）的做法。此种基础为刚性基础，其基础埋深普遍较浅。砖砌条形基础下有一层碎石垫层，以保护砖基础。这种做法普遍备料简单，而且施工方便。地基基础的修缮方式有以下几种：

（一）新做钢筋混凝土基础

基础承载力不足，且建筑砌体经检测需拆除，同时历史建筑的文物等级不高时，可以采用此种技术做法。

先将原有基础与砌体一同拆除（屋架保持不落架以便定位），再浇筑钢筋混凝土扩展基础。

钢筋加工和绑扎，模板搭设要符合《混凝土结构工程施工质量验收规范》GB 50204—2002 的要求。

钢筋混凝土的浇筑需在基础底下均匀浇灌一层素混凝土垫层，目的是防止基础钢筋锈蚀，而且还可以作为绑扎钢筋的工作面。垫层一般采用 C10 混凝土，厚度一般为 70~100mm。垫层两边应伸出地板各 70mm 以上。

按《混凝土结构工程施工质量验收规范》GB 50204—2002 的要求制作试块进行检验。浇筑后的外观质量要符合《混凝土结构工程施工质量验收规范》GB 50204—2002 的要求。建筑内新增隔墙处之基础，也采用此种基础的技术做法。

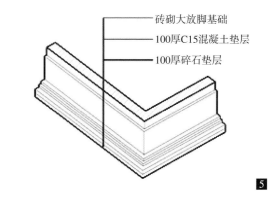

5

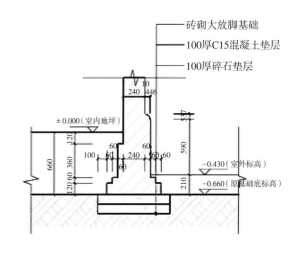

6

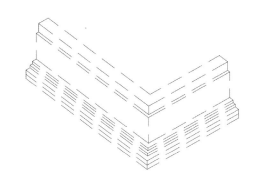

1 拆除原有基础

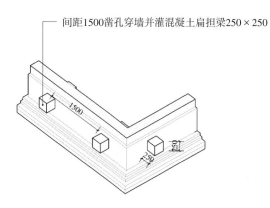

间距1500凿孔穿墙并灌混凝土扁担梁250×250

1 凿洞设扁担梁

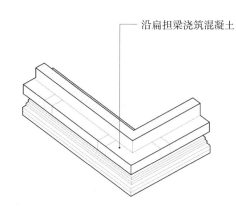

沿扁担梁浇筑混凝土

2 浇筑混凝土

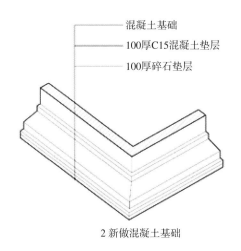

混凝土基础
100厚C15混凝土垫层
100厚碎石垫层

2 新做混凝土基础

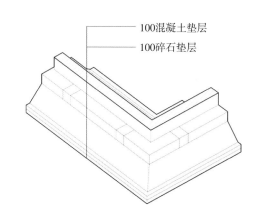

C30钢筋混凝土扩大截面基础

3 新增钢筋混凝土基础

100混凝土垫层
100碎石垫层

4 新做垫层

C30混凝土基础

新做混凝土基础详图

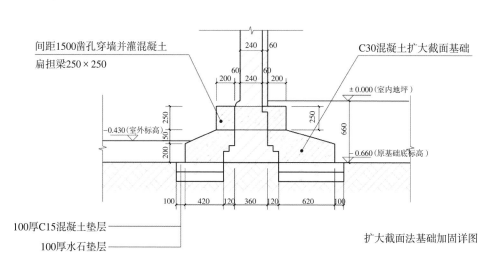

间距1500凿孔穿墙并灌混凝土
扁担梁250×250

C30混凝土扩大截面基础

100厚C15混凝土垫层
100厚水石垫层

扩大截面法基础加固详图

7

8

（二）钢筋混凝土加固扩大截面法

基础承载力不足，且文物等级较高时，应经计算采取措施扩大基础宽度。新做基础垫层不得低于原基础垫层；新旧基础墙柱结合面应凿毛、清净、刷界面剂加拉筋或销键连为整体。

（1）加固时首先凿除混凝土构件表面的粉刷层，垫层至混凝土基层；对混凝土缺陷部位（混凝土疏松、破损）应清理至坚实基层。混凝土存在裂缝应按要求处理；钢筋锈蚀应进行除锈和清洁。

（2）穿墙梁加固条形基础。原墙基础承载力不足，应经设计计算，在原条形基础墙上掏洞，穿架钢筋混凝土挑梁，两端做基础。注意梁端新基础垫层，不准低于原基础垫层，挑梁混凝土必须与原基础墙浇筑成整体。

（3）加大基础底面积的设计和施工应符合下列规定：在灌注混凝土前，应将原基础凿毛和刷洗干净后，铺一层高强度等级水泥浆或涂混凝土界面剂，以增加新老混凝土基础的粘结力。对加宽部分，地基上应铺设厚度和材料均与原基础垫层相同的夯实垫层。当采用混凝土套加固时，基础每边加宽的宽度及其外形尺寸，应符合国家现行标准中有关无筋扩展基础台阶宽高比允许值的规定，并应沿基础高度间隔一定距离设置锚固钢筋。

二、砖石砌体

南京近代砖木小住宅普遍使用砖砌体墙，并使用砂浆作为胶结料，将一块块砖材按一定规律和方式砌筑而成的构件。砖砌体墙的主要材料是砖与砂浆。

南京近代砖木小住宅中墙体砌筑方式主要有以下两种：

（一）"梅花丁"砌筑方式

南京近代砖木小住宅体系之建筑，其砌体砌筑方式基本上承袭了西方砖砌建筑的砌筑方式，墙体多采用实心墙。

砌体砖块中，不同排列方向的砖名称也不尽相同。长边露于表面的，为延伸砖（Stretcher），中国传统做法中称之为顺砖；短边露于表面的，为露头砖（Header），中国传统做法中称之为丁砖。

砌体砖块的排列主要为"梅花丁"砌筑方式，其主要特征如下：每一皮砖都是露头砖（丁砖）与延伸砖（顺砖）交替排列，露头砖中线与延伸砖中线重合，外观显示"梅花丁"的纹理。其中，在转角处为了收口，主要采用了收口砖。按此种技术做法砌成之后，墙体厚度约为240mm。该种砌筑方式主要用于砖木小住宅中主体建筑的外墙。

（二）空斗墙砌筑方式

空斗墙在我国民间的使用历史较为悠久。

其中，竖放砖为斗砖，平放砖叫眠砖。斗砖之间围合成空心的砌体。按此种技术做法砌成之后，墙体厚度约为240mm。因其结构稳定性较差，而仅仅适用于砖木小住宅体系建筑中辅房的外墙。

图注　**7**　新做钢筋混凝土基础做法（来源：周琦建筑工作室，陈易骞绘制）
　　　8　钢筋混凝土加固扩大截面法（来源：周琦建筑工作室，陈易骞绘制）

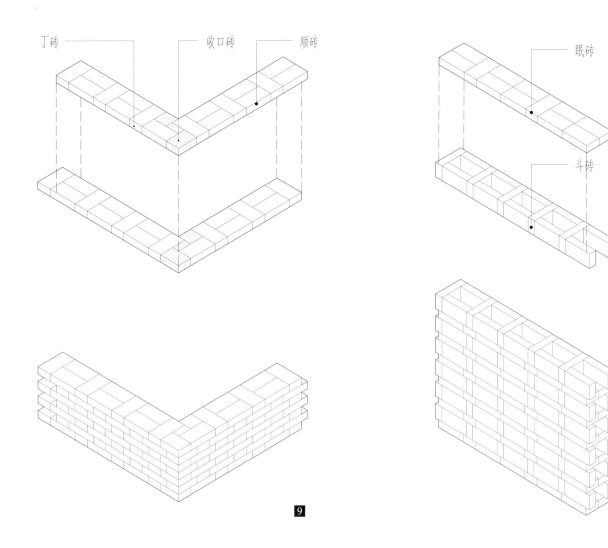

丁砖　　收口砖　　顺砖　　眠砖　　斗砖

9　　10

南京近代砖木小住宅中墙体的检测与修缮按以下方式进行：

1. 砌体有下列情况之一，应进行承载力验算，并采取技术措施

（1）砌体墙面歪闪鼓凸超过 30mm；

（2）大面积砌体风化、碱蚀的；

（3）倾斜超过层高 0.7% 或 15mm，超过全高 0.3% 或 25mm。

砌体本身损坏不严重，砌体强度和刚度大，变形小，经验算承载力符合相关要求，则严格维持原有砖墙称重体系，对损坏的砖进行替换，对灰缝进行修复。

2. 单面钢筋网水泥砂浆加固法

砌体强度和刚度低，变形大，经验算承载力不足，可增加附壁柱或单、双面钢筋网抹水泥砂浆，提高其强度和刚度。按此种技术做法砌成之后，墙体厚度约为 300mm。

（1）在墙面嵌入钢筋。相隔一定的尺寸，在砖墙上切出垂直的空槽，放置钢筋及灌置灰浆填充。此操作通常在墙内面实施，以保持外观，必要时也可在墙外部施作。在施工前应将旧墙的荷载负重卸除，这样补强的钢筋才可一同承受原荷载量。

（2）中间钻孔法。此为优秀老建筑砖墙通常使用的加固补强工法。在砖墙上面钻孔，将钢筋嵌入并灌置泥浆，洞间距通常为 1.21 ～ 1.52m，通常以直径 102mm 的钻孔灌置一般非收缩性泥浆。美国地震协会（FEMA）建议使用聚集性树脂及砂的混合物，因其有极佳的低收缩度。此法已在美国加州震损修复工程中成功试用。

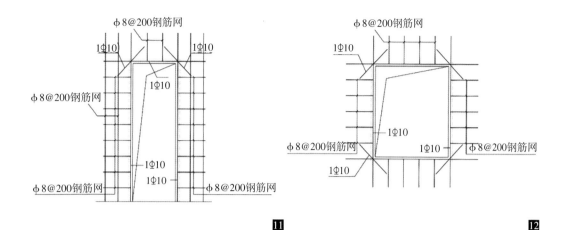

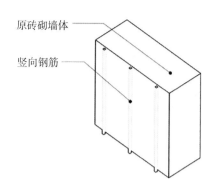

⑪　　　　　　　　　　　　　　　　　　　　⑫

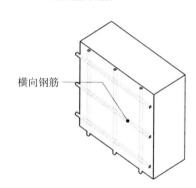

1 铺设竖向钢筋

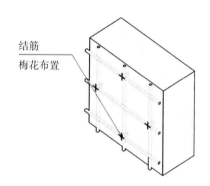

2 铺设横向钢筋

（3）特殊补强法。此法是在无钢筋砖墙的一面或两面涂一层喷射混凝土。此法最大的挑战是确定喷射混凝土的粘结度。为达到应有的效果，将喷射混凝土以嵌缝式规则性间隔地锁住在墙上。对于破损严重的砖墙，可用喷射混凝土补强成立筋式钢筋混凝土柱，以四根垂直钢筋加以箍筋，喷射混凝土层面的水平跨度为两肋柱之间。如果墙的情况正常，可组成一个整体。

（4）注射泥浆法加固。在保留砖建筑物上使用低压泥浆注射法可解决大量的结构及施工可能性的问题，结构如有大量的水浸入，则可使用此法去稳定或加固。泥浆注射法可使用在具有空洞的墙上。在不同的墙上使用不同的泥浆，使用的泥浆根据所需的强度及粘结性质以及裂缝网的尺寸或空隙系统而定。好的泥浆可填充裂缝的宽度小至0.127mm。

注射泥浆工法如果使用不当会造成伤害，如墙本身连接性不好，使用此法反而会造成墙劈开甚至倒塌，所以在空洞墙中注射泥浆前，要确定有足够的连接物。应尽量使用低压泥浆，因为它能降低水压，并能阻止流动泥浆向外的冲力。

3. 双面钢筋网水泥砂浆加固法

对于砌体损毁更加严重，砌体强度和刚度等相关指标严重不符合现有结构设计规范的历史建筑，可以采用双面钢筋网水泥砂浆加固的技术做法。该技术做法同单面钢筋网水泥砂浆加固法，但是同时用于外墙内侧与外侧。

4. 新旧砖组合重新砌筑法

砌体强度低于要求或变形严重，可局部剔碱、掏砌、拆砌，与原有砌体结合为整体。若历史建筑的文物等级不高，历史重要性较低，可采用拆除原有墙体并用新旧砖组合重新砌筑的技术做法。原有砌体拆除后，需按照现行抗震设计规范，重新砌筑墙体（在保

3 梅花布置拉结筋

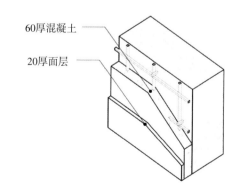

图注　⑨　荷兰砌筑做法（来源：周琦建筑工作室，陈易骞绘制）

　　　⑩　空斗墙砌筑做法（来源：周琦建筑工作室，陈易骞绘制）

　　　⑪　墙体加固时门洞口大样（来源：周琦建筑工作室，陈易骞绘制）

　　　⑫　墙体加固时窗洞口大样（来源：周琦建筑工作室，陈易骞绘制）

　　　⑬　单面钢筋网水泥砂浆加固法（来源：周琦建筑工作室，陈易骞绘制）

⑬

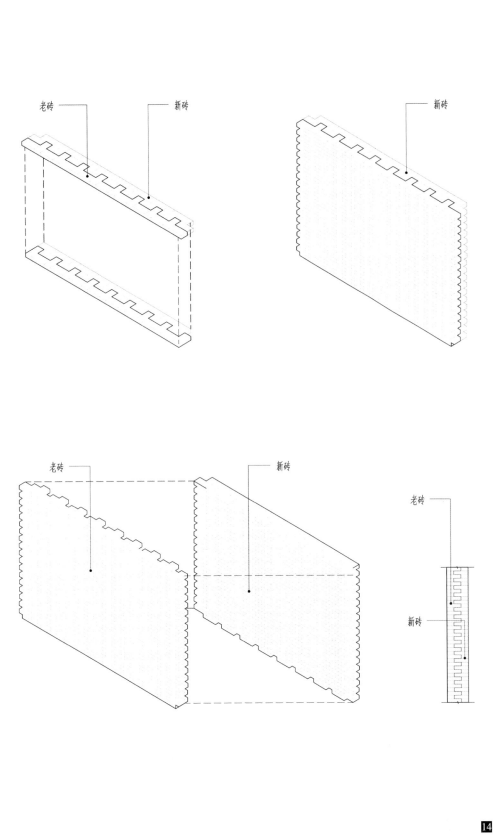

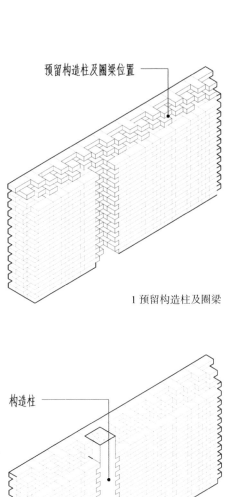

1 预留构造柱及圈梁

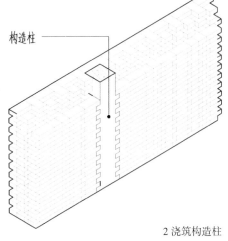

2 浇筑构造柱

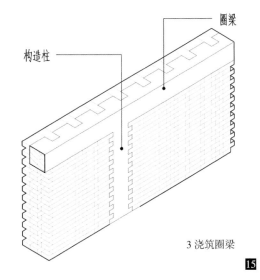

3 浇筑圈梁

证屋架不落架的前提下屋架保持不落架以便定位）。拆除原有承重墙体系，重新做钢筋混凝土条形基础。同时，按照砖混木结构方式，重新做构造柱和圈梁。砌体外侧砌筑原有清水砖墙，内侧使用新砖材。按此种技术做法砌成之后，墙体厚度约为370mm。其具体做法如下：

（1）拆除原有墙体时，需用脚手架撑起现有屋架，以保证其不落架不坍塌，方便定位进行相关施工操作；

（2）将外墙由二四墙更改为三七墙（墙厚由240mm更改为370mm），外墙外边界位置不变。其中内侧240mm砌体采用新砖（新砖尺寸、色彩、质地同老砖一致），外侧120mm砌体采用拆除下来的原建筑的旧砖；

（3）新旧砖砌筑时犬牙交错，外侧旧砖仍按照荷兰式（哥特式）方法砌筑，保证原有梅花丁纹理不变；

（4）墙体每隔约4m或墙体转角处设置钢筋混凝土构造柱，在二层楼板及屋架处设置钢筋混凝土圈梁。构造柱及圈梁截面尺寸均不小于240mm×240mm，并同砖块犬牙交错。

新旧砖组合重新砌筑法的优势是对结构系统一次性干预到位，能符合当下的结构设计规范及抗震设计规范。劣势是历史建筑结构系统的原真性受到极大破坏。对待此种做法需持慎重态度，在进行严格的专业评估后方可施工。

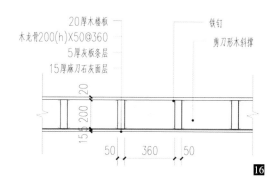

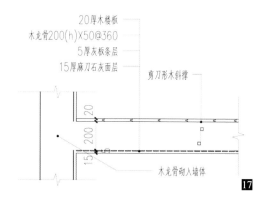

三、楼板

南京近代砖木小住宅体系的建筑，其楼板普遍使用木楼板，局部使用钢筋混凝土楼板。其中，建筑大部分区域采用木楼板，同时在阳台及露台处使用钢筋混凝土楼板。木楼板分为面层、结构层，以及顶棚层。木楼板以木龙骨（木密肋梁）以及木板材构成。

木楼板没有主梁，楼板中的木龙骨直接架在墙上，并将楼板荷载传至外墙砌体。木龙骨上铺设木板。部分木楼板还设有剪刀形木斜撑，沿木龙骨正交方向铺设，增强了结构的稳定性。木龙骨下为灰板条层以及麻刀石灰层，作为楼盖天花。木龙骨普遍尺寸为50mm×200mm，其间距为一般为360mm～500mm。

钢筋混凝土楼板主要用作阳台，楼板架在墙上，将荷载传至外墙砌体。

（一）木楼板修缮

（1）根据价值判断、历史建筑的重要性，重要的历史建筑仍然严格沿用原有的木楼板承重体系。甄别更换损坏构件，完全按照原有构件之尺寸、工艺及材料重新制作，以

图注　**14**　新旧砖砌筑墙体方式示意（来源：周琦建筑工作室，陈易骞绘制）
　　　15　新旧砖砌筑墙体修缮示意（来源：周琦建筑工作室，陈易骞绘制）
　　　16　木楼盖构造详图1（来源：周琦建筑工作室，陈易骞绘制）
　　　17　木楼盖构造详图2（来源：周琦建筑工作室，陈易骞绘制）

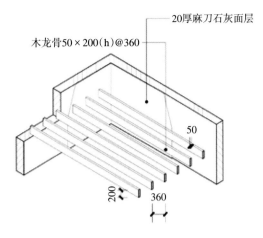

木龙骨50×200(h)@360　20厚麻刀石灰面层

50

200　360

1 铺设木龙骨砌筑墙体

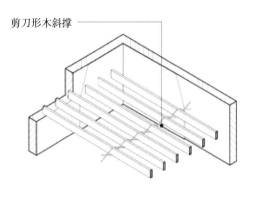

剪刀形木斜撑

2 木龙骨正交方向布剪刀形木斜撑

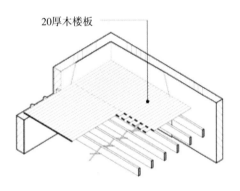

20厚木楼板

3 木龙骨上铺设木楼板

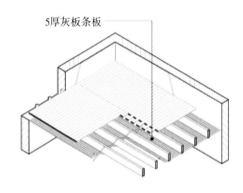

5厚灰板条板

4 木龙骨下钉入灰板条

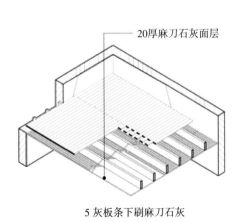

20厚麻刀石灰面层

5 灰板条下刷麻刀石灰

20厚木楼板

20厚麻刀石灰面层

木龙骨50×200(h)@360

20厚麻刀石灰面层

剪刀形木斜撑

5厚灰板条板

18

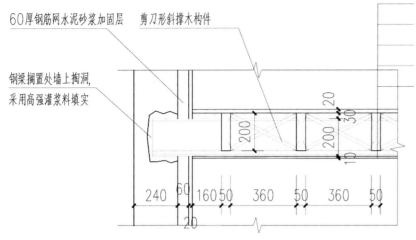

60厚钢筋网水泥砂浆加固层　　剪刀形斜撑木构件

钢梁搁置处墙上掏洞，采用高强灌浆料填实

20厚木楼板85X20(h)(原材料)
木龙骨50X200(h)@360(原材料)
10厚木垫块
新增工字钢钢梁200X200X8X12
10厚石膏板

进行楼板的修缮及加固。这种方式的优势是历史建筑的原真性得到了极大的保护。劣势是原有木楼板体系承重能力有限，若功能置换为一般性公共建筑，则一般无法满足公共建筑之承重要求。且一般情况下，不能满足国家现有建筑防火规范。

（2）根据价值判断、历史建筑的重要性以及原有木楼板刚度及损毁情况，情况较差的拆除原有木楼板体系，部分新增钢梁进行加固。

用工字钢梁替换原有木梁，在钢梁间重新铺设原木龙骨，原木龙骨上铺设原木地板，木龙骨下钉入灰板条并粉刷麻刀石灰，木龙骨间铺设原斜向支撑木构件。钢梁可用钻孔锚栓法连接在旧砖墙上，也可装置在墙内，并以泥浆粘结，也可使用钢筋混凝土构架装置在墙内，以求外表美观。

必须注意，为了使添加的钢梁有效，此钢梁无论是内部或外部，垂直或水平，都必须有足够的刚性来支撑脆性的砖墙，否则砖墙可能在钢结构开始发挥作用前已有大幅度的裂缝。砖墙也可再加一层新砖（配合旧材料）而与旧墙交接形成扶壁。

这种方式的优势在于结构的整体刚度得以加强，建筑的跨度可以增大，可以满足功能置换为一般性公共建筑的需求。新增钢梁具有可逆性，若历史建筑性质发生变化，可拆除新增钢梁，替换为原有木楼板做法。劣势是对原有结构体系进行了较大的改变。

（3）根据价值判断、历史建筑的重要性以及原有木楼板刚度及损毁情况，情况较差的拆除原有木楼板体系，改为现浇钢筋混凝土楼面。历史建筑的重要性略低、建筑功能发生较大改变，如改造成公共建筑时，需要采用此种方法。

这种方式的优势是满足现行防火规范，楼面可承受荷载更大。劣势是较大地改变了原有历史建筑的结构体系。此种做法不可逆，寿命有限。

此种办法需在特殊情况下经过专业评估后方可实施。

（二）钢筋混凝土楼板修缮

（1）在砖木住宅楼板修缮加固设计中,局部使用了混凝土楼板替换原有木楼板的修缮做法。这种做法不可逆,虽然保证了结构的稳定性,但是无法再恢复成木楼板历史做法。

（2）针对原有钢筋混凝土楼板（阳台、露台），采取拆除后重新浇筑的技术做法。

图注　　**18** 傅厚岗 14 号木楼盖构造示意图（来源：周琦建筑工作室，陈易骞绘制）

　　　　19 傅厚岗 14 号木楼盖修缮加固详图（来源：周琦建筑工作室，陈易骞绘制）

　　　　20 傅厚岗 14 号木楼盖修缮照片（来源：周琦建筑工作室，陈易骞拍摄）

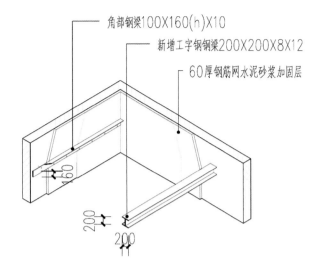

角部钢梁100X160(h)X10
新增工字钢钢梁200X200X8X12
60厚钢筋网水泥砂浆加固层
160
200
200

1 增加工字钢梁与角部钢梁

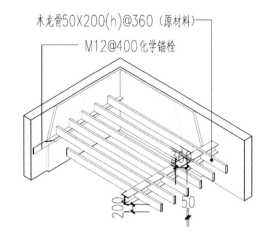

木龙骨50X200(h)@360（原材料）
M12@400化学锚栓
200
50

2 钢梁间嵌入木龙骨，木龙骨搭接在角钢上

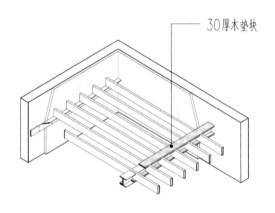

30厚木垫块

3 工字钢梁上铺设木垫块

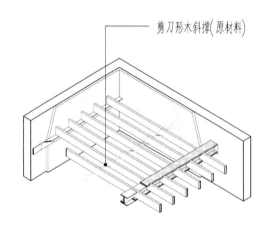

剪刀形木斜撑（原材料）

4 木龙骨正交方向布剪刀形木斜撑

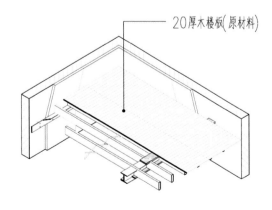

20厚木楼板（原材料）

5 木龙骨上铺设木楼板（原材料）

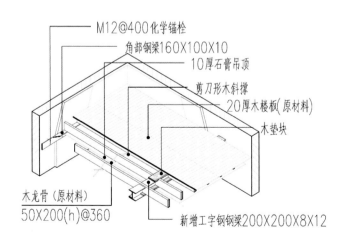

M12@400化学锚栓
角部钢梁160X100X10
10厚石膏吊顶
剪刀形木斜撑
20厚木楼板（原材料）
木垫块
木龙骨（原材料）
50X200(h)@360
新增工字钢钢梁200X200X8X12

傅厚岗14号木楼盖加固构造示意图

21

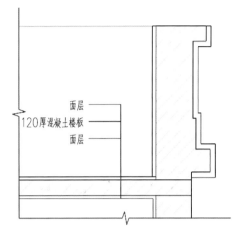

面层
120厚混凝土楼板
面层

傅厚岗14号原有混凝土楼面（阳台）详图

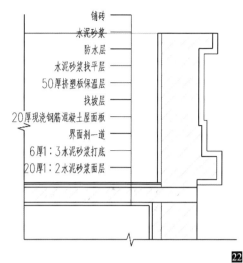

铺砖
水泥砂浆
防水层
水泥砂浆找平层
50厚挤塑板保温层
找坡层
20厚现浇钢筋混凝土屋面板
界面剂一道
6厚1：3水泥砂浆打底
20厚1：2水泥砂浆面层

傅厚岗14号修缮加固混凝土楼面（阳台）详图

22

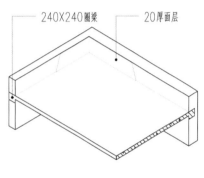

240X240圈梁　20厚面层

1 浇筑圈梁及混凝土楼板

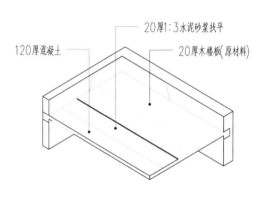

20厚1：3水泥砂浆找平
120厚混凝土　20厚木楼板(原材料)

2 混凝土上铺设木楼板（原材料）

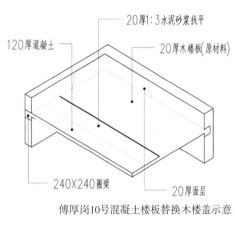

20厚1：3水泥砂浆找平
120厚混凝土　20厚木楼板(原材料)
240X240圈梁　20厚面层

傅厚岗10号混凝土楼板替换木楼盖示意

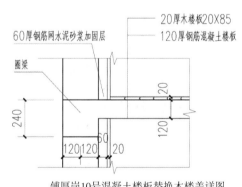

20厚木楼板20X85
120厚钢筋混凝土楼板
60厚钢筋网水泥砂浆加固层
圈梁
240
120 120　60　20
120
20

傅厚岗10号混凝土楼板替换木楼盖详图

23

图注　**21**　傅厚岗 14 号木楼盖修缮加固构造示意图（来源：周琦建筑工作室，陈易骞绘制）
　　　22　傅厚岗 14 号混凝土楼面原状及修缮加固详图、照片（来源：周琦建筑工作室，陈易骞绘制）
　　　23　傅厚岗 14 号混凝土楼板替换木楼板修缮示意、详图及照片（来源：周琦建筑工作室，陈易骞拍摄）

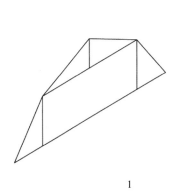

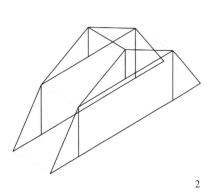

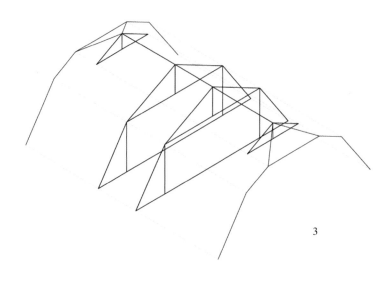

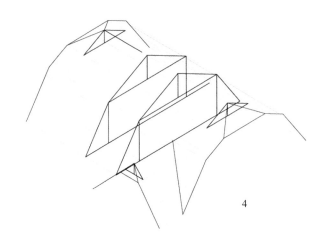

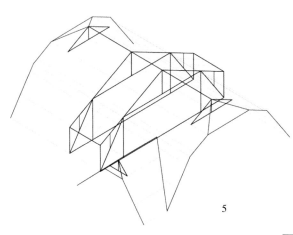

四、木屋架

南京近代砖木小住宅体系的建筑普遍使用木屋架，其中局部节点为钢铁构件与企口的结合。南京近代砖木小住宅主要采用了三种屋架形式——山墙承重式木屋架、两折两坡孟莎式木屋架以及四坡式组合木屋架。

（一）山墙承重式木屋架

此种屋架形式最为简单。没有复杂的桁架结构体系，也没有木梁，木檩条直接搭接在两端的山墙上，并露出外墙面。这种做法构造简单，节约木材和钢材，主要用于小型、较简易的建筑，但是其屋面效果的美观和艺术性不高。

（二）两折两坡孟莎式木屋架

这种屋架形式下普遍存在阁楼。此种木屋架由木主梁、木立柱、木斜梁以及木檩条组成。其中，木梁、木立柱、木斜梁组成一榀主屋梁架。因为南京近代砖木小住宅的跨度较小，所以其一般只采用两个平行的主梁架，并向两侧延伸，以小型梁架收尾。檩条置于梁架之上，使其构成一个整体，檩条两端置于砖砌山墙上。

斜梁同木立柱的交接处存在着企口，这样有助于木斜梁同木屋架的交接。木立柱上承托着圆木檩条，木立柱搭接在木梁上。屋架折角处的节点，木斜梁与木立柱也有明显的企口。

24

图注　**24**　傅厚岗 10 号木屋架分解示意图（来源：周琦建筑工作室，陈易骞绘制）

25　傅厚岗 10 号木屋架示意图、节点及照片（来源：周琦建筑工作室，陈易骞绘制）

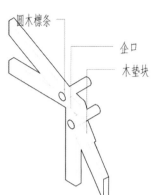

圆木檩条

企口

木垫块

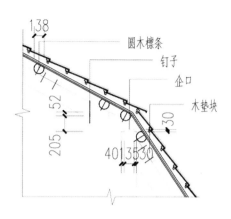

圆木檩条

钉子

企口

木垫块

1.38

52

205

40 35 30

30

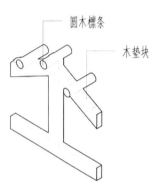

圆木檩条

木垫块

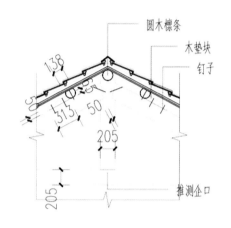

圆木檩条

木垫块

钉子

1.38

313

50

205

205

推测企口

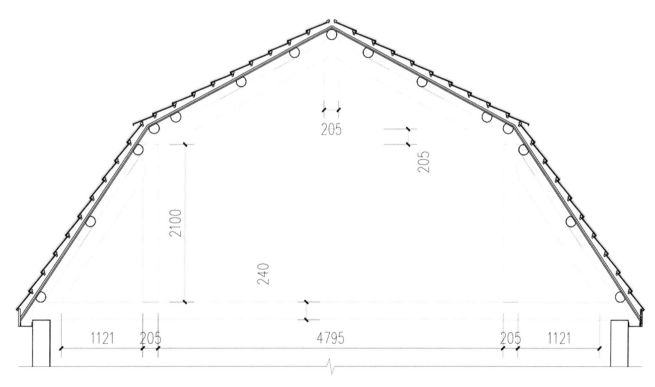

205

205

2100

240

1121

205

4795

205

1121

25

（三）四坡组合式木屋架

此种木屋架下没有阁楼层。此种木屋架由木主梁、木斜梁、木立柱、木斜撑以及木檩条组成。木屋架各杆件交接处有明显的钢铁构件加固的铰接方式。钢铁构件从两侧布置，用螺栓锚固，并包铁皮以固定。

修缮做法：

根据价值判断、历史建筑的重要性，以及木屋架保存情况，尽量保存原有木屋架体系，对损毁的木构件进行替换。

（1）甄别更换损坏构件，完全按照原有构件之尺寸、工艺及材料重新制作，以进行楼板的修缮及加固，再用钢板螺栓等进行节点加固，最后进行白蚁防蛀处理。优势在于尊重了原有的木结构体系。

（2）根据价值判断、历史建筑的重要性以及原有木楼板刚度及损毁情况，情况较差的用钢结构替换原有木结构体系。研究原有木屋架的受力形式，构造特点，重新计算整合后，用轻钢结构完全替换原有木屋架体系。优势在于建筑防火性能得到提升，且钢结构具有可逆性。劣势是此做法使得屋面荷载变大，也使得结构性质发生较大改变。

（3）根据价值判断、历史建筑的重要性以及原有木楼板刚度及损毁情况，将屋架体系完全改变为钢筋混凝土体系。优势是建筑防火性能得到提升，结构稳定性得到极大提升。劣势是此做法使得屋面荷载变大，也使得结构性质发生不可逆的大改变。

图注　**26**　傅厚岗 12 号木屋架节点及示意图（来源：周琦建筑工作室，陈易骞绘制）

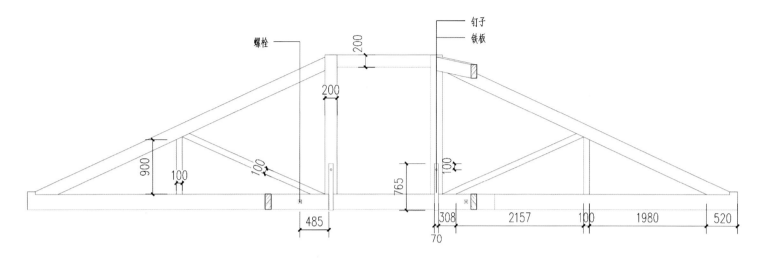

傅厚岗12号木屋架示意

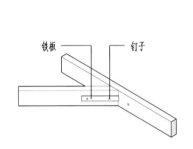

傅厚岗12号木屋架节点1示意

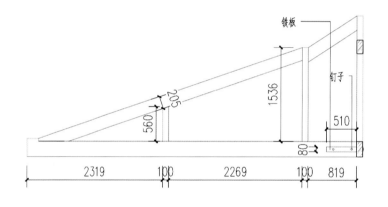

傅厚岗12号木屋架局部示意1

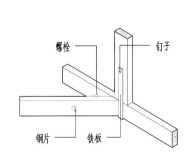

傅厚岗12号木屋架节点2示意

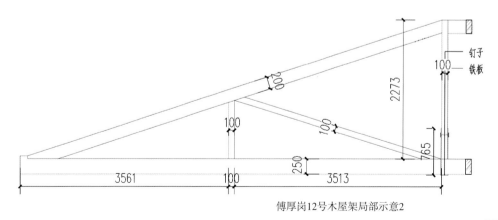

傅厚岗12号木屋架局部示意2

26

73

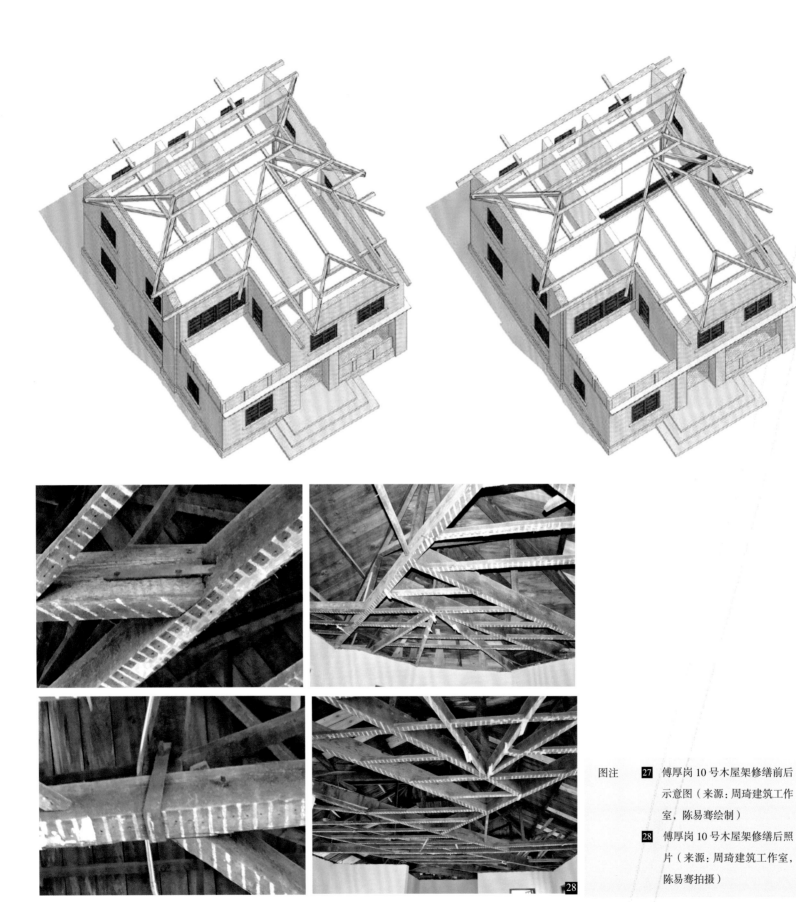

第三节　钢木结构体系

一、概述

钢木体系的建筑指钢材与其他材料如木材、砖材结合构成的新的结构体系。该类结构体系以砖墙为竖向承重结构，以木屋架或钢屋架为屋面结构，以钢木结合为部分梁柱，最后传力至基础。

铸铁、钢等新材料在 19 世纪 60 年代就已经在西方被广泛使用，这种新材料具有防火功能，同时由于材料本身具有很强的结构性能，因此能够实现大跨度空间的建造，所以，这种材料被广泛用于工业厂房等建筑类型。这种新材料传入中国较晚，晚清时期，南京市金陵机器制造局中两栋厂房机器大厂和机器左厂便采用铸铁的立柱。这是南京市近现代建筑对新材料新结构类型的尝试。然而，新材料的应用却并不广泛，一方面由于这种结构体系与中国传统砖木结构体系差别较大，适用面较窄；另一方面由于国内钢铁工业非常落后，产能有限。

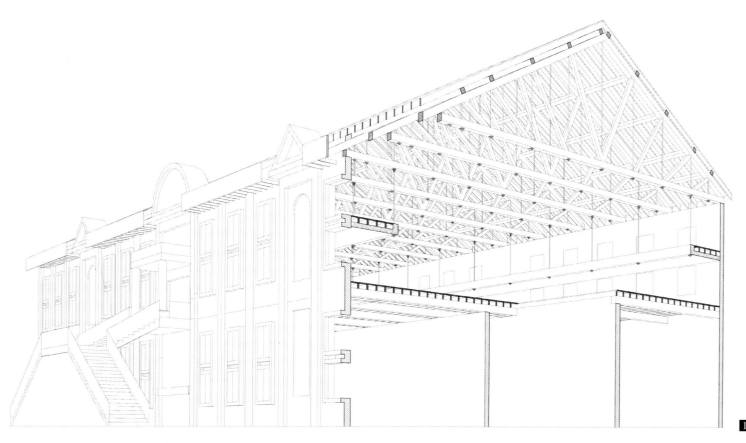

二、案例

钢木体系建筑主要为南京近代时期单层或多层的厂房建筑和大跨度体育馆：金陵机器制造局大厂、金陵机器制造局左厂、东南大学体育馆。

东南大学体育馆建于20世纪早期，建筑层数两层，采用了钢结构屋架。屋架整体搁置于砖墙之上，砖墙采用青砖。楼板采用木楼板体系，是典型的钢木结构体系。屋架跨度达20m，体育馆钢屋架很有特色，采用拉锁将上下悬杆拉结，二层走廊看台也是通过拉锁将看台一端的梁固定。上下悬杆、腹杆和檩条都采用钢材。

金陵机器制造局大厂始建于光绪十二年，矩形平面，西南朝向，长大约47.5m，宽大约15.9m。共两层，四坡顶。一层的室内正中设置一列铸铁立柱，一共12根，外墙约0.8m厚，两者共同承重，二层于端部设两根方形的铸铁立柱。屋架为木制中柱式的桁架，最大跨度达到14.3m，机器大厂具有很特殊的张弦梁结构，在一层木梁及二层屋架下。每组张弦梁由木屋架、木梁和铸铁拉索组合构成。铸铁拉索直径大约4mm，每组拉索分作三段。端头两段拉索通过金属构件与建筑外墙连接，中间一段拉索通过三组金属构件与上方木梁或木屋架连接。三段拉索之间的连接依靠铸铁"连环"。这样就形成了特殊的木构件与铸铁构件共同承重的张弦梁结构体系，十分巧妙。

三、现状及修缮加固

钢木体系建筑容易出现钢材锈蚀、变形、位移等情况，同时结构性能因时间原因也大大降低，需要进行加固。

（一）一般规定

（1）钢材、连接材料（如焊条、焊剂、焊丝、螺栓、铆钉）和涂料等，均应有质量合格证，并符合查勘设计和国家现行有关规范、标准、规定；

（2）施工中，应进行防锈、防火技术处理；

（3）施工前，应对原有钢结构构件进行核查，制定施工方案，保证施工中结构稳定和安全。

图注　**1**　东南大学体育馆示意图（来源：周琦建筑工作室，赵珊珊绘制）
　　　　2　东南大学体育馆屋架照片（来源：周琦建筑工作室，韩艺宽拍摄）
　　　　3　金陵机器制造局大厂二层室内照片（来源：周琦建筑工作室）
　　　　4　金陵机器制造局大厂一层室内照片（来源：周琦建筑工作室）
　　　　5　金陵机器制造局大厂示意图（来源：周琦建筑工作室，赵珊珊绘制）

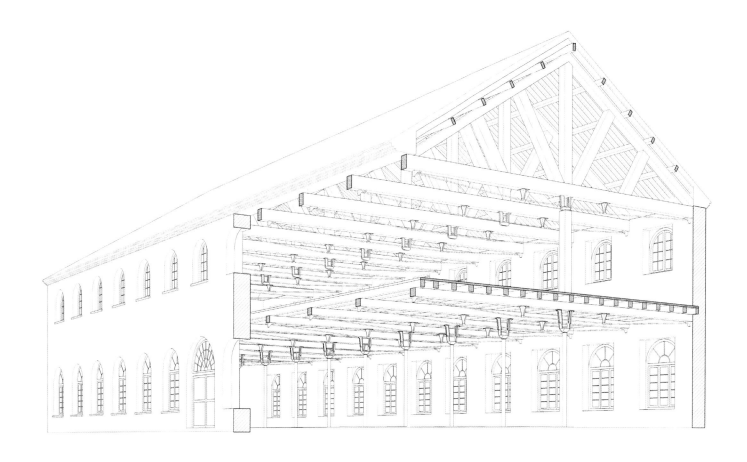

5

（二）钢结构

1.钢结构有下列情况之一，应查勘、验算承载力

（1）结构构件位移、挠曲、变形明显的；

（2）构件锈蚀深度大于1/8厚度；

（3）构件节点焊口开裂或铆钉、螺栓松动、断裂；

（4）支撑系统松动、变形，屋架倾斜。

2.钢结构加固

（1）钢柱失稳或锈腐损坏，应用焊补型钢或用钢筋混凝土加固。为了保证钢构件和混凝土共同工作，宜在钢构件表面上加焊能传递剪力的零件。

（2）钢梁刚度或稳定性不足，应设计计算增设加劲板，加大翼缘或增支撑加固。

（3）屋架杆件强度不足，整体稳定性差，设计中应先加固薄弱节点、杆件，再支撑系统，确保屋面整体稳定。

3.钢结构修缮设计，其外部钢制结构杆件除必须防腐、防锈外，还应刷涂防火涂料

（三）钢构件

（1）施工前，必须清除被加固构件表面的污物和锈蚀，露出金属本色。

（2）矫正钢构件，宜在常温冷加工；矫正变形杆件，应逐渐加力；在矫正最后阶段，达到查勘设计消除变形时，应恒压保持10～15分钟，杆件矫正后，应检查有无损伤和裂缝。

（3）结构构件位移、变形时，应先修复后加固，施工时，应先点焊固定装配好全部加工零配件，再加固结构最薄弱的部位和应力较高的构件。凡能立即起补强作用，并对原断面强度影响较小的部位，应先施焊。

（4）焊接加固，必须符合现行《建筑钢结构焊接规程》焊接工艺技术标准，并对焊接质量进行检查。

（5）施工时，不准改变构件的截面形心轴位置，防止 焊接变形，加固后的构件应进行防锈处理。

（6）加固结构构件时，应卸荷和临时支撑，严格控制被加固结构构件及其连接杆件的变形和应力。

（7）结构构件拆卸加固时，必须先临时支撑再拆卸，使被加固构件完全卸荷，确保卸荷前后的整个结构稳定和安全。

（8）卸掉屋架承受的荷载或设置临时支撑时，应根据查勘设计和施工方案对屋架进行验算，并注意杆件变形及应力的变化，当个别杆件强度和稳定性不足时，应在卸荷后予以加固。

（9）钢构件焊接加固，应符合下列规定：

①加固实腹梁，应先下翼缘，后上翼缘；

②加固屋架，应先下弦，后上弦；

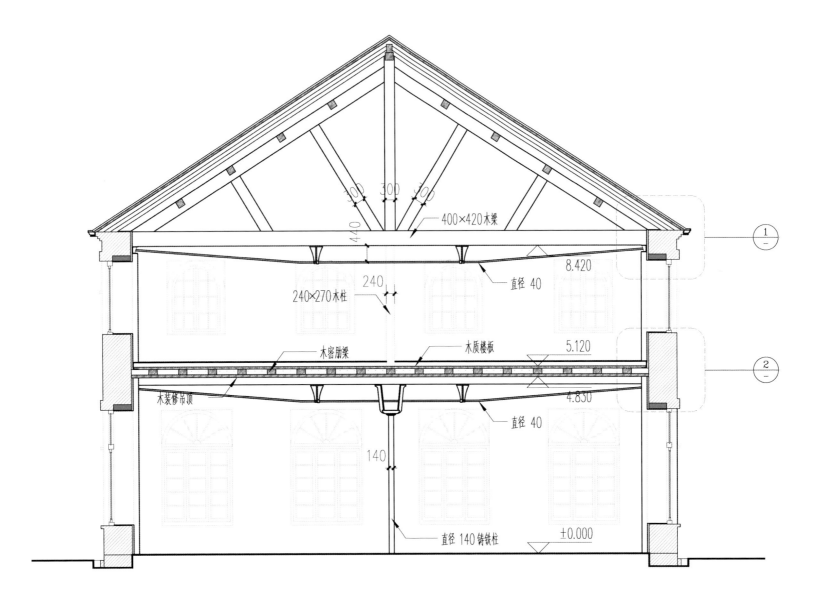

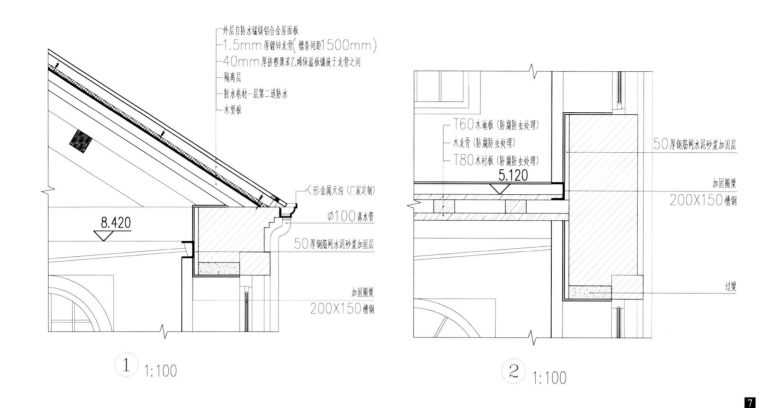

外层自防水缝镁铝合金屋面板
1.5mm厚镀锌龙骨(檩条间距1500mm)
40mm厚挤塑聚苯乙烯保温板嵌于龙骨之间
隔离层
防水卷材一层第二道防水
木塑板

K形金属天沟(厂家定制)

Ø100落水管

50厚钢筋网水泥砂浆加固层

加固圈梁
200X150槽钢

8.420

①　1:100

T60木地板(防腐防虫处理)
木龙骨(防腐防虫处理)
T80木衬板
5.120

50厚钢筋网水泥砂浆加固层

加固圈梁
200X150槽钢

过梁

②　1:100

③加固腹杆，应先焊两端的节点，后焊中段的间段焊缝；

④加固檩条，应间隔施焊，不得在杆件横轴方向施焊，若沿两条轴向缝施焊时，应先后错开3～7mm；

⑤加固节点板上腹杆的焊缝，应先补焊端部缝，加厚焊缝时，应从原焊缝受力较低的部位开始施焊；

⑥加固抗弯强度不足的钢梁，应先下部后上部，从跨中向两边对称进行；

⑦用混凝土加固钢柱时，应将部分箍筋末端焊在钢柱上或在箍筋与钢柱之间加焊短筋。

（10）更换铆钉时，应先卸荷后再更换损坏严重的，局部更换时，应用冷切割掉铆钉头，不得损伤结构件，取出铆钉，若有错孔、椭圆孔、孔壁倾斜等情况，宜用高强度螺栓加固；当用铆钉或高强度螺栓修复时，应消除上述孔洞的缺陷，并按查勘设计直径增大一级予以扩孔，铆钉和精制螺栓的直径，应根据清孔或扩孔后孔径决定。

（11）在负荷状态下更换铆钉时，每批数量不宜大于全部铆钉数量的10%，更换螺栓，应一个一个地进行。

（12）加大构件截面加固，应符合下列规定：

①注意加固时净空的限制，使新加固的部件不与其他杆件或部件相冲突；

②加固方法应能适宜原结构构件的几何状态，以利施工；

③减少现场施工量，当原有结构钢材的可焊性较好时，不管原有结构是焊接或铆接，宜尽量用焊接加固，但应避免仰焊；

④加固时应采取措施防止焊接变形，修复平整。

图注　■6　金陵机器制造局大厂剖面图（来源：周琦建筑工作室，许碧宇绘制）
　　　　■7　金陵机器制造局大厂节点大样图（来源：周琦建筑工作室，许碧宇绘制）

附表　结构体系现状描述及保护修缮总表

分类	部位	原状	历史修缮		现状破损			现状评价			保护内容	修缮技术
钢筋混凝土体系	基础	独立基础	无修缮	历次修缮记录	沉降不均匀	承载力不足	其他	完好	一般损坏	严重损坏	结构安全性	增大截面法
		整板基础	无修缮	历次修缮记录	沉降不均匀	承载力不足	其他	完好	一般损坏	严重损坏	结构安全性	增大截面法
	梁	钢筋混凝土梁	无修缮	历次修缮记录	沉降不均匀	承载力不足	其他	完好	一般损坏	严重损坏	结构安全性	扩大截面法：减小跨度法；增设钢板锚栓加固；粘贴钢板加固；粘贴FRP加固；抗剪能力加固；置换新梁加固
	柱	钢筋混凝土柱	无修缮	历次修缮记录	沉降不均匀	承载力不足	其他	完好	一般损坏	严重损坏	结构安全性	扩大截面法；增设新柱子；外包纤维加固；减少柱长度、置换新柱加固；外包钢加固
	楼板	钢筋混凝土楼板	无修缮	历次修缮记录	沉降不均匀	承载力不足	其他	完好	一般损坏	严重损坏	结构安全性	预张紧钢丝绳网加固；新增钢梁加固；新增钢板加固；粘贴钢条加固；粘贴碳纤维布加固
砖木体系	基础	（砖砌）条形基础	无修缮	历次修缮记录	沉降不均匀	承载力不足	其他	完好	一般损坏	严重损坏	结构安全性	等级较高：增大截面法　等级较低：新做钢筋混凝土基础
	砌体	梅花丁砌筑	无修缮	历次修缮记录	歪闪鼓凸	风化碱蚀	倾斜	完好	一般损坏	严重损坏	结构安全性	单面钢筋网水泥砂浆加固；双面钢筋网水泥砂浆加固；新旧砖组合重新砌筑
		空斗墙砌筑										
	楼板	木楼板	无修缮	历次修缮记录	木构件腐坏	节点松动	其他	完好	一般损坏	严重损坏	结构安全性	等级较高：更换损坏构件，原尺寸、原工艺、相同材料重新制作　等级较低：新增钢梁加固；改为现浇钢筋混凝土楼板
	木屋架	山墙承重式	无修缮	历次修缮记录	木构件腐坏	节点松动	其他	完好	一般损坏	严重损坏	结构安全性	等级较高：更换损坏构件，原尺寸、原工艺、相同材料重新制作　等级较低：轻钢结构替换；改为现浇钢筋混凝土体系
		两折两坡孟莎式										
		四坡组合式										
钢木体系	屋架	钢屋架	无修缮	历次修缮记录	失稳锈蚀	刚度不足	稳定性弱	完好	一般损坏	严重损坏	结构安全性	焊补型钢；增设加劲板；节点加固

第四章

内部构造体系保护修缮

第一节 钢筋混凝土体系内部构造

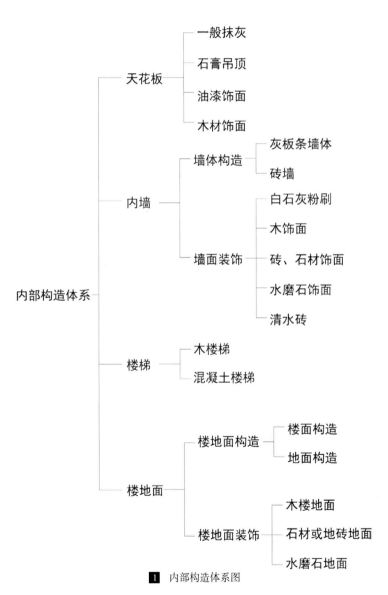

内部构造体系图

- 天花板
  - 一般抹灰
  - 石膏吊顶
  - 油漆饰面
  - 木材饰面
- 内墙
  - 墙体构造
    - 灰板条墙体
    - 砖墙
  - 墙面装饰
    - 白石灰粉刷
    - 木饰面
    - 砖、石材饰面
    - 水磨石饰面
    - 清水砖
- 楼梯
  - 木楼梯
  - 混凝土楼梯
- 楼地面
  - 楼地面构造
    - 楼面构造
    - 地面构造
  - 楼地面装饰
    - 木楼地面
    - 石材或地砖地面
    - 水磨石地面

1 内部构造体系图

注：钢筋混凝土体系建筑中内部构造系统以下部分修缮参照砖木体系建筑
a. 内墙构造（灰板条墙体、砖墙）；b. 墙面装饰（清水砖）；c. 楼梯（木楼梯）；
d. 楼地面构造（架空木楼地面）；e. 楼地面装饰（木楼地面）。

一、分类

建筑内部构造系统是指建筑中营造出建筑室内空间的各个组成部分的总和，其中包括这些组成部分的饰面体系。按照室内不同的部位，可以将内部构造分为以下几类：天花、内墙、楼地板、楼梯、内门窗。按照建构的逻辑，这些不同的构造又可以不同的构造做法进一步分类。

天花根据不同的材料，可以分为4种：普通的灰板条木质吊顶、一般抹灰天花、油漆饰面天花、石膏粉刷天花、石膏板吊顶天花。这些不同构造做法的天花往往呈现两种形式风格：传统样式天花、西洋样式天花。

室内内墙一般有两种做法，灰板条隔墙和砖墙。内墙面按照材料的不同可以分为：白石灰及油漆粉刷内墙，包括一般抹灰、拉毛抹灰；木饰面内墙，包括木隔墙以及以木饰面装饰的墙裙、踢脚等；砖石材饰面；水磨石饰面；清水砖饰面。

楼梯按照材料也可以分为木质楼梯及混凝土楼梯两种类型，同时按部位可以进一步被拆分为踏面、扶手、栏板、栏杆等。南京近现代建筑室内门窗主要是木门窗，其原本的构造做法和修缮措施和外门窗相似。除此之外，内部构造还包含石质装饰、细木装饰、雕饰、油饰、金属杆件、石膏制品等。

整体而言，南京近现代建筑所有内部构造共构成三种不同的室内形式风格：西方传统风格、中国传统风格、现代风格。

（一）西方传统风格

该类风格指大约19世纪中后期由西方传教士和商人传入南京，采用西方建筑内部装饰方式的形式风格。这类内部构造的装饰一般采用石材、木材、石膏等材料，饰以古典的装饰图案。主要被用于商业建筑如银行、商场和一些官邸、使领馆等。除此之外，也有大量小住宅采用英国维多利亚风格和美国草原式风格（殖民地风格）。典型案例有中山东路一号、中英庚子楼、扬子饭店、首都电厂办公楼、首都电厂红楼、基督教圣保罗教堂、美龄宫、梅园新村周恩来故居等。

（二）中国传统风格

国民政府定都南京后，由于受到政治意识形态的影响，大量建筑开始探索"中国固有之形式"。许多政府建筑采用中国传统官式建筑之样式，内部装饰华丽而隆重，通常施以浓重的彩画，制作中国传统式天花、藻井。同时，在建筑内部的梁、柱头施以回文等传统建筑装饰母题。

内部构造的装饰风格模仿中国传统建筑，被广泛用于中国传统建筑形式的建筑中，同时有些新民族主义形式的建筑内部也采用这种装饰风格。典型案例有美龄宫、南京博物院、励志社旧址、原国民政府外交部大楼、大华大戏院等。

（三）现代风格

近代的中晚期，由于受到西方现代建筑运动的影响，又由于西洋风格和中国传统风格存在一定的问题，例如造价高，工期长等。出现了一批以现代风格为主的内部装饰体系，这种风格的装饰体系被称为现代风格。该风格具有形式简洁、工业化特点，强调室内纯粹的空间、体块，大大减少了装饰。现代风格主要呈现在现代建筑风格的建筑中，但因为现代风格装饰简单，其他建筑某些局部也会采用这种装饰风格（如楼梯间等）。典型案例有医药厂房、杨廷宝故居、肉联厂、下关码头候船厅等。

二、楼地面

（一）地板构造

钢筋混凝土体系建筑的地板构造一般有两种方式，一种常见的是木地板架空方式，该方式类似于砖木体系木地板构造，在此不予赘述。另外一种地板是非架空的处理方式，这种方式的地板构造层次相对复杂，其面材一般采用地砖、水磨石或水泥等作为饰面层，被普遍用在重要的公共建筑之中。

地板的构造方式类似现代钢筋混凝土结构的地板构造。施工时，在素土夯实的基础上做一层碎砖三合土垫层，厚度约150mm，其上

图注　**1**　内部构造体系图
　　　　2　基督教圣保罗教堂（来源：周琦建筑工作室，金海拍摄）
　　　　3　大华大戏院（来源：周琦建筑工作室，韩艺宽拍摄）
　　　　4　医药厂房（来源：周琦建筑工作室，金海拍摄）

做同样厚度的混凝土做刚性防水层，但有些建筑因造价原因省略了这一层构造层次。混凝土上铺设一层洋灰砂子作为地面装饰材料的结合层。最后在其上铺设地砖或处理成水磨石地面等其他装饰面层。

水磨石地板典型案例：中山东路一号、大华大戏院、金陵女子大学旧址 14 号楼、金陵女子大学旧址 10 号楼、南京国立美术馆；

水泥地板典型案例：金陵女子大学旧址 14 号楼、金陵女子大学旧址 10 号楼；

地砖地板：原水利委员会旧址。

水泥地面由于长期使用而磨损，一般存在面层破损、开裂的问题。水磨石地面大部分保存较好，但有些局部会产生细微裂缝。地砖地面容易出现裂缝、脱壳、碎裂等现象。地砖楼面容易出现裂缝、脱壳、碎裂等现象。

（二）木楼板构造

钢筋混凝土体系建筑楼板处理方式也有两种。一种是木楼板构造，即在由墙或梁支撑的木龙骨上铺钉木地板。这种构造的优点是楼板自重轻、保温性能好、舒适、有弹性、节约钢材和水泥等。缺点是易燃、易腐蚀、易被虫蛀、耐久性差，特别是需耗用大量木材。

施工时，一般在承重砖墙砌筑的时候，将楼板的木龙骨密肋梁的一端搭在墙上，另一端搭接在钢筋混凝土梁上，有些也搭接在内部承重墙上。在其上用宽约 120mm 的实木楼板错缝拼接而成。典型案例有首都电厂红楼、首都电厂办公楼、总统府子超楼、原水利委员会旧址等。

木楼板由于长时间使用和木材本身的原因非常容易被磨损、腐蚀和产生松动。受损面积有大有小。面积如果较大需要重新翻修，面积较小只需局部替换。

（三）水磨石楼板构造

水磨石是将碎石、玻璃、石英石等骨料拌入水泥粘接料或环氧粘接料制成混凝制品后经表面研磨、抛光的制品。一般用于公共建筑或者比较重要的住宅建筑的大厅，这种饰面层易于形成花样而且防潮耐磨。

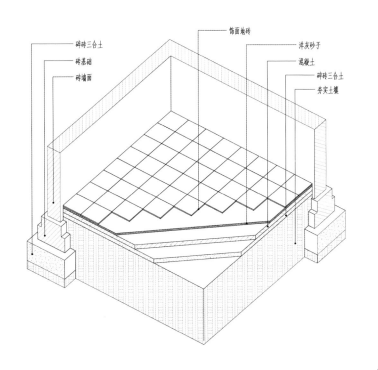

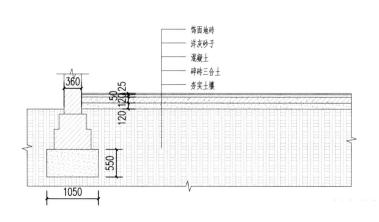

5

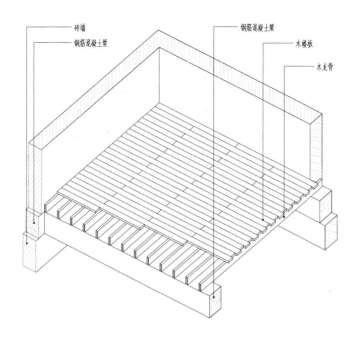
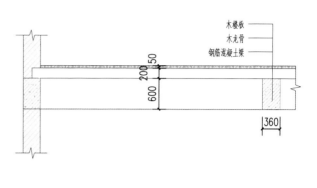

构造做法如下：

（1）做找平层：①打灰饼、做冲筋；②刷素水泥浆结合层；③铺抹水泥砂浆找平层。

（2）分格条镶嵌：①找平层养护一天后，先在找平层上按设计要求弹出纵横两向或图案墨线，然后按墨线截裁分格条；②用纯水泥浆在分格条下部抹成八字角通长座嵌牢固；③分格条镶嵌好以后，隔12小时开始浇水养护，最少应养护两天。

（3）抹石子浆面层。

（4）磨光。

修缮操作程序如下：

裂缝修补，打磨，增色处理，涂保护剂（硬化剂）。

打磨裂缝修补时，分析原水磨石地面的水泥，水泥标号及石子粒径范围，选择与原水磨石地坪同种水泥和粒径十分接近的石子。根据裂缝的自然走向，进行扩缝。将选择好的水泥、石子，级配进行配比调合。将调合好的水磨石原料进行嵌缝。缝隙中要清洗干净，在清洗干净后，再涂上混凝土界面剂，确保新材料与原水磨石地坪牢固地粘接。

当水磨石地面破损面积较大，且非常严重，可以对地面重新浇筑混凝土，使用德立固水磨石硬化地坪，这种方法处理水磨石地面破损、裂缝，非常有效，不过，成本花费比较大，但后期无需打蜡养护，且使用越久，光泽度越好越亮，节约了大量的维修成本，非常耐磨。

（四）地砖楼板构造

这种饰面层是指采用瓷砖或者石材拼花形成有韵律图案的地面。一般用于公共建筑或者比较重要的住宅建筑的客厅部位和需要防水的地方如卫生间和厨房。主要材料为大理石花岗岩陶土砖。具体做法是在钢筋混凝土楼板上，利用洋灰砂子做结合层，然后在其上铺贴面砖石材。

图注　**5**　地砖地板构造大样及示意图（来源：周琦建筑工作室，吴明友绘制）
　　　　6　木楼板构造大样及示意图（来源：周琦建筑工作室，吴明友绘制）

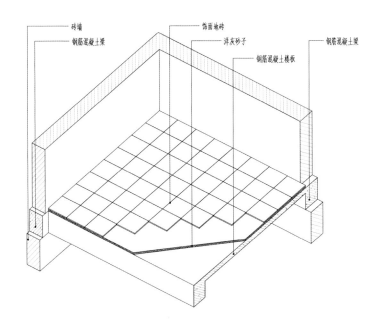
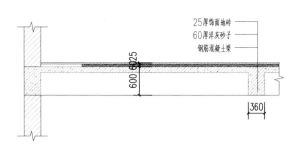

石板、地砖楼地面修复技术包括天然石板材、地砖、马赛克等面层的修缮，应符合下列要求：

（1）当面层缺棱、麻面，单侧裂缝宽度在 0.3mm 以内，面层与基层粘贴牢固无松动，可用同质石材粉料拌制的环氧砂浆嵌补，硬固后整平磨光。

（2）当面层碎裂、松动时，应选择材质、规格、色彩、纹样相同的材料进行局部更换。

（3）石板、地砖翻铺应符合如下要求：

①应对原地面的样式、图案做好测绘。

②铺贴前，应对面层材料进行挑选，对色拼花、试铺、编号。

③对面层材料进行润湿，清除表面残留污染物。

④铺贴应调整拼缝和平整度，及时清洁板面多余砂浆，及时嵌缝，在粘贴固化前，面层不得负载。四角平差应小于 0.5mm，接缝高差应小于 0.5mm，缝宽误差应小于 1mm。

（4）面层铺贴应平整、牢固，无沾污、浆痕、泛碱，色泽一致。

（5）卫生间、厨房、阳台等设地漏的地面层，应设置排水坡度，且不少于 15‰。

图注　　**7**　地砖地面面层修缮构造大样（来源：周琦建筑工作室，吴明友绘制）
　　　　8　地砖地面面层修缮构造大样（来源：周琦建筑工作室，吴明友绘制）
　　　　9　地砖楼板构造大样及示意（来源：周琦建筑工作室，吴明友绘制）
　　　　10　水磨石地面面层修缮构造大样（来源：周琦建筑工作室，吴明友绘制）
　　　　11　水磨石楼面面层修缮构造大样（来源：周琦建筑工作室，吴明友绘制）
　　　　12　大华大戏院门厅水磨石地面（来源：周琦建筑工作室，阮若辰、卢婷绘制）

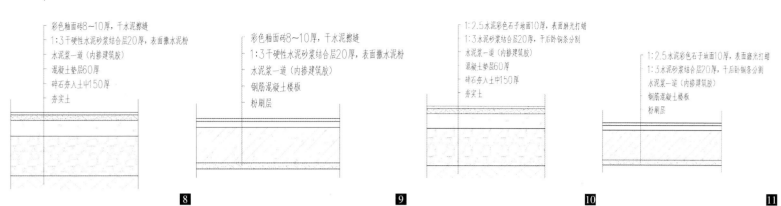

彩色釉面砖8~10厚，干水泥擦缝
1:3干硬性水泥砂浆结合层20厚，表面撒水泥粉
水泥浆一道（内掺建筑胶）
混凝土垫层60厚
碎石夯入土中150厚
夯实土

8

彩色釉面砖8~10厚，干水泥擦缝
1:3干硬性水泥砂浆结合层20厚，表面撒水泥粉
水泥浆一道（内掺建筑胶）
混凝土垫层60厚
钢筋混凝土楼板
粉刷层

9

1:2.5水泥彩色石子地面10厚，表面磨光打蜡
1:3水泥砂浆结合层20厚，干后卧铜条分割
水泥浆一道（内掺建筑胶）
混凝土垫层60厚
碎石夯入土中150厚
夯实土

10

1:2.5水泥彩色石子地面10厚，表面磨光打蜡
1:3水泥砂浆结合层20厚，干后卧铜条分割
水泥浆一道（内掺建筑胶）
钢筋混凝土楼板
粉刷层

11

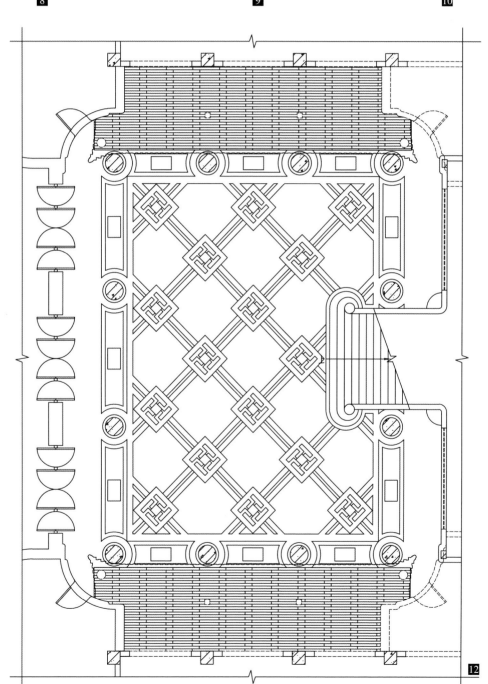

12

三、楼梯

钢筋混凝土楼梯指以钢筋混凝土为主要结构材料的楼梯，一般在现场浇筑完成，楼梯踏面和平台地面往往做成水磨石工艺，踏面做防滑条，楼梯常配以钢栏杆。主要用于工业建筑或大型公共建筑之中。

由于材料结构性能的原因，这种楼梯能够做到较大跨度，因而满足公共建筑对人流疏散的要求，同时混凝土楼梯具有一定的装饰效果。典型案例有和记洋行、中山东路一号、大华大戏院、原国民政府外交部大楼、原国立美术馆、中英庚子赔款楼、下关码头候船厅等。

该楼梯主体结构在现场浇筑，楼梯踏面施工工艺和楼地面施工方式相同，钢材料的立柱栏杆通过预埋构件固定于钢筋混凝楼梯上。

对楼梯进行修缮前，同样需要对楼梯结构体系进行检测，对于结构保存较好的进行必要的加固，结构加固的方式和钢筋混凝土梁、柱、板的方式相似。对于保存较差的需要将原有楼梯拆除，重新浇筑新楼梯（如南京和记洋行建筑群楼梯已完全损毁）。踏面及平台面的修复办法参见水泥、水磨石地面修复办法。大部分楼梯的钢栏杆损毁或腐蚀、完全损毁时，应该查阅历史资料，还原其原貌，重新制作栏杆，按照原有式样、花纹、图案、材质、大小进行替换。部分腐蚀时应该进行除锈处理，并刷防锈漆，保持原有形态。

四、内墙面

（一）白石灰饰面

白石灰饰面是指在砌体基层或木隔墙灰板条基层上，采用黄泥、石灰、稻草末混合打底后，表面使用白石灰浆粉刷的墙面。因这种方式造价低廉、施工简单，所以，大量用于民用建筑室内，也有用于部分公共建筑一般性的内墙上。

施工工艺：砖墙基层砌筑完成后，用水润湿，在其上抹麻刀石灰，厚度约 2～3cm。找平后，粉刷白石灰浆一般两至三度，浇水养护一段时间。另外一种采用粉刷石膏抹灰，这种方式在性能上优于前者，施工程序和前者很相似。

白石灰饰面典型案例有杨廷宝故居、中英庚子楼、下关码头候船厅、江苏省咨议局、原国民政府外交部大楼、总统府子超楼、大华大

图注　**13**　交通银行旧址楼梯（来源：周琦建筑工作室，吴明友拍摄）
　　　　14　交通银行旧址楼梯构造（来源：周琦建筑工作室，吴明友绘制）

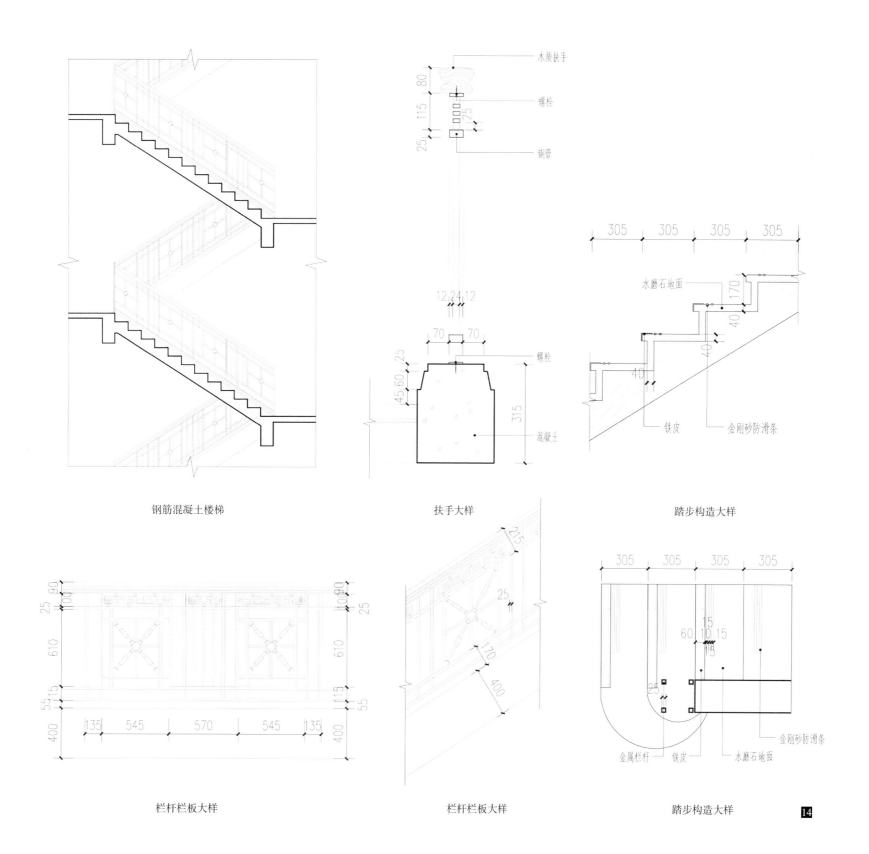

木质扶手

螺栓

钢管

混凝土

螺栓

水磨石地面

铁皮

金刚砂防滑条

钢筋混凝土楼梯

扶手大样

踏步构造大样

栏杆栏板大样

栏杆栏板大样

金属栏杆

铁皮

水磨石地面

金刚砂防滑条

踏步构造大样

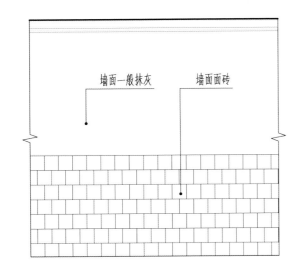

墙面一般抹灰　　墙面面砖

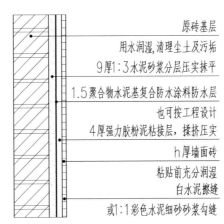

原砖基层
用水润湿, 清理尘土及污垢
9厚1:3水泥砂浆分层压实抹平
1.5聚合物水泥基复合防水涂料防水层
也可按工程设计
4厚强力胶粉泥粘接层, 揉挤压实
h厚墙面砖
粘贴前充分润湿
白水泥擦缝
或1:1彩色水泥细砂砂浆勾缝

戏院等。

修缮做法: 对抹灰墙面进行修缮前, 应该首先测绘、记录原有墙面所用的材料、图案和工艺。采用白石灰粉刷的墙面由于空鼓脱落或裂缝等因素, 修缮时应进行凿除, 重新采用现代材料水泥石灰砂浆或石膏进行面层装饰。施工时先清理基层, 将基层用水湿透, 采用现代材料水泥砂浆或水泥混合砂浆, 分二度以上刮糙, 待刮糙适当干燥凝固后进行粉面, 表面压光不得少于两遍, 罩面后次日进行洒水养护。

（二）瓷（陶）砖、石材饰面

瓷（陶）砖、石材饰面是指采用马赛克、瓷砖或陶砖作为内装饰的墙面, 这种做法是近代建筑中主要的墙面防潮方式, 多用于卫生间及厨房。

施工工艺: 施工时, 在砌体或混凝土的墙面上先抹15 ~ 20mm 厚的洋灰砂子作为结合层, 打底找平后, 表面进行马赛克、瓷砖、陶砖的拼贴。拼贴方式有细缝和宽缝之分, 细缝不需要填缝, 宽缝在1cm 左右, 需要用水泥勾缝。

瓷（陶）砖、石材饰面应用案例有美龄宫（小红山国民政府主席官邸）、江苏省咨议局大楼、原国民政府外交部大楼等。

修缮做法: 若墙面面砖损坏, 则应按规定剔凿、清理干净然后浇水将其湿润, 修补底层灰结合层, 采用原材料、原大小的面砖（若无同品种和规格的面砖, 则应采用与原面砖相仿的面砖）补镶牢固, 勾缝后擦洗干净。

当面砖与结合层之间存在空鼓时, 应该按空鼓面积钻孔, 清扫干净后, 注入环氧树脂浆或者专用胶浆, 并加压以此将面砖与原结合层粘结牢固。之后采用相同颜色的水泥砂浆封闭孔洞, 打磨光平并与原有饰面砖基本一致。

（三）水磨石饰面

水磨石饰面是指在砌体或其他硬质墙面的基地上, 采用砂浆打底后在面层上洒上细

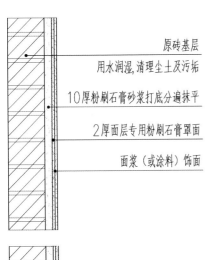

原砖基层
用水润湿, 清理尘土及污垢
10厚粉刷石膏砂浆打底分遍抹平
2厚面层专用粉刷石膏罩面
面浆（或涂料）饰面

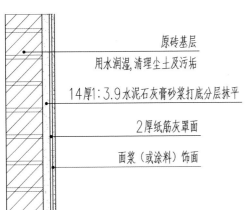

原砖基层
用水润湿, 清理尘土及污垢
14厚1:3.9水泥石灰膏砂浆打底分层抹平
2厚纸筋灰罩面
面浆（或涂料）饰面

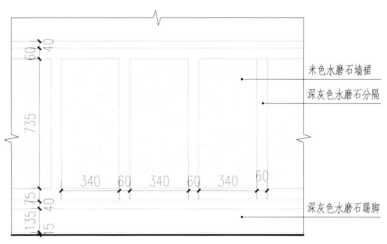
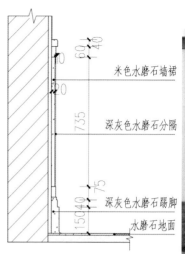

米色水磨石墙裙
深灰色水磨石分隔
深灰色水磨石踢脚

米色水磨石墙裙
深灰色水磨石分隔
深灰色水磨石踢脚
水磨石地面

石，再经过人工打磨而成的饰面层。这种饰面通常使用于需要防潮、利于清洁的部位，同时由于水磨石能够形成装饰图案，因此也用在需要装饰的部位。但由于造价较为昂贵，一般的建筑较少做这种装饰墙面，重要的公共建筑和重要的住宅才会采用这种装饰方式。

施工工艺：水磨石墙饰面与水磨石地面、水磨石楼梯踏面的做法一样，其工艺流程如下：处理、润湿基层；打灰饼、做冲筋；抹找平层；养护；嵌镶分格条；铺水泥石子浆；养护试磨；磨第一遍并补浆；磨第二遍并补浆；磨第三遍并养护；过草酸上蜡抛光。

水磨石饰面应用案例有美龄宫等。

修缮做法：修复裂缝时，应该首先分析原墙面的水泥、水泥标号及石子粒径范围，选择与原墙面同种水泥和粒径十分接近的石子作为原料，先根据裂缝的自然走向，进行扩缝后，按照原工艺进行嵌缝。缝隙中要清洗干净，在清洗干净后，再涂上混凝土界面剂，确保新材料与原水磨石地坪牢固地粘接。

水磨石墙面如果破损面积较小，并不严重，修缮时可以使用云石胶或其他胶进行填补，填补之后需要进行打磨，然后打蜡养护。当水磨石墙面受损面积较大，比较严重时。可以使用预制水磨石进行替换。

（四）木饰面及其他

木饰面指在砖砌体内墙上附着木材质的饰面层，这种方式多以墙裙的形式出现，一般用于比较高级的室内空间，公共建筑的大厅、重要的会议室，公共或居住建筑的客厅。

施工工艺：施工时，需要在砖砌体墙面内按一定距离埋入木桩，用木龙骨找平墙面，然后在龙骨上用铁钉固定装饰木板，装饰木板分成：上线脚，中板，踢脚线，多用西洋古典形式的三段式做法。

木饰面的典型案例：首都发电厂办公楼、扬子饭店、中英庚子楼等。

修缮做法：木装饰龙骨损坏时，应先拆下木板层，去除损坏的龙骨，装上新龙骨。龙骨入墙的部分必须做好防腐、防蚁和隔潮处理。龙骨的大小尺寸应和原龙骨相同，龙骨装钉牢固后在其间填充保温或吸声材料。龙骨修复完成后，再进行表面装饰层的安装。新采用的表面装饰层材料应该与原有木材的树种、材质、规格、纹理相近。保证装修风格、颜色和工艺等特点与原来一致。

图注　　⑮　粉刷石膏抹灰墙面修缮构造大样（来源：周琦建筑工作室，吴明友绘制）
　　　　⑯　美龄宫卫生间墙面照片及大样（来源：周琦建筑工作室，韩艺宽拍摄、吴明友绘制）
　　　　⑰　美龄宫楼梯间墙面照片及大样（来源：周琦建筑工作室，韩艺宽拍摄、吴明友绘制）

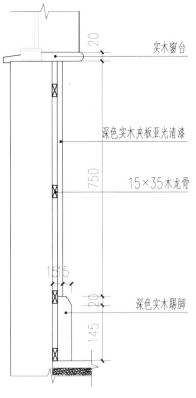

实木窗台

深色实木夹板亚光清漆

15×35木龙骨

深色实木踢脚

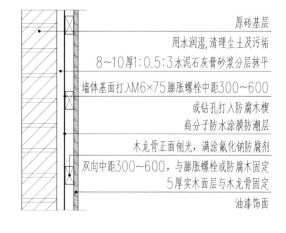

原砖基层

用水润混,清理尘土及污垢

8~10厚1:0.5:3水泥石灰膏砂浆分层抹平

墙体基面打入M6×75膨胀螺栓中距300~600

或钻孔打入防腐木楔

高分子防水涂膜防潮层

木龙骨正面刨光,满涂氟化钠防腐剂

双向中距300~600,与膨胀螺栓或防腐木固定

5厚实木面层与木龙骨固定

油漆饰面

五、天花

（一）板底油漆、抹灰

板底油漆天花一般用在钢筋混凝土结构的建筑中。南京市重要传统复兴形式建筑和部分新民主主义形式建筑在室内重要的大厅或会议室会采用油漆的方式在板底绘制传统形式的天花，传统复兴形式建筑往往会利用钢筋混凝土框架做成内井字天花，或者在突出的梁柱部位及板底部位，结合中国传统风格特色油漆彩画装饰。

板底抹灰的做法用在钢筋混凝土建筑室内一般的位置，如楼梯间等。这种抹灰方式缺少装饰，往往呈纯色的天花板。

施工工艺：分为两种情况，一种是绘制在钢筋混凝土表面，一种是绘制在木质表面。绘制在钢筋混凝土表面的，在混凝土表面磨光后，仿照木构造做线脚，之后使用油漆进行绘制。彩画图案以清官式彩画为主。绘制在木质表面的则与传统的小木作天花彩画做法相同。

板底油漆天花典型案例有美龄宫、励志社旧址、原国民政府外交部大楼、南京市博物院等。

修缮做法：

（1）油饰修缮，包括油漆、涂料、贴膜等。涂饰层发生起泡、粉化、龟裂、退色、变色、起皮、剥落等情况时应予修缮。

（2）饰面层按损坏程度不同，采用局部修补和铲除重做。表面层退色、局部开裂、起泡、起皮等损坏可局部修补。基层腻子起鼓、酥松、

图注　　**18**　首都电厂办公楼实木墙面（来源：周琦建筑工作室）

　　　　19　首都电厂办公楼实木墙面构造及修缮大样（来源：周琦建筑工作室，吴明友绘制）

　　　　20　美龄宫天花（来源：周琦建筑工作室，韩艺宽拍摄）

　　　　21　板底抹灰天花板修缮构造大样（来源：周琦建筑工作室，吴明友绘制）

　　　　22　板底油漆天花板修缮构造大样（来源：周琦建筑工作室，吴明友绘制）

粉化、面层老化等严重损坏，宜铲除重做。

（3）施工前应对损坏情况作检查，包括损坏原因、材料化学成分和涂饰工艺，并制定修缮工艺方案。

（4）施工时应将损坏饰面清除干净，但不得损伤原有结构层。

（5）涂饰材料应符合环保要求，与结构层表面不产生有害的化学作用。溶剂型涂饰材料，要求基层表面干燥，用于木质基层时，木材含水率宜小于 12%。

（6）涂饰材料与腻子配方应统一配制，控制施工现场温度，使用前搅拌均匀，并在规定时间内用完。注意通风换气和防尘。

（7）涂饰施工不得漏刷，不得出现斑迹、表面流挂、棕眼、脱皮、皱皮等现象。并应符合表面平整光洁、色泽一致、无刷纹等要求。

（8）施涂清水漆前，应清除木质基层上的灰尘、污垢，表面的钉眼、缝隙、毛刺，脂囊用腻子填补磨光，节疤、松脂部位用虫胶漆封闭。清水漆施涂，在刮腻子、上色前，应涂刷一度封闭底漆，然后反复进行刮腻子、磨光、刷清漆，拼色和修色，直至色泽调匀，平面光洁，线条清晰后，再做饰面漆，打蜡、上光。

（9）硝基清漆涂刷时，应反复多次用虫胶漆腻子填补、批平、磨光，直至颜色基本一致。定色后，用硝基漆反复多次涂刷、干燥、磨光，直至光洁平整，后打蜡上光。

（二）石膏粉刷

石膏粉刷天花是指直接在钢筋混凝土楼板板底粉刷出西洋古典样式的线脚、花饰和图案的天花，天花色彩以白色为主。主要用在比较庄重西方古典建筑风格的建筑中，也有中国传统形式建筑的特殊房间内会采用这种天花，如美龄宫的基督凯歌堂。这是因为房间内需要进行西方基督教礼拜的仪式。

施工工艺：石膏粉刷天花施工时先在钢筋混凝土楼板板底粉刷石膏打底，表面再做石膏面层。石膏面层可以勾勒出装饰线脚和花饰，最后如果需要的话可以刷一层面浆饰面。

石膏粉刷天花典型案例有美龄宫、江苏省咨议局、总统府西花厅、中英庚子楼等。

修缮做法：石膏粉刷天花的修缮时首先应评估钢筋混凝土楼板是否需要加固，待结构加固程序完成后，将基底清洗干净，刷一道素水泥砂浆，用石膏粉刷打底，然后罩面、压实、抛光，最后根据设计图案粉刷面层，也有一些线脚等修缮采用预制石膏制品的方式，施工时直接将预制品装配式粘贴固定到楼板下面，这种方式也需要事先预留孔洞。

（三）木质吊顶、石膏板吊顶

近现代建筑吊顶修缮时还有一种做法是采用轻钢龙骨石膏板吊顶和木龙骨木板吊顶。木龙骨木板吊顶和原施工构造相似，但需要将材料置换为现代材料。轻钢龙骨石膏板吊顶是完全现代的做法，这是由于历史建筑修缮后需要适应现代功能，需要在建筑吊顶中考虑灯具、空调管网、送、回风口等的位置和占用的空间，因此往往将原有吊顶铲除后（有些保留，在其下增设新吊顶）做新吊顶。

地面层
钢筋混凝土楼板
素水泥砂浆一道甩毛（内掺建筑胶）
5厚1：0.5：3水泥石灰膏砂浆打底扫毛或划出纹道
2厚纸筋灰罩面
面浆或涂料饰面

21

地面层
钢筋混凝土楼板
素水泥砂浆一道甩毛（内掺建筑胶）
5厚1：0.5：3水泥石灰膏砂浆打底扫毛或划出纹道
3厚1：0.5：2.5水泥石灰膏砂浆找平
封底漆一道（与面漆配套产品）
面饰涂料

22

施工工艺：轻钢龙骨石膏板吊顶制作时，可以利用原有结构板中预埋的钢丝，悬挂吊杆，并通过承载龙骨固定纸面石膏板。也有些直接将主龙骨固定于建筑砖墙外的加固板墙上，在主龙骨下面钉接纸面石膏板，最后把嵌缝膏填入石膏板之间的缝隙，压抹严实。

木龙骨木板吊顶制作时，在混凝土楼板刷一道素水泥砂浆后悬挂竖向主木龙骨，木龙骨和楼板预埋铁丝连接。主龙骨下钉接横向水平次龙骨，次龙骨下钉接灰板条，在灰板条上做面层装饰。

典型案例：首都电厂红楼、下关码头候船厅、中山东路一号、中英庚子楼等。

修缮做法：在修缮时，将原有损坏吊顶敲除过后，用现代工艺安装轻钢龙骨石膏板吊顶和木龙骨木板吊顶。应注意尽量不能改变原有室内层高。

图注　23　美龄宫宴会厅石膏吊顶天花仰视及单元细部（来源：周琦建筑工作室，吴明友绘制）

24　美龄宫宴会厅天花（来源：周琦建筑工作室，韩艺宽拍摄）

25　板底粉刷石膏天花板修缮构造大样（来源：周琦建筑工作室，吴明友绘制）

26　板底抹灰刮腻子天花板修缮构造大样（来源：周琦建筑工作室，吴明友绘制）

27　下关码头候船厅门厅吊顶（来源：周琦建筑工作室，金海拍摄）

28　木质天花修缮构造大样（来源：周琦建筑工作室，韩艺宽拍摄）

29　天花板灯饰构造大样（来源：周琦建筑工作室，吴明友绘制）

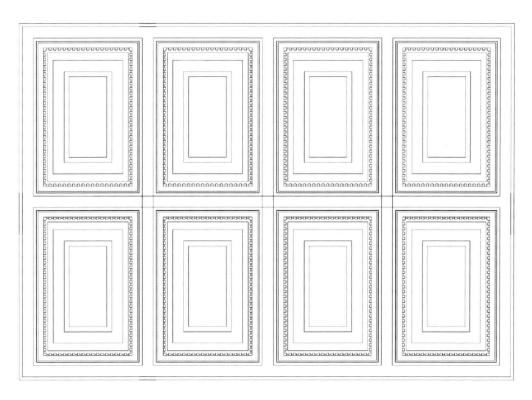

地面层
钢筋混凝土楼板
素水泥砂浆一道甩毛（内掺建筑胶）
6厚粉刷石膏打底找平，木抹子抹毛面
2厚专用石膏粉刷面层罩面压实抹光
面浆或涂料饰面（可不做）

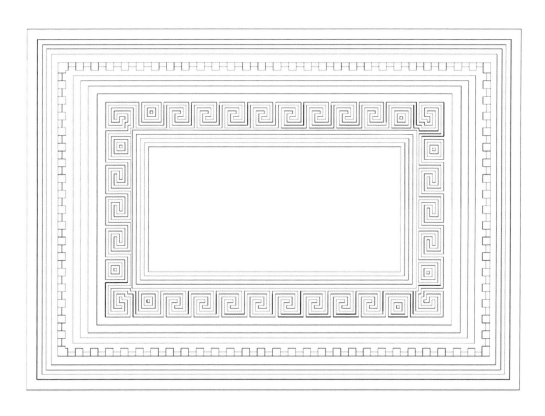

地面层
钢筋混凝土楼板
素水泥砂浆一道甩毛（内掺建筑胶）
5厚1:0.5:3水泥石灰膏砂浆打底
3~5厚底基防裂腻子分遍找平
2厚面层耐水腻子刮平
面浆（或涂料）饰面

地面层

钢筋混凝土楼板

素水泥砂浆一道甩毛（内掺建筑胶）

30×100木龙骨

次木龙骨

25厚灰板条

2厚纸筋灰罩面

面饰材料

27

28

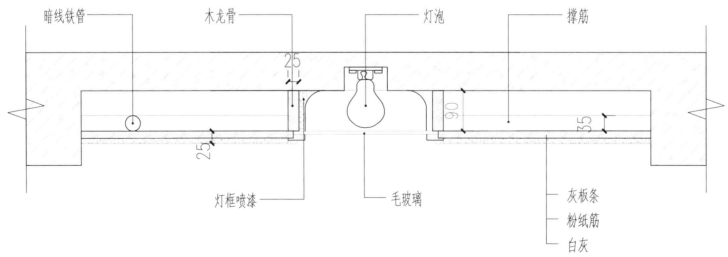

暗线铁管   木龙骨   灯泡   撑筋

25

25

90

35

灯框喷漆   毛玻璃   灰板条

粉纸筋

白灰

29

第二节　砖木小住宅内部构造体系

建筑内部构造系统是指建筑中营造出建筑室内空间的各个组成部分的总和,其中包括这些组成部分的饰面体系。按照室内不同的部位,可以将内部构造分为内墙、地面、楼面、天花、楼梯等几类。

按照建构的逻辑,这些不同的构造又可以不同的构造做法进一步分类:

室内内墙一般有两种做法,灰板条隔墙和砖墙。内墙面一般为:白石灰及油漆粉刷内墙,一般抹灰、拉毛抹灰。

地面一般为木质地面,分为有防潮层与无防潮层两种做法。

楼面根据不同的材料,可以分为两种:①木楼面;②钢筋混凝土楼面。

天花根据不同的材料,可以分为两种:①普通的灰板条木质吊顶;②油漆饰面木板天花。

楼梯为木质楼梯,按部位可以进一步被拆分为踏面、扶手、栏板、栏杆等。

1 内部构造系统图

注:砖木小住宅体系建筑中内部构造系统以下部分修缮参照钢筋混凝土体系建筑
　　a. 楼地面构造(混凝土楼板)
　　b. 楼地面装饰(混凝土楼板)
　　c. 内墙装饰(白石灰饰面)
　　d. 天花构造(天花修缮)

一、内墙

南京近代砖木小住宅体系的建筑中,一层普遍使用砖隔墙,二层普遍使用灰板条木隔墙,同时内墙与楼地面交界处有木质踢脚。

(一)砖隔墙

此种技术做法主要用于住宅的一层,厚度约为120mm(除去面层)。一层之所以使用砖隔墙,是为了以砖墙来承托楼板部分荷载。砖隔墙的砌筑方式采用全顺做法,砖墙两面刷麻刀石灰面层。

(二)灰板条木隔墙

此种技术做法主要用于住宅的二层,因其不起到结构作用,仅

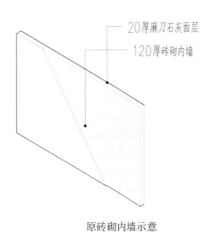

20厚麻刀石灰面层
120厚砖砌内墙

原砖砌内墙示意

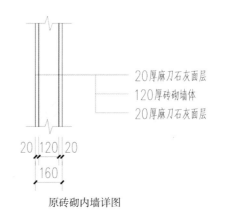

20厚麻刀石灰面层
120厚砖砌墙体
20厚麻刀石灰面层

20 120 20
160

原砖砌内墙详图

2

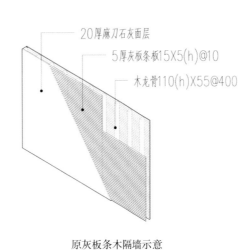

20厚麻刀石灰面层
5厚灰板条板15X5(h)@10
木龙骨110(h)X55@400

原灰板条木隔墙示意

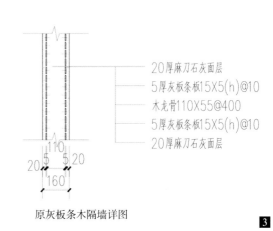

20厚麻刀石灰面层
5厚灰板条板15X5(h)@10
木龙骨110X55@400
5厚灰板条板15X5(h)@10
20厚麻刀石灰面层

110
20 5 5 20
160

原灰板条木隔墙详图

3

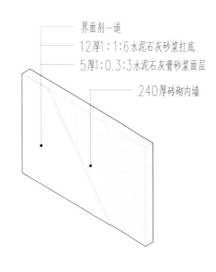

界面剂一道
12厚1:1:6水泥石灰砂浆打底
5厚1:0.3:3水泥石灰膏砂浆面层
240厚砖砌内墙

新砖砌内墙示意

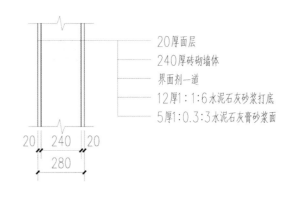

20厚面层
240厚砖砌墙体
界面剂一道
12厚1:1:6水泥石灰砂浆打底
5厚1:0.3:3水泥石灰膏砂浆面

20 240 20
280

新砖砌内墙详图

4

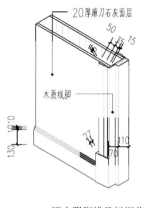
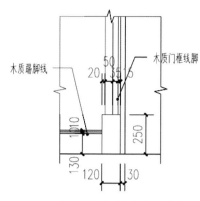
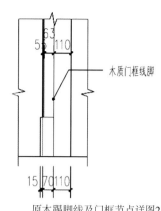

原木踢脚线及门框节点示意　　　　原木踢脚线及门框节点详图1　　　　原木踢脚线及门框节点详图2 **5**

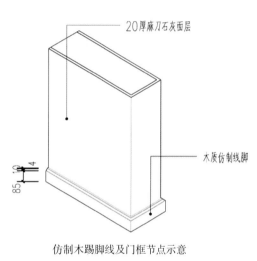
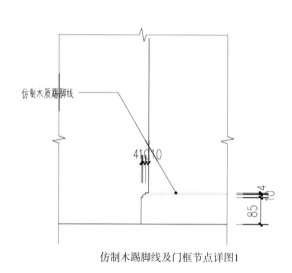

仿制木踢脚线及门框节点示意　　　　　　仿制木踢脚线及门框节点详图1　　　　**6**

图注　　**1**　内部构造系统图
　　　　2　原砖砌内墙照片、示意及详图（来源：周琦建筑工作室，陈易骞绘制）
　　　　3　原灰板条木隔墙照片、示意及详图（来源：周琦建筑工作室，陈易骞绘制）
　　　　4　新砌砖墙照片、示意及详图（来源：周琦建筑工作室，陈易骞绘制）
　　　　5　原状木踢脚线照片、示意及详图（来源：周琦建筑工作室，陈易骞绘制）
　　　　6　仿制木踢脚线照片、示意及详图（来源：周琦建筑工作室，陈易骞绘制）

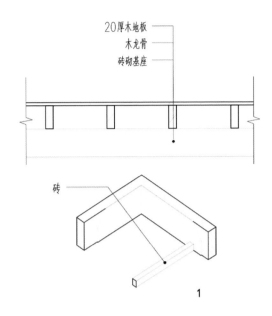

20厚木地板
木龙骨
砖砌基座

砖

1

木龙骨

2

木地板

3

砖
木地板
木龙骨

4

用于功能空间的分隔，所以采用了灰板条木隔墙的方式。灰板条隔墙又称板条抹灰隔墙，是骨架隔墙的一种类型。灰板条隔墙由木质上槛、下槛、木龙骨等构件组成木骨架。灰板条层外侧抹麻刀石灰。

（三）木质踢脚与门框

踢脚与门框皆为木质，并刷油漆以防腐放水。这种交接处的线脚构造，一方面可以保证转角处的清洁，一方面可以防潮，同时又保证了美观。

修缮做法：

1. 按照历史技术做法

此种做法适用于文物等级较高，历史重要性较高的历史建筑。甄别更换损坏构件，完全按照原有构件之尺寸、工艺及材料重新制作，最后进行白蚂蚁防蛀处理。

2. 新做内隔墙技术做法

此种技术做法适用于文物等级较低，历史重要性不高的历史建筑。采用 240mm 厚的砖墙。

3. 木质踢脚与门框

内墙与地面（楼面）交接处的踢脚，其做法为仿制木踢脚，并刷红色油漆，与木地面（木楼面）相统一。

二、楼地面

（一）地面

南京近代砖木小住宅体系的建筑中，其地面做法，主要分为有架空防潮层和无架空防潮层两种做法。如果地面做法是以木材构造为主，那么便普遍设有架空防潮层。架空防潮层主要是为了保证木材本身的干燥以防止木材腐烂。架空防潮层主要做法是：

（1）最下层为砖砌体；

（2）在其之上铺设木龙骨；

（3）木龙骨之上铺设木板材。

修缮做法：

1. 按照历史技术做法

此种做法适用于文物等级较高，历史重要性较高的历史建筑。甄别更换损坏构件，完全按照原有构件之尺寸、工艺及材料重新制作，最后进行白蚂蚁防蛀处理。

2. 新做木地面技术做法

此种技术做法适用于文物等级较低，历史重要性不高的历史建筑。采用 240mm 厚的砖墙。原有砖砌防潮层地面因损毁腐蚀太过严重，所以被全部拆除，地面依然保留为木地面，木材为原材料。修缮做法中，木地面重新进行防水处理、防潮处理以及保温处理，其做法如下：

7

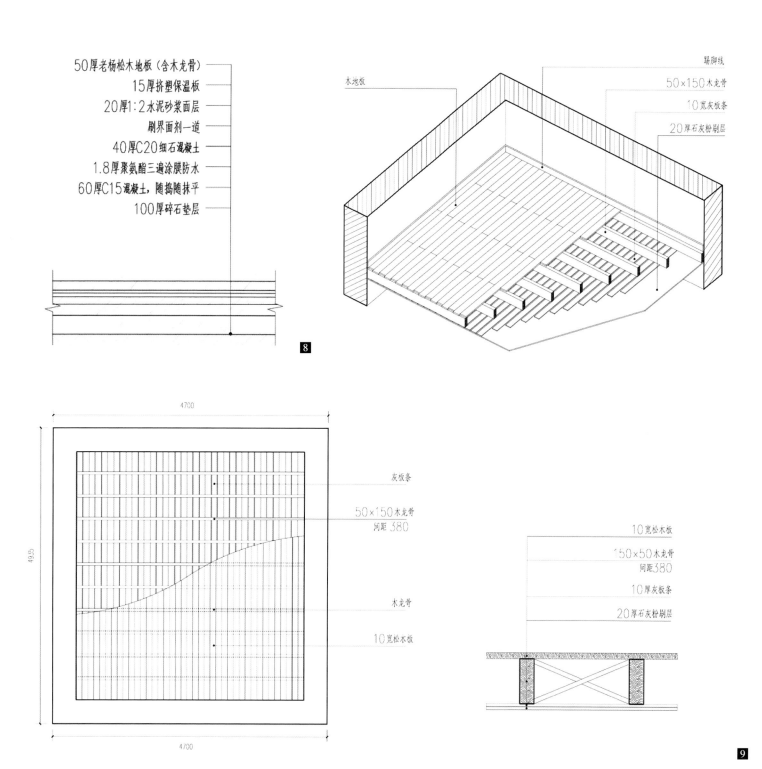

50厚老杨松木地板（含木龙骨）
15厚挤塑保温板
20厚1:2水泥砂浆面层
刷界面剂一道
40厚C20细石混凝土
1.8厚聚氨酯三遍涂膜防水
60厚C15混凝土，随捣随抹平
100厚碎石垫层

8

木地板

踢脚线
50×150木龙骨
10宽灰板条
20厚石灰粉刷层

4700

49.55

灰板条

50×150木龙骨
间距580

木龙骨

10宽松木板

4700

10宽松木板
150×50木龙骨
间距580
10厚灰板条
20厚石灰粉刷层

9

图注　**7**　砖砌架空木地面详图及示意（来源：周琦建筑工作室，陈易骞绘制）

　　　　8　修缮木地面做法详图（来源：周琦建筑工作室，陈易骞绘制）

　　　　9　木地面平面、详图及示意图（来源：周琦建筑工作室，陈易骞绘制）

（1）100厚碎石垫层；

（2）60厚C15混凝土随捣随抹平；

（3）1.8厚聚安酯三百涂膜防水；

（4）40厚C20细石混凝土；刷界面剂一道；

（5）20号1：2水泥砂浆面层；

（6）15厚挤塑保温板；

（7）50厚老杨松木地板（含木龙骨）。

（二）楼面

南京近代砖木小住宅体系的建筑中，其楼面普遍为木楼面，是由木龙骨与木板材组合而成的。木楼板层从上而下可以分为面层、结构层、附加层以及顶棚层。这种技术做法构造较为简单、自重较轻、保温性能较好，普遍用于南京近代时期的砖木小住宅中。面层的具体技术做法为：

（1）木龙骨砌入墙体，墙体上铺设木板材；

（2）木板材的厚度普遍为10～20mm，木板材的宽度普遍为85mm，长度不一；

（3）木板材之间相互咬合拼接。

楼板的现状问题和地板相似：木楼面由于长期使用而磨损，一般存在面层破损、开裂的问题。同时，因为木材的特性，普遍存在木材腐朽损毁的现象。

修缮做法：木楼面的木板材使用原拆除的木板材，在使用前需对其进行防变形处理、防潮处理、防腐处理、防水处理以及防白蚁处理。木饰面需进行打磨，最后再刷上红色油漆。木板材的拼接也严格采用历史做法。同时，需要甄别损毁腐蚀严重的木板材，用新的木板材替换。新木板材采用原有尺寸、原有工艺以及原有材料。具体做法参"楼板加固"。

1 铺设木龙骨砌筑墙体

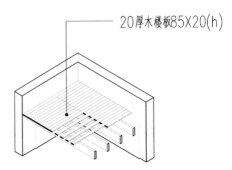

2 木龙骨上铺设木楼板

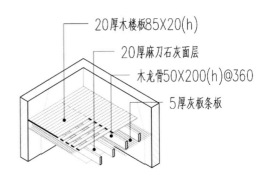

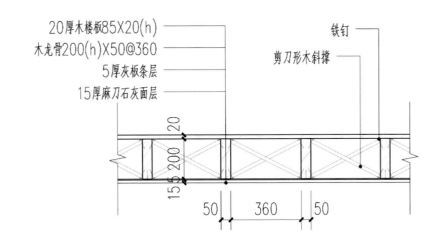

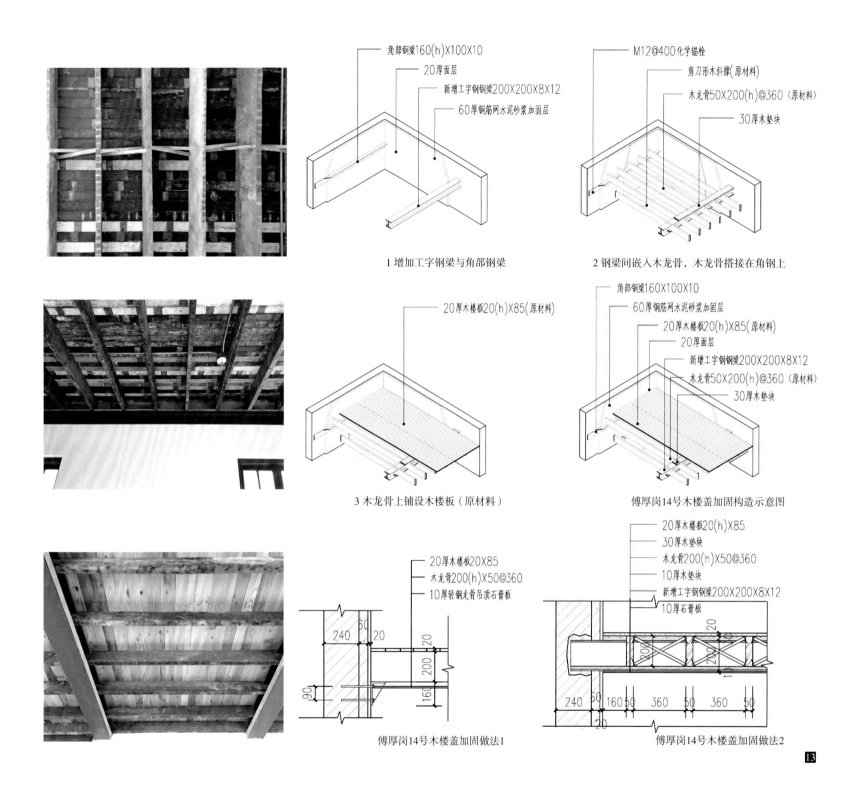

角部钢梁160(h)X100X10
20厚面层
新增工字钢钢梁200X200X8X12
60厚钢筋网水泥砂浆加固层

1 增加工字钢梁与角部钢梁

M12@400化学锚栓
剪刀形木斜撑（原材料）
木龙骨50X200(h)@360（原材料）
30厚木垫块

2 钢梁间嵌入木龙骨，木龙骨搭接在角钢上

20厚木楼板20(h)X85(原材料)

3 木龙骨上铺设木楼板（原材料）

角部钢梁160(h)X100X10
60厚钢筋网水泥砂浆加固层
20厚木楼板20(h)X85(原材料)
20厚面层
新增工字钢钢梁200X200X8X12
木龙骨50X200(h)@360（原材料）
30厚木垫块

傅厚岗14号木楼盖加固构造示意图

20厚木楼板20X85
木龙骨200(h)X50@360
10厚轻钢龙骨吊顶石膏板

240 60 20
200 20
90 160

傅厚岗14号木楼盖加固做法1

20厚木楼板20(h)X85
30厚木垫块
木龙骨200(h)X50@360
10厚木垫块
新增工字钢钢梁200X200X8X12
10厚石膏板

240 50 160 50 360 50 360 50
20

傅厚岗14号木楼盖加固做法2

图注　⑩ 傅厚岗14号木楼盖照片（来源：周琦建筑工作室，陈易骞拍摄）
　　　⑪ 傅厚岗14号木楼盖构造示意图（来源：周琦建筑工作室，陈易骞绘制）
　　　⑫ 傅厚岗14号木楼盖构造做法详图（来源：周琦建筑工作室，陈易骞绘制）
　　　⑬ 傅厚岗14号木楼盖修缮加固照片、示意图及构造做法详图（来源：周琦建筑工作室，陈易骞绘制）

三、天花

南京近代砖木小住宅的建筑中，其天花做法主要分为两种——灰板条麻刀石灰天花以及木板天花。灰板条麻刀石灰天花的技术做法使用最为普遍，此种天花用于建筑楼板之下以及屋架之下。这种做法直接将灰板条密集地钉入屋架及楼板之下，并刷以麻刀石灰。木板天花的技术做法使用的不太普遍。这种做法直接将木板钉入屋架及楼板之下，并刷上油漆。这两种天花的技术做法中，一般都没有其他装饰，朴素典雅。

（一）灰板条麻刀石灰天花

楼板顶棚层天花的做法如下：

（1）楼板木龙骨下钉入灰板条；

（2）灰板条厚度为5mm，宽度普遍为30～40mm，灰板条间距普遍为6～10mm；

（3）灰板条下刷20mm厚麻刀石灰，麻刀石灰由面层石灰砂浆打底，再用麻刀石灰抹面。

屋架下天花做法如下：

（1）木屋架梁之间钉入木龙骨；

（2）木龙骨截面尺寸为60mm×60mm，木龙骨之间间距为350～400mm；

（3）木龙骨下钉入灰板条；

（4）其做法与楼板顶棚层一致。

（二）木板天花

构造做法如下：

（1）楼板木龙骨下钉入木板；

（2）木板厚度为15mm，宽度为155mm；

（3）木板下刷白色油漆。

修缮做法：

普遍采用新式天花做法，如轻钢龙骨石膏板吊顶。轻钢龙骨石膏板吊顶制作时，可以利用原有结构板中预埋的钢丝，悬挂吊杆，并通过承载龙骨固定纸面石膏板。也有些直接将主龙骨固定于建筑砖墙外的加固板墙上，在主龙骨下面钉接纸面石膏板，最后把嵌缝膏填入石膏板之间的缝隙，压抹严实。

在修缮时，将原有损坏吊顶敲除过后，用现代工艺安装轻钢龙骨石膏板吊顶和木龙骨木板吊顶。应注意尽量不能改变原有室内层高。

图注　**14**　傅厚岗10号木楼盖天花构造示意图及详图（来源：周琦建筑工作室，陈易骞绘制）

　　　　15　傅厚岗14号木屋架天花构造示意图及详图（来源：周琦建筑工作室，陈易骞绘制）

　　　　16　百子亭7号木楼盖天花构造示意图及详图（来源：周琦建筑工作室，陈易骞绘制）

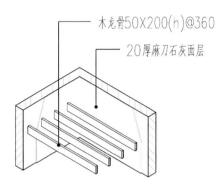

1 铺设木龙骨砌筑墙体

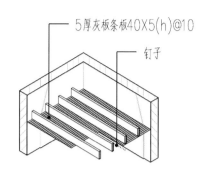

2 木龙骨下钉入灰板条

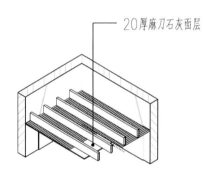

3 灰板条下刷麻刀石灰

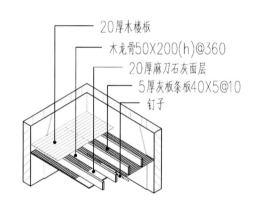

傅厚岗10号木楼盖构造示意图

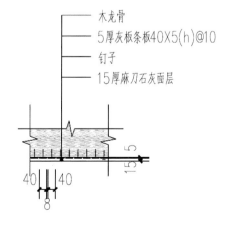

傅厚岗10号木楼盖天花构造详图1

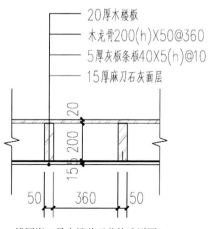

傅厚岗10号木楼盖天花构造详图2

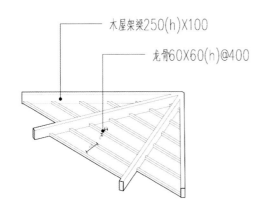

1 木屋架梁之间钉入木龙骨

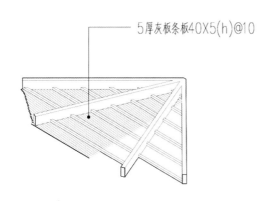

2 木龙骨下钉入灰板条

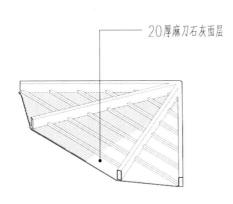

3 灰板条下刷麻刀石灰

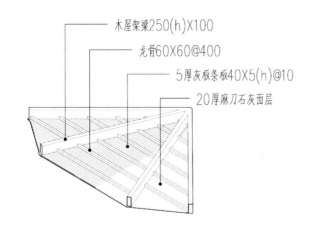

傅厚岗14号木屋架天花构造示意图

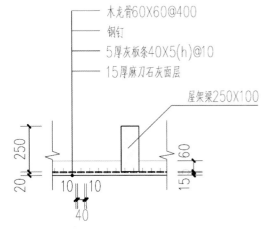

傅厚岗14号屋架天花构造详图1

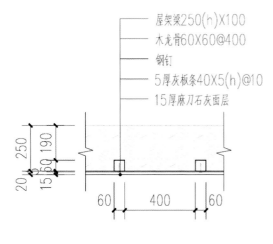

傅厚岗14号屋架天花构造详图2

15

106

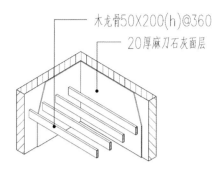

1 铺设木龙骨砌筑墙体

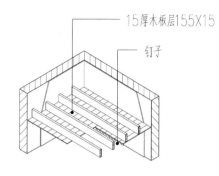

2 木龙骨下钉入木板

3 木板下刷白色面漆

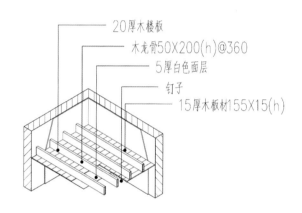

百子亭7号木楼盖构造示意图

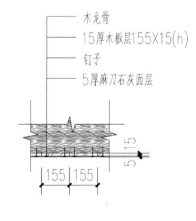

百子亭7号木楼盖天花构造详图1

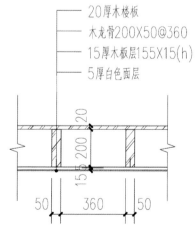

百子亭7号木楼盖天花构造详图2

107

16

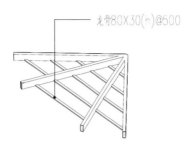

1 木屋架梁之间钉入木龙骨

2 木龙骨下钉入木板

3 木板下刷白色面漆

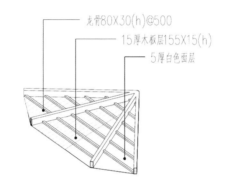

百子亭7号木屋架天花构造示意图

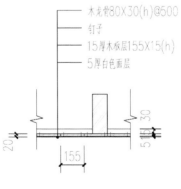

百子亭7号木屋架天花构造详图1

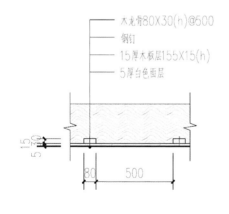

百子亭7号木屋架天花构造详图2

图注　<u>17</u>　百子亭 7 号木屋架天花构造示意图、详图及照片（来源：周琦建筑工作室，陈易骞绘制）

　　　　<u>18</u>　楼梯各部位构造详图（来源：周琦建筑工作室，陈易骞绘制）

四、楼梯

木楼梯：

南京近代砖木小住宅中使用木材为主要材料的楼梯，以西洋样式为主。采用木材为主体材料，木平台梁固定于墙体中，固定斜梁，铺设踏步，安装立柱和栏杆扶手。其做法如下：

（1）结构使用的是木斜梁，两侧木斜梁搭接在楼板同室内地面上，荷载由斜梁传递至地面；

（2）按照踏步高与踏步宽，连续的三角形木垫块布于斜梁上；

（3）三角形垫块上布踏步木板，荷载由木板传递至三角形垫块，再由三角形垫块传递至木斜梁，最终传递至地面；

（4）楼梯踏步下钉入灰板条，并刷麻刀石灰层，其做法与麻刀石灰天花一致。

修缮做法：

对楼梯的承重结构进行鉴定，尽量维持其原有承重体系，更换腐朽构件，必要时进行适当的加固，其余装饰构件尽量保持原有形态，包括扶手、踏步、立柱等。当破损严重时，按照原有式样、花纹、图案、材质、大小进行替换。在公共建筑中，对防火疏散有严格要求时，可以考虑使用钢木结构加以木饰面的方式修复替换。

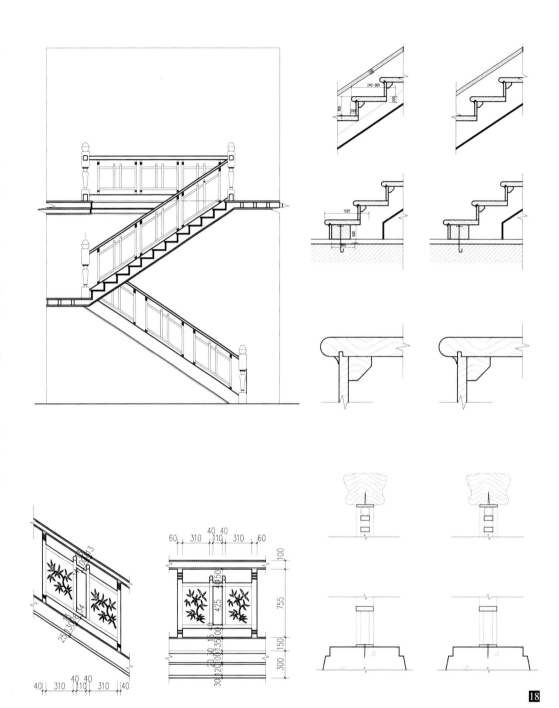

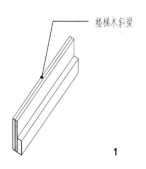

楼梯木斜梁

1

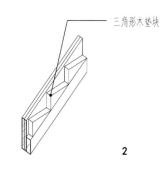

三角形木垫块

2

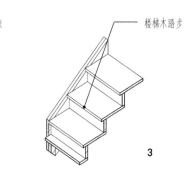

楼梯木踏步

3

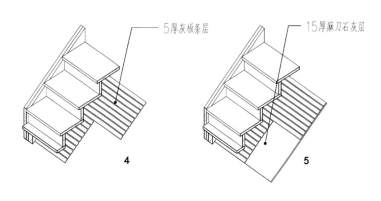

5厚灰板条层

4

15厚麻刀石灰层

5

木质踢脚线

6

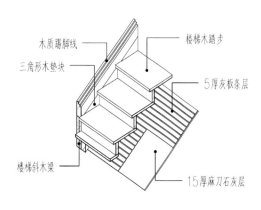

木质踢脚线　　　楼梯木踏步

三角形木垫块

5厚灰板条层

楼梯斜木梁

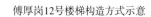

15厚麻刀石灰层

傅厚岗12号楼梯构造方式示意

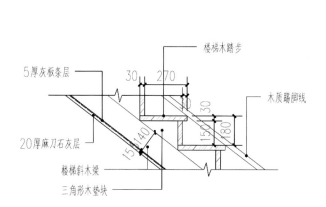

楼梯木踏步

5厚灰板条层　30　270

木质踢脚线

20厚麻刀石灰层

楼梯斜木梁

三角形木垫块

傅厚岗12号楼梯构造详图　**19**

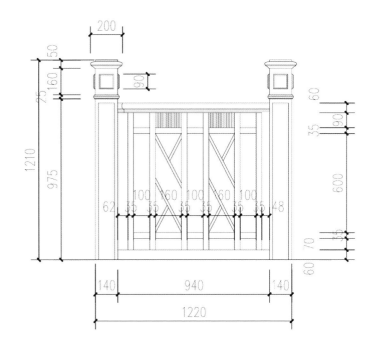

傅厚岗14号楼梯栏杆详图

傅厚岗12号楼梯望柱1详图

傅厚岗12号楼梯望柱2详图

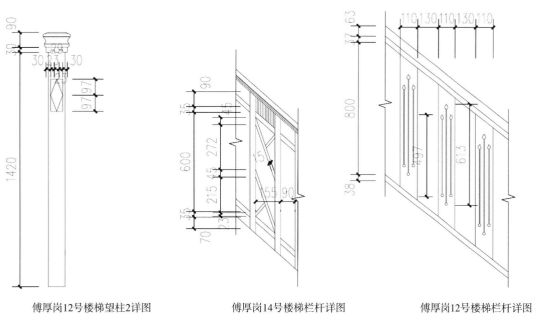

傅厚岗14号楼梯栏杆详图

傅厚岗12号楼梯栏杆详图

附表 内部构造体系现状描述及保护修缮总表

部位	原状	历史修缮		现状破损				现状评价			保护内容		修缮技术及做法	
楼地面	木地面	无修缮	历次修缮记录	木构件腐坏	油漆面层脱落		其他	完好	一般损坏	严重损坏	构造工艺	外观	等级较高：更换损坏构件，原尺寸、原工艺、相同材料重新制作	等级较低：重做木地面，并进行防水、防潮及保温处理
	木楼板	无修缮	历次修缮记录	木构件腐坏	油漆面层脱落		其他	完好	一般损坏	严重损坏	构造工艺	外观	等级较高：更换损坏构件，原尺寸、原工艺、相同材料重新制作	等级较低：新增钢梁加固；改为现浇钢筋混凝土楼板
	水磨石楼地面	无修缮	历次修缮记录	破损	开裂		其他	完好	一般损坏	严重损坏	构造工艺及外观		破损较大：重浇混凝土，使用水磨石硬化地坪	破损较小：裂缝修补打磨
	地砖楼地面	无修缮	历次修缮记录	碎裂	脱壳		其他	完好	一般损坏	严重损坏	构造工艺及外观		破损较大：相同材质、规格、色彩、纹样材料替换	破损较小：环氧砂浆嵌补
内墙	灰板条墙体	无修缮	历次修缮记录	龙骨腐坏	面层脱落	倾斜	其他	完好	一般损坏	严重损坏	构造工艺	外观	等级较高：更换损坏构件，原尺寸、原工艺、相同材料重新制作	等级较低：钢/木龙骨石膏板
	砖墙	无修缮	历次修缮记录	倾斜	粉化		其他	完好	一般损坏	严重损坏	构造工艺	外观	等级较高：更换损坏构件，原尺寸、原工艺、相同材料重新制作	等级较低：新砌砖墙
	白石灰饰面	无修缮	历次修缮记录	空鼓	脱落	裂缝	其他	完好	一般损坏	严重损坏	构造工艺	外观	等级较高：原工艺、相同材料重新制作	等级较低：水泥石灰砂浆饰面或石膏饰面
	木饰面	无修缮	历次修缮记录	龙骨腐坏	面板腐坏		其他	完好	一般损坏	严重损坏	构造工艺	外观	等级较高：原尺寸、原工艺、相同材料重新制作	等级较低：龙骨：钢/木龙骨饰面板：与原木材外观相近
	瓷（陶）砖、石材饰面	无修缮	历次修缮记录	空鼓	面砖破损		其他	完好	一般损坏	严重损坏	构造工艺	外观	面砖损坏：原尺寸、原工艺、相同材料重新制作	空鼓修补：环氧树脂浆/其他胶浆粘结
	水磨石饰面	无修缮	历次修缮记录	脱落	开裂		其他	完好	一般损坏	严重损坏	构造工艺	外观	破损较大：原尺寸、原工艺、相同材料重新制作	破损较小：云石胶填补

部位	原状	历史修缮		现状破损			现状评价			保护内容		修缮技术及做法	
天花	板底油漆、抹灰	无修缮	历次修缮记录	基层老化	涂饰层脱落	其他	完好	一般损坏	严重损坏	构造工艺及外观		破损较大：铲除后用原尺寸、原工艺、相同材料重新制作	破损较小：局部修补
	石膏粉刷	无修缮	历次修缮记录	面层老化、脱落		其他	完好	一般损坏	严重损坏	构造工艺	外观	等级较高：原工艺、相同材料重新制作	等级较低：预制石膏制品装配粘贴
	木质/石膏板吊顶	无修缮	历次修缮记录	龙骨锈蚀腐坏	面层老化	其他	完好	一般损坏	严重损坏	构造工艺	外观	原尺寸、原工艺、相同材料重新制作，保留原有层高	
	灰板条麻刀石灰天花	无修缮	历次修缮记录	木构件腐朽	面层脱落	其他	完好	一般损坏	严重损坏	构造工艺	外观	等级较高：原尺寸、原工艺、相同材料重新制作	等级较低：钢/木龙骨加纸面石膏板
楼梯	钢筋混凝土楼梯	无修缮	历次修缮记录	踏面损坏	栏杆/栏板损坏	其他	完好	一般损坏	严重损坏	构造工艺	外观	破损较大：拆除后重新浇筑	破损较小：原材料、原式样局部修补
	木楼梯	无修缮	历次修缮记录	木构件腐朽	漆面老化脱落	其他	完好	一般损坏	严重损坏	构造工艺	外观	等级较高：更换腐朽构件，原尺寸、原工艺、相同材料重新制作	等级较低：钢木结构加饰面板替换

第五章

外部构造体系保护修缮

第一节　钢筋混凝土体系外部构造

一、分类

外部构造系统指建筑中参与外部围护作用的各构造要素总和。外部构造不仅是建筑结构的重要组成部分，也直接呈现建筑的外观，形成建筑风格，并影响城市环境。

外部构造体系按照各个组成要素可以分为以下三类：外墙、外门窗、屋顶。

其中，外墙包括外墙构造和外墙面装饰。外墙一般采用砖砌筑，并且往往作为结构承重构件。外墙面装饰附着于外墙之上，有多种装饰方式，是传递、延续建筑的历史信息和艺术价值、科学价值的重要载体。重要的南京近现代建筑外墙面按材料和施工工艺可分为如下几类：

（1）抹灰外墙。常见的南京近现代建筑外墙抹灰方式有一般抹灰和拉毛抹灰。

（2）饰面砖（石板）外墙。常见的饰面材料为泰山面砖、瓷砖、大理石板、青石板和花岗石板。

（3）清水砖墙。包括红砖墙面和青砖墙面。

（4）石碴装饰。南京市外墙常见的装饰有水刷石饰面、斩假石饰面、干粘石饰面。

外门窗也是近现代建筑保护的重要部位之一，按照材料和施工工艺，外门窗可以分为木门窗和钢门窗两类。

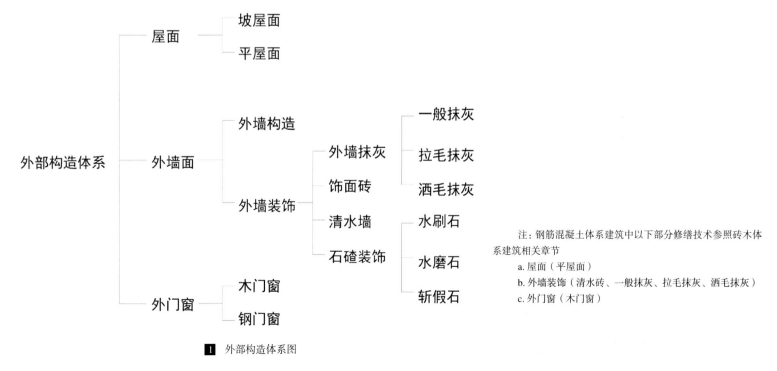

注：钢筋混凝土体系建筑中以下部分修缮技术参照砖木体系建筑相关章节

a. 屋面（平屋面）

b. 外墙装饰（清水砖、一般抹灰、拉毛抹灰、洒毛抹灰）

c. 外门窗（木门窗）

1 外部构造体系图

屋顶因为涉及防水保温等问题，构造也较为复杂。同时作为第五立面，对建筑的造型产生重要影响。常见屋顶按照形式和施工工艺可以分为坡屋顶和平屋顶两类。

从形式风格的角度看，南京近代钢筋混凝土体系建筑的外部构造分为西方古典风格、传统复兴风格、新民族风格、现代风格等四类。

（一）西方传统风格

该类建筑采用从西方引进的建筑形式，以西方古典柱式为形式构图。主要用于商业建筑如银行、商场和一些官邸、使领馆等。该类建筑形式上多为西洋古典式建筑，多呈现古希腊、罗马风格，文艺复兴风格，折中主义风格等。此外，也有建筑采用英国维多利亚风格和美国草原式风格（殖民地风格），如大量小住宅。结构上，其绝大部分采用了钢筋混凝土结构体系、砖混体系以及少量砖承重结构体系。

典型案例有中山东路一号、下关大马路邮局、圣保罗基督教堂、灵隐路 26 号、江苏省咨议局、梅园新村中共代表团办公原址。

修缮要点：一是结构体系的保护。西洋古典式建筑所采用的钢筋混凝土结构绝大多数已经超过使用寿命，存在很严重的结构安全问题。其本身的加固和置换难度系数较大。二是装饰体系的保护。水泥砂浆做成的装饰如山花、柱头等细节由于材料本身出现退化、开裂、风化等问题，其保护也非常特别。

（二）传统复兴风格

传统复兴式建筑是对"中国固有之形式"的探索。这类建筑内部具有现代功能，但其外观呈晚清大屋顶形式，主要用于官方行政建筑。

该类建筑多为钢筋混凝土结构体系。因混凝土材料的塑性性能，故能模仿出中国传统建筑的特点，如：屋顶、柱、各装饰构架等。同时，建筑造型和立面设计等均符合清式营造则例的做法要求。

典型案例包括南京励志社（大礼堂、一号楼、三号楼）、南京中央博物院、中国国民党党史史料陈列馆等。

修缮要点：一是结构体系的保护。近现代钢筋混凝土结构至今经过近百年时间，绝大多数已经超过使用寿命，老化而不能承重，存在很严重的结构安全问题。虽然模仿了中国传统式建筑，但因其并非木结构，而是钢筋混凝土结构，其材料本身不可逆，所以对其保护修缮会比较困难。二是装饰体系的保护。由现代材料和构造工艺施工而成的装饰体系如石制栏杆、屋脊等构件经过近百年也处于极度破损的状态。

（三）新民族风格

20 世纪 30 年代后期，中国一批勇于探索的建筑师如童寯、杨廷宝，不满足于中国传统和西洋古典式样，而探索出的新的建筑形式。其广泛适用于政府行政建筑、商业建筑、公馆类建筑甚至工业建筑。

该类建筑采用新技术、新结构、新的式样，同时又体现传统中国建筑特点，如比例、尺度和装饰等。具有典型的符号性和象征性。结构上，这类建筑多采用现代钢筋混凝土结构，实现大跨度空间如会议厅等，并在其内部置入现代功能。

典型案例包括原南京国民政府外交部大楼、中山东路 305 号原中央医院、原南京新街口国货银行旧址、南京原国立美术馆旧址、总统府子超楼等。

修缮要点：一是结构体系的保护。同样，新民族形式建筑所采用的钢筋混凝土结构绝大多数已经超过使用寿命，存在很严重的结构安全问题。其本身的加固和置换难度系数较大。二是装饰体系的保护。新民族形式建筑的装饰由于采用了水泥砂浆的材料，同样也存在风化、开裂等问题。三是构造工艺的保护。原有建筑细部装饰精美构造现今的技术材料和工匠工艺水平已经很难达到完整的建筑体系的修复。

（四）现代风格

20 世纪 30 年代后期以及 40 年代，西方现代建筑思潮进入中国，带来了西方现代建筑简洁、少装饰、追求体量感等形式风格。然而，对于南京而言，现代思潮仍然处于起步和保守的阶段，因此建筑体量趋于对称，体现庄重的艺术特点。

该类建筑缺乏装饰体系，墙面强调平整性和模数化。在结构上，多采用钢筋混凝土体系，但有些建筑也采用砖木体系。建筑立面因大面积开窗而通透，窗户以钢窗为主，内部空间开敞，整齐。

典型案例包括和记洋行建筑群、孙科住宅、美军顾问团旧址、杨廷宝故居、南京招商局旧址等。

修缮要点：一是结构体系的保护。由于大部分这种风格的建筑为钢筋混凝土体系，超过了使用年限，因此需要必要的加固措施。二是墙面装饰的保护。尽量用原材料、原工艺进行修缮。三是屋面的保护。由于原建筑屋面防水保温性能差，在修缮时应在不影响外观效果的前提下对其进行保护。

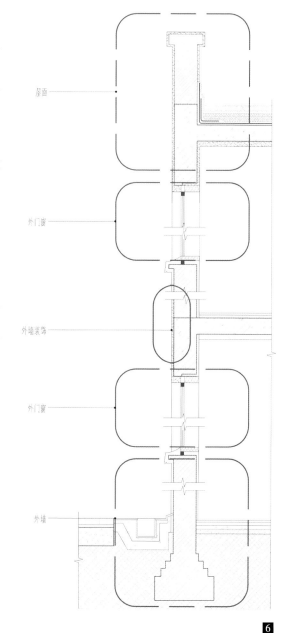

图注　**1** 外部构造体系图
　　　 2 江苏咨议局旧址（来源：周琦建筑工作室，金海拍摄）
　　　 3 中央博物院旧址（来源：周琦建筑工作室，吴明友拍摄）
　　　 4 国立美术馆旧址（来源：周琦建筑工作室，吴明友拍摄）
　　　 5 招商局旧址（来源：周琦建筑工作室，韩艺宽拍摄）
　　　 6 子超楼外墙大样（来源：周琦建筑工作室，吴明友绘制）

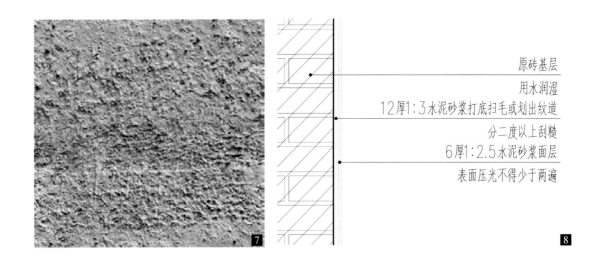

原砖基层
用水润湿
12厚1:3水泥砂浆打底扫毛或划出纹道
分二度以上刮糙
6厚1:2.5水泥砂浆面层
表面压光不得少于两遍

二、外墙

建筑中能够围护建筑物,使之形成室内、室外的分界构件称为外墙。外墙的组成部分叫外墙构造。它的功能有:承担一定荷载、遮挡风雨、保温隔热、防止噪声、防火安全等。

南京市近现代建筑外墙通常以砖砌体为主,厚度为20～40cm。砖墙既起到承重作用又具有保温隔热作用。砌体砂浆标号一般不高,经过近百年时间,砂浆粘结性大大降低,因此墙体横向抗侧推力能力较弱。

总体而言,墙体保存状况较为良好,除了某些建筑地基下陷,导致外墙受损之外,大部分建筑外墙仍然能够承担竖向荷载。

修缮方式:对于清水砖墙的墙体,在修缮时,外观保持原样,剔除原有砖墙砂浆灰缝,剔除深度为2～5cm,再用高强砂浆重新进行勾缝。

外墙内墙面在修缮时,通常采用高强度的冷拔钢丝6～8mm,在内侧布置,并浇筑混凝土作为加固方法。施工时,钢丝网应深入砖墙墙体内部,保证钢丝网与砖墙连接牢固,共同作用形成受力整体。

另外一种内墙修缮的方式是在内侧增加构造柱和圈梁,使原砖墙面的竖向和横向荷载传递到构造柱和圈梁上。

对于保护等级比较低的建筑,外墙修缮可以采用一次性干预的原则,进行重新砌筑,内部暗藏钢筋混凝土构造柱和圈梁。

对于保护等级非常高的建筑,外墙修缮时可以采用钢结构支撑的方式,不触动原有结构,用钢结构梁柱来加强外墙整体结构性能。

（一）一般抹灰

一般抹灰是指在墙面上抹水泥砂浆、混合砂浆、白灰砂浆的面层工程。

施工工艺:

1. 准备工作

做灰饼:外墙灰饼做两遍,第一遍灰饼与刮糙面平,厚度以最薄处不小于7mm为准。凸窗台及侧板灰饼同时跟上。待主体验收后开始在混凝土梁、柱表面涂刷一层混凝土界面剂。外墙螺杆孔必须用建筑油膏堵塞,外用水泥砂浆封闭。

2. 抹底灰

抹灰前将砖墙及混凝土表面砂浆铲掉,并隔夜浇水,浇水时将砖墙及混凝土表面灰尘冲干净,浇透为止。

因刮底糙时局部厚度超过20mm,必须分层成活,第一次刮糙厚度宜控制在20mm以内且要用力撖紧,以防底糙脱脚,第二次待头糙完成的隔天进行。

底糙与第一遍灰饼用木蟹抹平。

3. 底糙完成后做第二遍灰饼

厚度控制在6～8mm。必须外墙弹好装窗垂直、水平线,分格条线及墙面留孔垂直线,首先安装外墙上的空调孔、排烟孔和热水器

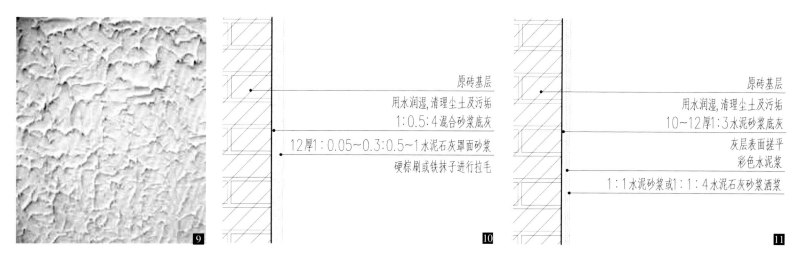

孔等（外低内高 10mm），空隙用细石混凝土或水泥砂浆填嵌密实，同时安装窗框，安装立面图位置粘贴分格条（20mm 分格条），粉外墙阳角护角及窗台、窗套、凸窗侧板（侧板总厚度控制在 15mm）、外墙线脚，节点如附图。门窗框与粉刷面必须留出凹槽（3mm 深，5mm 宽），凹槽必须留在正面。

4. 抹中层砂浆

抹灰之前检查底糙有无脱脚开裂，脱脚开裂部位要切开重粉，并要浇水湿润。面层灰与外墙分格条平，表面用木蟹打毛并上下拉出纹路。

5. 表面细拉毛

用水筛出细砂，砂浆中掺入适量胶水，用海绵拉细毛，拉毛要求均匀、顺直。特别是每层钢管排架的接槎部位要拉毛纹路跟过去。

现状问题：墙面容易出现粘接不牢、空鼓、裂缝等现象。

修缮方式：抹灰墙面，应根据起壳、裂缝、风化、剥落等损坏原因和损坏程度，进行修缮，并满足如下要求：

（1）修缮前，应对墙面所用材料、构造、工艺特点进行调查，有特殊装饰效果的，应测绘、录像和文字记录，建立工艺档案。

（2）当基层起壳面积在 0.1m² 以内且无裂缝、基层强度较好时，可采用环氧树脂灌浆，加不锈钢螺栓锚固；当基层砂浆酥松，或起壳面积大于 0.1m²，或起壳同时有裂缝时，应凿除重做。

（3）当面层起壳，面积大于 0.1m² 时，应凿除从做。面层裂缝宽度在 0.3mm 以下且无起壳现象时，可进行嵌缝处理。

（4）当面层酥松、剥落，但基层强度和整体性较好时，可凿除面层进行局部修补。

（5）墙面材料的配合比应试配，面层抹灰应试样，达到设计效果后再全面施工。所用水泥砂浆，宜用标号不低于 325 硅酸盐水泥。

（6）墙面局部修补，应平整、紧密，分界面方正平直，接缝宜设在墙面的引线、阴角、线脚凹口处。

（7）有装饰效果的饰面修缮应满足如下要求：所用材料基本参数，粒径、质感、色泽应与原墙面基本一致；基层应平整，粘结牢固，接缝紧密；面层的施工工艺及纹样，应与原墙面一致。

（8）施工时，应做好灰尘、废水、废气的收集处理，防止污染环境。

图注　**7**　一般抹灰外墙（来源：周琦建筑工作室，吴明友拍摄）

　　　　8　一般抹灰外墙修缮大样（来源：周琦建筑工作室，吴明友绘制）

　　　　9　拉毛灰外墙（来源：周琦建筑工作室，吴明友拍摄）

　　　　10　拉毛灰外墙修缮大样（来源：周琦建筑工作室，吴明友绘制）

　　　　11　洒毛灰外墙修缮大样（来源：周琦建筑工作室，吴明友绘制）

（二）拉毛灰、洒毛灰

拉毛灰是指在墙面抹灰面层上拉成无数的毛头的面层工程。洒毛灰是指在墙面抹灰面层上洒成云朵状毛头的面层工程。相比于一般抹灰墙面，拉毛灰工艺和洒毛灰工艺使得墙面更具质感，也更具装饰性。一般也运用于小住宅。

拉毛灰施工工艺：

（1）抹底层灰一般采用1∶3水泥砂浆。砂浆稠度为8～11cm。墙面洒水湿润后，即可抹底层灰，底层灰厚度控制在10～13mm。灰层表面要搓平。

（2）抹面层灰的配合比依毛头大小而定，细毛头用1∶0.25～0.3水泥石灰浆；中毛头用1∶0.1～0.2水泥石灰浆；粗毛头用1∶0.05水泥石灰浆。面层灰中应适量掺入细砂或细纸筋，以免开裂。待底层灰有6～7成干时，即可抹面层灰，紧跟着就进行拉毛。拉细毛头时，用麻绳缠绕的刷子，对着灰面一点一拉，靠灰浆的塑性及吸力顺势拉出一个个细毛头。拉中毛头时，用硬棕毛刷，对着灰面一按一拉，顺势拉出一个个中毛头。拉粗毛头时，用铁抹按在灰面上，待铁抹有粘附吸力时，顺势拉起铁抹，即可拉成一个个粗毛头。拉毛灰完成后，及时取出分格条，在缝内抹水泥砂浆及上色。一天后浇水养护。

洒毛灰施工工艺：

（1）抹底层灰，和拉毛灰相似。墙面洒水湿润后，用1∶3水泥砂浆作为底层灰，底层灰厚度控制在10～12mm。灰层表面应搓平。

（2）粉刷色浆，底层灰干后，洒水湿润，刷彩色水泥浆一遍，颜色由设计而定。

（3）洒毛潦刷水泥色浆后，随即用竹丝刷浸在1∶1水泥砂浆内，使砂浆粘附在刷子上，然后提起刷子向墙面上洒浆，洒成云朵状毛头，再甩铁抹轻轻压平，洒时云朵毛头必须大小相称，纵横相间，既不能杂乱无章，也不能排列得很整齐。云朵毛头不宜洒满，部分间隙露出底色，使云朵颜色与底色相互衬托。洒灰所用水泥砂浆要掌握好稠度，以能粘附在刷子上，洒在墙面上不流淌度为宜，砂宜用细砂。

现状问题：同一般抹灰相似，拉毛灰和洒毛灰墙面容易出现裂缝和空鼓等现象。

修缮方式：

（1）拉毛灰：将底层用水湿润，抹上1∶（0.05～0.3）∶（0.5～1）水泥石灰罩面砂浆，随即用硬棕刷或铁抹子进行拉毛。棕刷拉毛时，用刷蘸砂浆往墙上连续垂直拍拉，拉出毛头。铁抹子拉毛时，则不蘸砂浆，只用抹子粘结在墙面随即抽回，要做到拉的快慢一致、均匀整齐、色泽一致、不露底，在一个平面上要一次成活，避免中断留槎。

（2）洒毛灰（撒云片）：用茅草小帚蘸1∶1水泥砂浆或1∶1∶4水泥石灰砂浆，由上往下洒在润湿的底层上，撒出的云朵须错乱多变、大小相称、空隙均匀，形成大小不一而有规律的毛面。亦可在未干的底层上刷上颜色，再不均匀地撒上罩面灰，并用抹子轻轻压平，使其部分露出带色的底子灰，使撒出的云朵具有浮动感。

（三）清水砖墙

清水砖墙指外墙面在采用砖墙砌成过后，勾缝但不再做任何墙面装饰的饰面方式。砖墙有很多不同的砌筑方式，但都要求砌砖质量要高，灰浆要饱满，砖缝要规范美观。这种墙面主要用于小住宅，也有部分商业建筑、教堂等采用清水砖。如南京扬子饭店采用南京城墙砖砌筑。

施工工艺：

（1）砌筑前，先根据砖墙位置弹出墙身轴线及边线，组砌方法采用一顺一丁的砌筑方法，并应事先规划好预埋的对拉丝杆位置，不得出现事后打洞，或预留对拉丝杆太少加固不牢。

（2）砌体的水平灰缝厚度和竖向灰缝宽度宜为10mm，不应小于8mm，也不应大于12mm。

（3）摆砖。开始砌筑时先要进行摆砖，排出灰缝宽度。第一层砖摆底时，两山墙或相当于山墙位置处排丁砖，前后纵墙排条砖。摆砖时应注意门窗位置、砖垛等对灰缝的影响，若有破活，七分头或丁砖应排在窗口中间。必须使各皮砖的竖缝相互错开。另外，在排砖时还

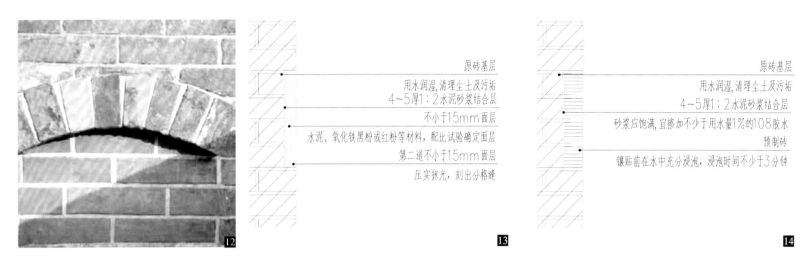

原砖基层
用水润湿,清理尘土及污垢
4～5厚1:2水泥砂浆结合层
不小于15mm面层
水泥、氧化铁黑粉或红粉等材料,配比试验确定面层
第二道不小于15mm面层
压实抹光,刻出分格缝

原砖基层
用水润湿,清理尘土及污垢
4～5厚1:2水泥砂浆结合层
砂浆应饱满,宜掺加不少于用水量1%的108胶水
预制砖
镶贴前在水中充分浸泡,浸泡时间不少于3分钟

要考虑在门窗口上边的砖墙合拢时也不出现破活。排砖必须要全盘考虑,即前后檐墙排第一皮砖时,要考虑甩窗口后砌条砖,窗上角上必须是七分头。

（4）立皮数杆。在砌墙前先要立皮数杆,皮数杆上划有砖的厚度、灰缝厚度、门窗、楼板、圈梁等构件位置。皮数杆竖立于墙角及交接处,其间距以不超过 15m 为宜。

（5）挂线。所有墙体采用双面挂线砌筑,首层或楼层的第一皮砖要查对皮数杆的标高,防止到顶砌成螺丝墙。砌砖时,水平灰缝要均匀一致、平直通顺。

（6）砌砖。宜采用一块砖、一铲灰,一挤揉的"三一"法砌砖法,即满铺满挤操作法。竖缝宜采用挤浆或加浆方法,使其砂浆饱满,严禁用水冲浆灌缝。砌砖时砖要放平,里手高,墙面就要胀;里手低,墙面就要背。砌砖一定要中线,"上跟线、下跟棱、左右相邻要对平"。

现状问题:近现代建筑清水砖墙面主要存在灰缝脱落、砖面风化的问题。

修缮方式:

（1）现制修复料修缮工艺

对于清水墙面风化较严重,应根据设计要求,选用水泥、细纸筋、氧化铁黑粉或氧化铁红粉、石灰膏、石花菜等材料,按照配比试验和是试作样板最终确定。

施工应将基层清除干净,撒水润湿后,用1:2水泥砂浆抹一层结合层,厚度应在4～5mm。面层厚度应不小于15mm,应分两层抹平压实,待面层稍干收水后即使用铁抹子压实抹光。在终凝前用钢板尺根据设计要求刻出分格缝。

（2）预制砖细镶贴修缮工艺

对于清水墙面严重损坏,应制作预制砖细镶贴修缮。

预制砖细在镶贴前应在水中充分浸泡,浸泡时间不少于 3 分钟。应用 1：2 水泥砂浆镶贴,宜掺加不少于用水量1% 的 108 胶水,砂浆应饱满,贴后应缴税养护不少于 5 天。面砖粘贴应方正,无缺棱掉角和破损等缺陷。仿古面砖的分格形成及灰缝风格,应与干摆或丝缝墙面效果相同。墙面应平整、清洁美观;仿干摆做法的砖缝应纤细;仿丝缝做法的灰缝应密实,深度均匀,宽窄一致;面砖表面不得刷浆。预制砖细的接口处理应整齐,与突出物交接处边缘应规整;转角处的接口宜"割角"相交,压向正确、美观。

图注　12　清水砖墙（来源:周琦建筑工作室,吴明友拍摄）

　　　13　现制修复料修缮大样（来源:周琦建筑工作室,吴明友绘制）

　　　14　预制砖细镶贴修缮大样（来源:周琦建筑工作室,吴明友绘制）

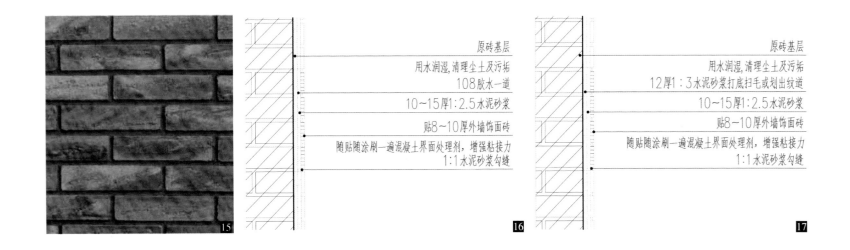

原砖基层
用水润湿,清理尘土及污垢
108胶水一道
10~15厚1:2.5水泥砂浆
贴8~10厚外墙饰面砖
随贴随涂刷一遍混凝土界面处理剂,增强粘接力
1:1水泥砂浆勾缝

原砖基层
用水润湿,清理尘土及污垢
12厚1:3水泥砂浆打底扫毛或划出纹道
10~15厚1:2.5水泥砂浆
贴8~10厚外墙饰面砖
随贴随涂刷一遍混凝土界面处理剂,增强粘接力
1:1水泥砂浆勾缝

（四）饰面砖

作为一种装饰材料，饰面砖有多种类型。按烧制的材料和工艺不同，主要有陶瓷锦砖（马赛克）、红缸砖、抛光砖、釉面砖等。因造价较为昂贵，这种外墙装饰主要适用于大型政府行政办公建筑等。

施工工艺：

（1）抹灰前，墙面必须清扫干净，浇水润湿。

（2）大墙面和四角、门窗口边弹线找规：必须由顶层到底层一次进行，弹出垂直线，并决定面砖出墙尺寸，分层设点、做灰饼。横线则以楼层为水平基线交圈控制，竖向线则以四周大角和通天垛、柱子为基准线控制。每层打底时则以灰饼作为基准点进行冲筋，使其底层灰做到横平竖直。同时要注意找好突出槽目、腰线、窗台、雨篷等饰面的流水坡度。

（3）抹底层砂浆：先把墙面浇水润湿，然后用1：3水泥砂浆刮一遍约6mm厚，紧跟着用同强度等级的砂浆与所冲的筋抹平，随即用木杠刮平，木抹子搓毛，隔天浇水养护。

（4）弹线分格：待基层灰六至七成干时，即可按图纸要求进行分段分格弹线，同时亦可进行面层贴标准点的工作，以控制面层出墙尺寸及垂直、平整。注意检查底层砂浆与基层是否有空鼓现象，如有及时用云石机切除修补。

（5）排砖：根据大样图及墙面尺寸进行横竖向排砖，以保证面砖缝隙均匀，符合设计图纸要求，注意大墙面、通天柱子和垛子要排整砖，以及在同一墙面上的横竖排列，均不得有非整砖。同时要注意一致和对称。如遇有突出的卡件，应用整砖套割吻合，不得用非整砖随意拼凑镶贴。

（6）浸砖：釉面砖和外墙面砖镶贴前，首先要将面砖清扫干净，放入净水中浸泡2小时以上，取出待表面晾干或擦干净后方可使用。

（7）镶贴面砖：在每一分段或分块内的面砖，均为自下而上镶贴，从最下一层砖下皮的位置线先稳好靠尺，以此托住第一皮面砖，在面砖外皮上口拉水平通线，作为镶贴的标准。

（8）面砖勾缝与擦缝：面砖铺贴拉缝时，用1：1水泥砂浆勾缝（根据几个工程的总结：勾缝材料可采用加粉煤灰，可以提高外墙的勾缝效果，增加对比度，但一定要控制好配比，溜缝勾子采用同缝宽的塑料板镶在木板上做成板状，保证手握舒适），先勾水平缝再勾竖缝，勾好后要凹进面砖外表面3mm。若横竖缝为干挤缝，或小于3mm时应用白水泥配颜料进行擦缝处理，面砖缝子勾完后，用棉丝蘸稀盐酸擦洗干净。溜缝完毕后应浇水养护，待勾缝材料有一定强度时（1.2MPa）要及时检查有无空鼓。分两次嵌入。第一次先抹平压实，第二次为缝太深处补平，擦洗干净。再待勾缝剂达到一定干硬度时用缝纤压实、拉光。

现状问题：

由于时间原因，现存饰面砖容易出现面砖开裂、基层脱落、面砖与结合层局部脱壳等情况。

修缮方式：

（1）面砖局部开裂损坏（基层未脱壳）的修缮

确定修缮范围。凿去损坏腐蚀的面砖和表面开裂的面砖。新旧砖缝应设在面砖的接缝处，清理基层，刷108胶水一道。按规定进行镶贴。

（2）面砖局部脱壳（面砖损坏、基层脱壳）损坏、挖补修缮

通过观察和小锤敲击检查而确定修补范围，修补范围的边缘应设在原面砖的分隔缝处或墙转角处，便于新旧面砖之间的连接。用钢凿凿去损坏面砖和脱壳的基层，在修补的边缘处要轻凿，以避免使没有脱壳和损坏的面砖损坏。清理基层，把基层上的残渣粉末清理干净。浇水湿润基层。一般墙用1∶3水泥砂浆打底。混凝土墙面应先刷108胶一道，再用1∶0.5∶3（水泥、石灰膏、砂）混合砂浆打底。厚度由原底层灰的厚度而定。如底灰厚度超过20mm时应分层隔天进行，应用木抹子压实抹平，划毛，浇水养护1～2天后方可镶贴面砖。根据原面砖格缝进行弹线分格，选砖预排，应使横竖缝均匀一致，与原砖块相同。如选用面砖尺寸大于原面砖时，应用机械切割，边棱磨直、磨平，直到尺寸达到要求为止。

贴面砖：镶贴前应将砖浸入水中24小时（宜在前一天浸泡，镶贴前20分钟左右取出面砖，使面砖表面稍干），先贴最下边的一皮砖，自下而上的逐皮拉线镶贴。铺贴时应在面砖的背面抹约10～15mm厚的混合砂浆（水泥∶石膏灰∶砂=1∶0.2∶2），贴上后调拨好横竖缝，用小灰铲轻轻拍击，使面层与基层粘牢，并使用靠尺找平。面砖铺贴1～2天后，即可进行分格缝的勾缝，用1∶1的水泥砂浆（砂子应用窗纱筛过）勾缝，再勾垂直缝。勾缝形式、深浅参照原来的墙面。勾缝宜分两次操作，使灰缝密实不起壳。缝干硬后，应将墙面清洗干净。

（3）面砖与结合层局部脱壳注浆修缮（面砖未坏，与基层脱壳）

用小锤轻敲确定脱壳修理范围，范围线应划在面砖的分格缝处。在空鼓墙上钻注浆孔，孔径一般为5～8mm，深度应钻入10mm，孔的间距一般应视面砖尺寸的大小而定，应在面砖的接缝处呈梅花形布孔，一般间距可在200～300mm选用。应用压缩空气清除孔中的粉尘，待孔眼洁净干燥后，用环氧树脂浆液进行注浆，浆液配比一般由试验确定，将溢出的环氧树脂及时用布揩净。环氧树脂凝固后，用1∶1配色（与原面砖色近似）白水泥砂浆封注浆孔，将墙面清理干净。

（4）面砖、底层灰与墙体（基体）局部脱壳的修缮

用小锤敲击确定修缮范围，界限应划在面砖的分缝线处，并应比实际起壳范围扩大100～300mm。螺栓孔的位置及布点原则，应视面砖的尺寸在砖缝处错开成梅花形布孔，孔距一般控制在250～350mm为宜。用电钻钻孔，孔径硬币选定的螺栓直径大2～4mm为宜，并应稍向下倾斜，进入墙体应不小于30mm。用压缩空气清除孔内粉尘，如潮湿应等待干燥后清除。如不能马上灌浆，应用木塞将孔堵好，以免粉尘吹入。调制环氧树脂浆液并灌浆，应用空压树脂注入枪，将枪头深入至孔底，应边注浆边慢慢退出，使孔内树脂饱满。放入螺栓，螺栓的直径长度和数量，根据布点数的多少和面砖结合层、底层的厚度而定。螺栓全长应铰螺纹，使其不易被拔出。表面应除锈擦净，放入孔之前应将螺杆涂满一层环氧树脂浆液。为保证螺栓粘接牢固，螺栓应慢慢旋入孔内（螺栓外端头应进入面砖2～3mm）。插入后将溢出的环氧树脂擦净。待环氧树脂灌入2～3天后，用配色（应根据原面砖的颜色确定）的108白水泥砂浆把灌孔填实。108胶白水泥配比一般应为1∶3。

图注　**15**　面砖局部开裂损坏（基层未脱壳）（来源：周琦建筑工作室，吴明友拍摄）

　　　16　面砖局部开裂损坏（基层未脱壳）修缮大样（来源：周琦建筑工作室，吴明友绘制）

　　　17　面砖局部脱壳修缮大样（来源：周琦建筑工作室，吴明友绘制）

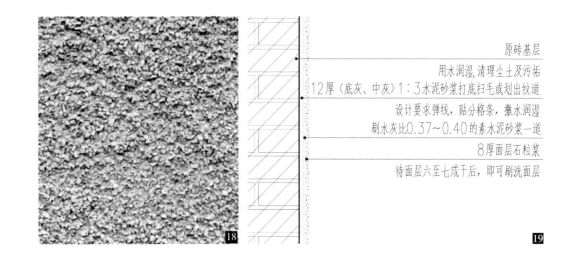

原砖基层

用水润湿,清理尘土及污垢

12厚(底灰、中灰)1：3水泥砂浆打底扫毛或划出纹道

设计要求弹线，贴分格条，撒水润湿

刷水灰比0.37~0.40的素水泥砂浆一道

8厚面层石粒浆

待面层六至七成干后，即可刷洗面层

（五）水刷石

水刷石饰面是一项传统的施工工艺，这种工艺用水泥、石屑、小石子或颜料等加水拌和施工，能使墙面具有天然质感，而且色泽庄重美观，饰面坚固耐久，不褪色，也比较耐污染。

如今墙面已经很少采用这种传统的装饰，只有大型的院校、学院、医院等少数公众场合进行地面装修时采用，因为水刷石号称"没有接缝的地板"。经过抛光打磨之后平滑如镜，经济实用。这种装饰墙面被大量用于政府行政办公楼、大型的公共建筑、教育建筑和商业建筑等。

施工工艺：

1. 基层处理

基层要认真将表面杂物清理干净，脚手架孔洞填塞堵严混凝土墙表面凸出较大的地方要剔平刷净，蜂窝低凹、缺棱掉角处，应先刷一道 108 胶：水 =1：1 的水泥素浆，再用 1：3 水泥砂浆分层修补。

2. 抹砂浆

抹底层和垫层砂浆。墙基层经处理清洁后，要根据不同的基层、不同的季节在开始抹灰的前一天再浇水充分湿润墙面，并要浇透浇匀，冲去表面的残渣浮土。抹灰前应在清洁湿润的墙面上找规矩，基层为砖墙面时由顶层从上向下弹出垂直线，在墙面和四角弹线找规矩，在窗口的上、下沿，弹水平线，在墙面的阴阳角、柱处弹垂直线，在窗口两侧及柱垛等部位做灰饼，按弹出的准线每隔1.5m 左右做一道标筋，其做法是用 1：0.5：4 的水泥石灰砂浆，在标筋位置的墙顶及墙根处各做一个约7cm 的灰饼，再在中间加抹几个灰饼，然后根据墙面和四角的准线拉线网将全部灰饼找平，将同一直线灰饼连成一条标筋，用木抹子压实找平并洒水养护，以此保证底层和垫层的平整。

待底层砂浆六至七成干时，参照砖墙找规矩的方法，从上至下拉垂直线、水平线、贴灰饼做标筋、套方等找规矩，随即抹 1：3 水泥砂浆找平，根据找的规矩和标筋用靠尺刮平压实，用木抹子搓平搓毛，总厚度控制在 12mm 内，每层抹灰的时间间隔要适当，以防止坠裂。

3. 面层施工

（1）粘贴分格条。底层或垫层抹好后待砂浆六至七成干时，按照设计要求，弹线确定分格条位置，但必须注意横条大小均匀，竖条对称一致。木条断面高度为罩面层的厚度、宽度做成梯形里窄外宽，分格条粘贴前要在水中浸透以防抹灰后分格条发生膨胀；粘贴时在分格条上、下用素水泥浆粘结牢固；粘贴后应横平竖直，交接紧密，通顺。

（2）抹罩面石子浆。在底层或垫层达到一定强度、分格条粘贴完毕后，视底层的干湿程度酌情浇水湿润，先薄薄均匀刮素水泥浆一道，这是防止空鼓的关键。刮浆厚度在 1mm 左右，刮浆后紧跟着用钢抹子抹 1：2 ~ 1：2.8 水泥石子浆（按石子颗粒大小而定，如用小八粒应为 1：2.5，如用米粒石应为 1：2.8）。操作前应做样板试验，为方便操作可加适量的石灰膏浆。

在每一块分格内从下往上随抹随拍打揉平，用抹子反复抹平压实，把露出的石子尖棱轻轻拍平，使表面压出水泥浆来。在抹墙面的石子浆时，要略高出分格条，然后用刷子蘸水刷去表面浮浆，拍光压光一遍，再刷再压，这样做不少于三次，在刷压拍平过程中，石在灰浆中转动，达到大面朝外和表面排列紧密均匀。为了解决面层成活后出现明显的抹纹，石子浆抹压后，可用直径 40 ~ 50mm、长度 500mm 左右的无缝钢管制作成小滚子，来回滚压几遍然后再用抹子找平，这样便于提浆，同时密实度也好。

在阳角处要吊垂线，用木板条临时固定在一侧，并定出另一侧的罩面层高度，然后抹石子浆，抹完一侧后用靠尺靠在已抹好石子浆的一侧，再做未抹的一侧，接头处石子要交错避免出现黑边。阴角可用短靠尺顺阴角轻轻拍打，使阴角顺直，我们普遍采用在阴角处加竖向分格条的做法，可取得更为满意的效果。

（3）喷刷。喷刷是水刷石的关键工序，喷刷过早或过度，石子露出灰浆面过多容易脱落，喷刷过晚则灰浆冲洗不净，造成表面污浊影响美观。喷刷应在面层刚刚开始初凝时进行，即用手指按压无痕或用刷子刷石子不掉粒为宜，这是保证喷刷质量的关键。

水刷石墙面的喷刷动作要快，1 人在前面用软毛刷蘸水将表面灰浆刷掉，露出石子，避免掉粒，后面 1 人紧跟用喷雾器先将四周相邻部位喷湿，然后由上而下的顺序分段进行喷水冲刷，每段约 80cm，喷头距墙面约 10 ~ 20cm 喷射要均匀，把表面的水泥浆冲掉，使石子外露粒径的 1/3 左右。

喷刷阳角处时，喷头要斜角喷刷，保持棱角明朗、整齐。冲洗要适度不宜过快、过慢或漏冲洗。喷刷时出现局部石子颗粒不均匀现象，应用铁抹子轻轻拍压，以达到表面石子颗粒均匀一致。如出现裂纹现象要及时用抹子抹压把表面的水泥浆冲洗干净露出石子后，用小水壶由上而下冲洗干净，取出分格条后上下应清口，石子不能压条。

在喷刷完后的墙面上分格缝处用 1：1 水泥砂浆做凹缝深度 3 ~ 4mm 并上色。最好在水泥砂浆内加色拌和均匀后再嵌缝，以增加美观。

现状问题：

水刷石墙面容易出现粘接不牢、空鼓、裂缝、风化等现象。

修缮方式：

（1）水刷石修缮的基层处理和底层抹灰、中层抹灰的操作方法与一般抹灰相同，抹好的中层表面要划毛。

（2）抹面层石粒浆：水泥石子浆的配比，在白石米中掺入一定量的黑石子或其他深色石子，加入 10% 左右的石灰膏，以调整色彩的层次，减轻普通水泥的灰色调并获得丰富的质感。

（3）待中层抹灰六至七成干并经验收合格后，按设计要求弹线，贴分格条，撒水润湿，然后刷水灰比 0.37 ~ 0.40 的素水泥浆一道，随即抹面层石粒浆，石粒浆稠度以 5 ~ 7cm 为宜。

（4）刷洗面层：待面层六至七成干后，即可刷洗面层。冲洗是确保水刷石质量的重要环节之一，冲洗不净会使水刷石表面颜色发暗或明暗不一。喷刷分两遍进行：第一遍先用软毛刷蘸水刷掉面层水泥砂浆露出石碴，第二遍用手压喷浆机或喷雾器将四周相邻部位喷湿，然后由上而下的顺序喷水，使石碴露出表面 1/3 ~ 1/2 粒径，达到清晰可见、分布均匀即可。

（5）喷刷后，随即起出分格条，并用素水泥浆将缝修补平整。通过观察和小锤敲击检查而确定修补范围，修补范围的边缘应设在原面砖的分隔缝处。

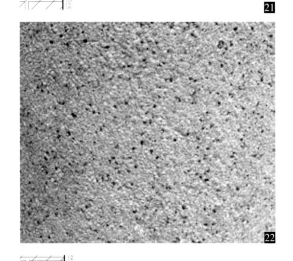

（六）斩假石

斩假石又称剁斧石，是一种人造石料。制作时将掺入石屑及石粉的水泥砂浆，涂抹在建筑物表面，在硬化后，用斩凿方法使成为有纹路的石面样式。适用于政府行政办公楼和重要公共建筑。

施工工艺：

（1）基层处理：斩假石施工的基层处理同水刷石基层处理。

（2）底、中层抹灰：底层、中层抹灰用 1：3 水泥砂浆，表面要求平整、密实。中层灰达到七成干后，浇水湿润表面，随即满刮水泥素浆一道。待素浆凝结后，在墙面上按设计要求弹线分格并粘分格条。

（3）抹面层水泥石渣砂浆：面层水泥石渣砂浆一般分两遍抹成，厚度一般控制在10mm 左右。在一个分格区内的水泥石渣砂浆要一次抹完。石渣砂浆抹完后，用软毛刷子蘸水顺纹清扫一遍，刷去表面的浮浆至石渣均匀外露，之后做好养护。防止开裂和空鼓。

（4）试剁：常温下面层经 3 ~ 4d 养护后即可进行试剁。试剁中墙面石渣不掉，声音清脆，且容易形成剁纹即可以进行正式剁琢。

（5）分块剁琢：分块正式剁琢的顺序是"先上后下，先左后右，先剁转角和四周边缘，后剁中间大面"。凡转角和四周边缘剁水平纹，中间剁垂直纹。剁法是先轻剁一遍，再按原剁纹剁深。剁纹要深浅一致，深度控制在不超过石渣粒径的1/3 为度，所有边框的斧纹应垂直。

（6）修整：剁琢完毕，用刷子沿剁纹方向清除浮尘，最后起出分格条。

现状问题：

由于时间原因，斩假石墙面容易出现裂缝、风化等现象。

修缮方式：

斩假石修缮方式在不同基层上的分层做法与水刷石基本相同。所不同的是，斩假石的中层抹灰应用 1：2 水泥砂浆，面层使用 1：1.25 的水泥石粒（内掺30% 石屑）浆，厚度为 10 ~ 11mm。

（1）面层抹灰：斩假石的基层处理与一般抹灰相同，基层处理后即抹底层和中层砂浆，底层和中层表面应划毛，待抹灰中层六至七成干后，要浇水润湿中层抹灰，并满刮水灰比为 0.37 ~ 0.40 的素水泥砂浆一道，然后按设计要求弹线分格、粘贴分格条，继而抹面层水泥石粒浆。

面层石粒浆常用粒径为 2mm 的白色米粒石，内掺30% 粒径为 0.3mm 左右的白云石屑。面层石粒浆的配比一般为 1.25 ~ 1.5，稠度为 5 ~ 6cm。

面层石粒浆一般分两边成活，厚度不宜过大，一般为 10 ~ 11mm。先薄薄地抹一层砂浆，待稍收水后再抹一遍砂浆与分格条平，并用瓜子赶平。待第二层收水后，再用木抹子打磨拍实，上下顺势溜直，不得有砂眼、空隙，并要求同一分格区内的水泥石粒浆必须一次抹完。石粒浆抹完后，即用软毛刷蘸水顺纹清扫一遍，刷去表面浮浆至露石均匀。面层完成后不得受烈日曝晒或遭冰冻，24 小时后应洒水养护。

（2）斩剁面层：在常温下，面层抹好 2 ～ 3 天后，即可试剁，试剁以墙面石粒不掉、容易剁痕、声音清脆为准。斩剁顺序一般遵循"先上后下，先左后右，先剁转角和四周边缘、后剁中间墙面"的原则。转角和四周应剁水平纹，中间剁垂直纹，先轻剁一遍，再盖着前一遍的剁纹剁深痕。剁纹深浅要一致，深度一般以不超过石粒粒径的 1/3 为宜。墙角、柱边的斩剁，宜用锐利的小斧清剁，以防掉边缺角。

斩剁完成后，墙面应用水冲刷干净，按要求修补分格缝。

（七）干粘石

干粘石墙面是在基层刷上水泥砂浆结合层后撒上小石子，然后用工具将石子压进砂浆之中而形成的装饰表面。这种墙面外观类似于水刷石，主要用在公共建筑中。

施工工艺：

（1）基层处理：将墙面清扫干净，突出墙面的混凝土剔去，浇水湿润墙面。

（2）吊垂直、套方、找规矩：墙面及四角弹线找规矩，必须从顶层用特制的大线坠吊全高垂直线，并在墙面的阴阳角及窗台两侧、柱、垛等部位根据垂直线做灰饼，在窗口的上下弹水平线，横竖灰饼要求垂直交圈。

（3）抹底层砂浆：常温施工配合比为 1 ∶ 0.5 ∶ 4 的混合砂浆或 1 ∶ 0.2 ∶ 0.3 ∶ 4 的粉煤灰混合砂浆，冬期施工采用配合比为 1 ∶ 3 的水泥砂浆，并掺入一定比例的抗冻剂。打底时必须用力将砂浆挤入灰缝中，并分两遍与筋抹平，用大杠横竖刮平，木抹子搓毛，第二天浇水养护。粘分格条：根据图纸要求的宽度及深度粘分格条，条的两侧用素水泥膏勾成八字将条固定，弹线，分格应设专人负责，使其分格尺寸符合图纸要求。此项工作应在粘分格条以前进行。

（4）抹粘石砂浆、粘石：为保证粘石质量，粘石砂浆配合比略有不同，目前一般采用抹 6mm 厚 1 ∶ 3 水泥砂浆，紧跟着抹 2mm 厚聚合水泥膏（水泥∶108 胶 =1 ∶ 0.3）一道。随即粘石并将粘石拍入灰层 2/3，达到拍实、拍平。抹粘石砂浆时，应先抹中部后抹分格条两侧，以防止木制分格条吸水快，条两侧灰层早干，影响粘石效果。粘石时应先粘分格条两侧后粘中间部分，粘的时候应一板接一板地连续操作，要求石粒粘的均匀密实，拍牢，待无明水后，用抹子轻轻地溜一遍。

现状问题：

和水刷石墙面相似，这种水刷石墙面容易出现粘接不牢、空鼓、裂缝、风化等现象。

修缮方式：

干粘石修缮的基层处理和底层抹灰、中层抹灰与水刷石相同。

（1）抹粘结层。待中层抹灰六至七成干并经验收合格后，应按设计要求弹线、粘贴分格条，然后洒水润湿，刷素水泥浆一道，接着抹水泥砂浆粘结层。粘结层砂浆稠度以 6 ～ 8cm 为宜，占阶层施工后用刮尺刮平，要求表面平整、垂直，阴阳角方整。

（2）撒石粒、拍子。粘结层抹完后，待干湿情况适宜时即可手甩石粒，然后随即用铁抹子将石子均匀地拍入粘结层。甩石粒应遵循"先边角后中间，先上面后下面"的原则，阳角处甩石粒时应两侧同时进行，以避免两边收水不一而出现明显接槎。甩石粒时，用力要平稳有劲，方向应与墙面垂直，使石粒均匀地嵌入粘结砂浆中，然后用铁抹子或胶辊滚压坚实。拍压时，用力要合适，一般以石粒嵌入砂浆的深度不小于粒径的 1/2 为宜，对于墙面石粒过稀或过密处，一般不宜补甩，应将石粒用抹子直接补上或适当剔除。

（3）修整。当墙面达到表面平整、石粒饱满时，即可起分格条。对局部有石粒下坠、不均匀、外露尖角太多或表面不平整等不符合质

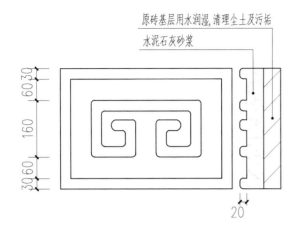

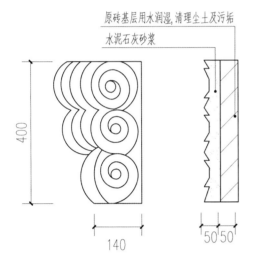

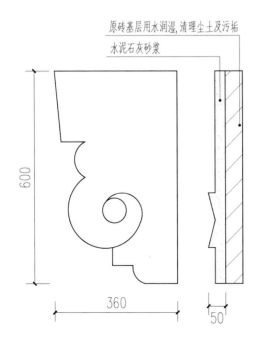

量要求的地方要立即修整、拍平，分格条处应用水泥浆修补，以求表面平整、色泽均匀、线条顺直清晰。

（八）花饰、线脚

建筑外墙花饰线脚一般是指使用在建筑外立面檐口、腰线、基座、门窗沿等部位的造型线式，它是通过线的高低而形成的阳线和阴线，以及面的高低而形成的凸面和凹面来显示的。面有圆方，线有宽窄、疏密，因此就形成了千姿百态的线脚。

建筑花饰线脚是建筑立面构图的重要手段。西方古典主义建筑，大都遵循一些共同的构图法则。如横向划分五段，上下分三段，下段为基座，常以建筑线脚与上部分割。中段多为完整的柱廊或仿石墙体。下段基座常以块石或仿石砌出凹线，以增强建筑的稳定感。

花饰线脚作为重要的装饰物大量用于新民族建筑形式、西方古典建筑形式和中国传统建筑形式的建筑中，某些现代建筑的局部也采用这些装饰，但相对简洁很多。

施工做法：

花饰线脚历史做法较为简单，一般在砖基层上，根据原有设计好的图案用砂浆填补而成。

现状问题：

花饰线脚容易产生表面脱落、腐蚀等现象。

修缮方式：

1. 现制花饰的制作

清理基层，喷水湿润。根据设计要求，在做花饰的部位，绘出花饰外轮廓线，依此用木直尺做出标准线。根据设计要求的花饰形状和大小，用硬木滑模模具，其表面满包铁皮，以使做出的花饰表面光滑。

分层制作花饰：用1∶1∶1的水泥石灰砂浆薄薄粉一层，作花线底层。用于现制好的模具，分层沿木直尺向前推移，拉出线脚花饰。当距花饰实际厚度5mm左右，隔天用细纸筋灰滑抹，直到基本把棱角线推出。拆除标准线，最后刷浆，使花饰表面光滑美观、色泽一致。

现制花饰修缮。依据损坏情况的不同，其修缮做法如下：

花饰全部损坏，铲除基层，清理干净，按规定重做。

水泥砂浆和纸筋灰花饰局部损坏，将损坏部分清除干净，洒水湿润，刷界面剂一道，按规定修缮。

2. 预制花饰制作

预制花饰应根据设计图样制造模型。根据模型制作模具，模具应符合设计要求，拆装方便，坚固耐用、不变形；浇筑成型，质地密实；拆模修补。养护、晾干、安装。

预制花饰局部损坏的修缮应符合下列规定：

（1）将损坏部分按预制块的大小拆除，并清理基层。

（2）根据拆除花饰的大小和纹样采购或定做。

（3）按《建筑装饰装修工程施工质量验收规范》GB 50210的规定进行安装。

24

三、外门窗

钢门窗:

钢筋混凝土结构体系建筑的外门窗主要采用钢门窗。钢门窗指采用钢材经断料、冲孔、焊接并与附件组装等工艺制成的建筑窗户和门。

南京近现代建筑钢门窗出现比木门窗晚,工艺更为复杂,大量钢窗都依靠国外进口,实例见于中山东路一号原交通银行和新街口邮政储蓄银行。钢窗边挺比木窗窄,采光面更大,其组成和木窗相似,由窗框和窗扇构成。常见的钢窗是平开窗搭配悬窗,窗扇大部分用窗棂做成十字交叉的矩形图案,窗户中的竖挺一般做成正工字形,边挺做成倒工字型。当窗户关闭时,两者相互交接密封,能够有效地提高气密性和水密性。钢窗容易出现变形、锈蚀等现象。

修缮方式:

整修前应先拆卸玻璃,凡焊剂接头在刷防锈漆前必须将焊渣铲清,质量要求高时,应用手提砂轮机把焊缝磨平。换接的新料必须涂防锈漆二涂。钢门窗凡经拆装或换接者,均应漆装脚头,以防重复变形。

钢门窗变形修缮:①外框角位移变形,凿空需要校正的部位,出清铁锈,牮高至正确位置后,用水泥砂浆重新把脚头嵌固。②外框凸肚,凿空凸肚处的反面,出清铁锈,用锤击平,用水泥砂浆把脚头嵌固。③内框"脱角"变形,顶至正确位置后,重新焊固。内框直料弯曲用衬铁回直。

钢门窗锈烂的修缮:①外框窗料锈烂。应锯去锈烂部分,用相同窗料换接,焊接牢固。外框直料下部与下槛同时锈烂,应先接脚,应使新接部分与原直料无弯曲现象。再断下槛料焊接。②内框局部锈烂,换接相同规格新料。③钢门浜子板调换或接补,可用铆钉铆合,并应装置扁铁压条,换接浜子板形状尽可能规则方正。

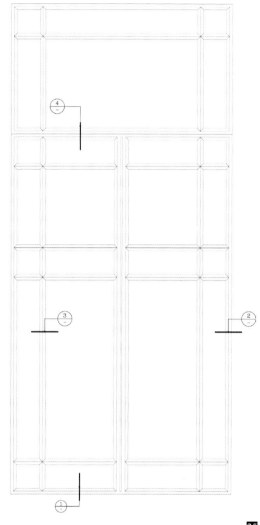

25

图注　**24**　花饰、线脚修缮大样（来源：周琦建筑工作室，吴明友绘制）
　　　　25　交通银行旧址钢门窗（来源：周琦建筑工作室，吴明友绘制）

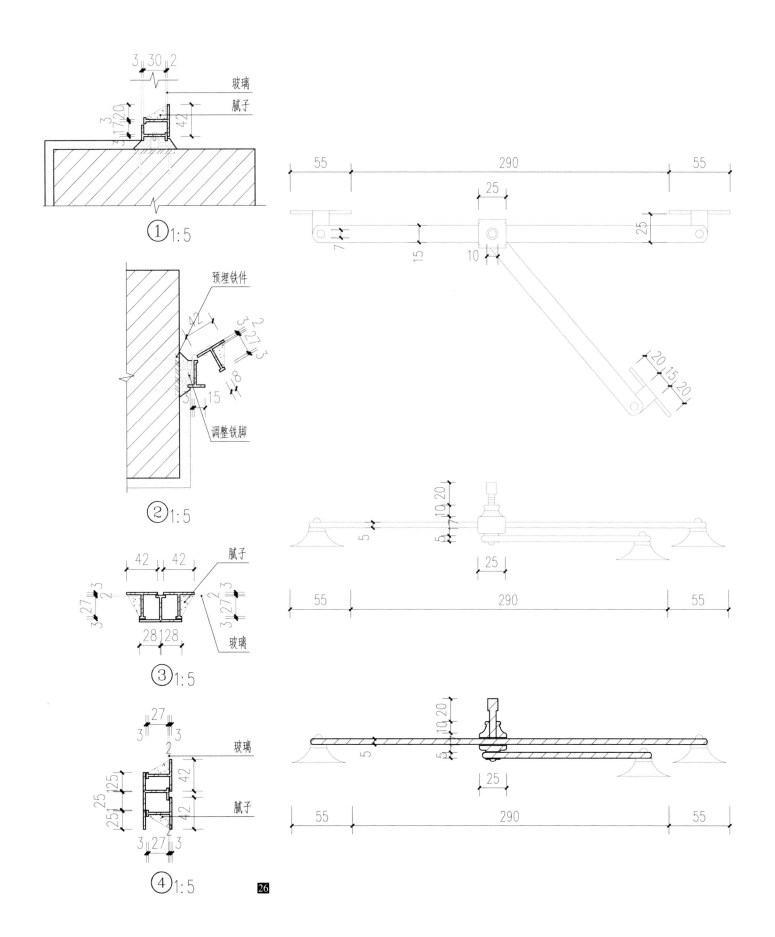

玻璃

腻子

① 1:5

预埋铁件

调整铁脚

② 1:5

腻子

玻璃

③ 1:5

玻璃

腻子

④ 1:5

26   27

130

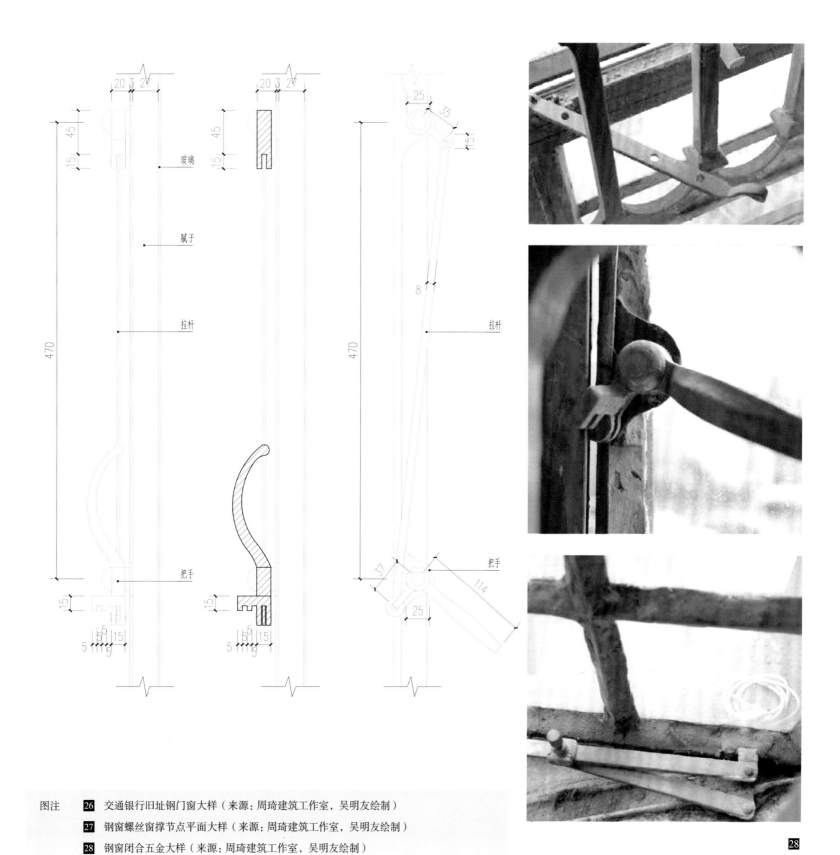

图注 26 交通银行旧址钢门窗大样（来源：周琦建筑工作室，吴明友绘制）

27 钢窗螺丝窗撑节点平面大样（来源：周琦建筑工作室，吴明友绘制）

28 钢窗闭合五金大样（来源：周琦建筑工作室，吴明友绘制）

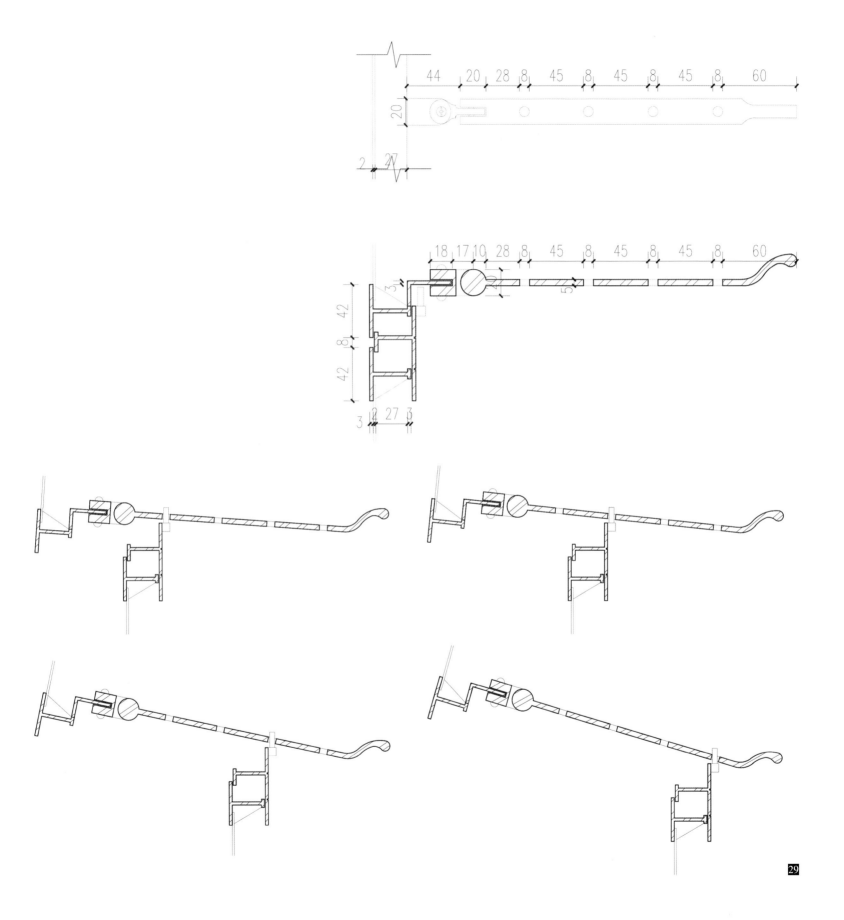

四、屋面

平屋面：

平屋顶多用于新民族形式的建筑和现代建筑，且多采用钢筋混凝土结构，也有少量采用木楼板（如原国民政府外交部大楼），一般可以上人。女儿墙常做线脚装饰，和墙面一起构成建筑独特的风格。

施工工艺：平屋顶在施工时，一般在基层上先刷约 50mm 厚三七石灰煤屑浆厚度作为底层，在其上覆盖 3 层柏油和 2 层油毡防水层，之上做砂石面层。

现状问题：原有平屋顶容易出现损坏，且原有构造方式和材料的防水保温性能差，修缮时应考虑采用现在屋顶做法。

修缮方式：

卷材屋面渗漏修补，基层处理应符合以下规定：

（1）清除损坏的防水层，基层酥松、起砂及凸出物等，用相同砂浆补抹平整、密实、牢固。

（2）基层与伸出屋面结构（女儿墙、山墙、天窗壁、烟囱根、管道根等）的连接处，及基层的转角处（檐口、天沟、水落口等），均应做成圆弧形。

（3）原有保温层铲除重作时，基层应清理干净、干燥，按查勘设计铺设新的保温层，应接槎严紧、平整，找好排水坡度，在其上抹水泥砂浆找平层。

（4）按风貌建筑保护等级和查勘设计防水等级，选择适宜原建筑形式、耐久年限的防水卷材。

（5）卷材施工应严格按产品技术工艺要求粘铺，上道工序完成经检验合格，方可进行下道工序。

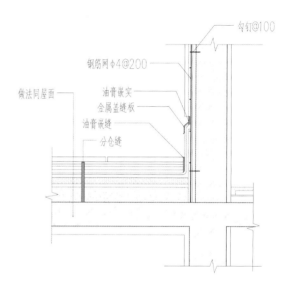

卷材屋面防水施工：

（1）施工前，应先核查卷材防水层平面、立面、边角的空鼓、裂缝、翘边、张嘴等破损情况；检查找准檐口、天沟、水落口、出墙嘴，女儿墙、阴阳角（转角），及伸出屋面烟道、管道根部等防水层易渗漏的部位和原因。

（2）施工中，对防水层完好和已完成的部位采取措施保护，防止损坏。

（3）卷材防水层的规则裂缝修补。应先清净裂缝两侧的保护层，用密封材料嵌填裂缝后，在上铺贴与原卷材相容的防水卷材，每边盖住裂缝宽度不小于 100mm；卷材无规则裂缝的修补，应将裂缝处的保护层清净，在其上铺贴与原卷材相容的卷材或用"二布三涂"法，满粘、满涂修补严实、平整。

图注　**29** 钢窗窗撑、风撑大样及开启示意（来源：周琦建筑工作室，吴明友绘制）

　　　　30 总统府子超楼（来源：周琦建筑工作室，金海拍摄）

　　　　31 墙体与屋面交接修缮大样（来源：周琦建筑工作室，吴明友绘制）

　　　　32 烟囱出屋面修缮大样（来源：周琦建筑工作室，吴明友绘制）

　　　　33 总统府子超楼平屋面修缮大样（来源：周琦建筑工作室，吴明友绘制）

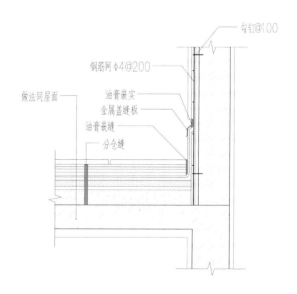

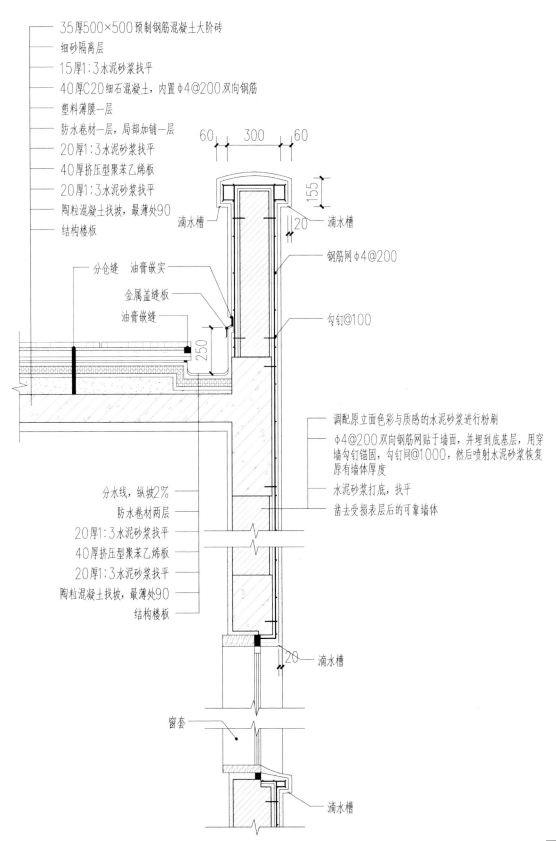

35厚500×500预制钢筋混凝土大阶砖
细砂隔离层
15厚1:3水泥砂浆找平
40厚C20细石混凝土,内置φ4@200双向钢筋
塑料薄膜一层
防水卷材一层,局部加铺一层
20厚1:3水泥砂浆找平
40厚挤压型聚苯乙烯板
20厚1:3水泥砂浆找平
陶粒混凝土找坡,最薄处90
结构楼板

60 300 60

155
20
滴水槽

滴水槽

钢筋网φ4@200

分仓缝
油膏嵌实
金属盖缝板
油膏嵌缝

勾钉@100

250

调配原立面色彩与质感的水泥砂浆进行粉刷
φ4@200双向钢筋网贴干墙面,并埋到底基层,用穿墙勾钉锚固,勾钉间@1000,然后喷射水泥砂浆恢复原有墙体厚度
水泥砂浆打底,找平
凿去受损表层后的可靠墙体

分水线,纵坡2%
防水卷材两层
20厚1:3水泥砂浆找平
40厚挤压型聚苯乙烯板
20厚1:3水泥砂浆找平
陶粒混凝土找坡,最薄处90
结构楼板

20 滴水槽

窗套

滴水槽

（4）卷材防水层局部起鼓、渗漏，应切开起鼓处排出水、气，复平卷材，清净局部保护层，在切口的上、左、右三面涂胶粘剂或防水涂料，将大于切口的相容卷材或玻璃丝布粘铺在切口处，刷防水涂料。

（5）防水层局部破损，应将破损、老化的卷材清净，将各层损坏的卷材切成有规则的阶梯形，修补找平层平整、干燥，再分层铺贴与之相容的卷材，其最上面一层应盖过铲除面边缘100mm宽，接缝粘结严实、平整、牢固，按原样做好保护层。

（6）翻修防水层，应铲除、清净原有卷材防水层，用水泥砂浆修补平整找平层，干燥后重铺防水层。当铺做热熔橡胶复合卷材时，其基层应先刷冷底子油。卷材应铺设平整、粘结牢固；高分子卷材施工，必须按产品说明技术工艺要求和配套用粘结材料铺贴。粘结密实、平整。

33

第二节　砖木小住宅外部构造体系

外部构造系统指建筑中参与外部围护作用的各构造要素总和。外部构造不仅是建筑结构的重要组成部分，也直接呈现建筑的外观，形成建筑风格，并影响城市环境。

外部构造体系按照各个组成要素可以分为门窗、外墙、屋顶、装饰。

外门窗是近现代建筑保护的重要部位之一，按照材料和施工工艺，外门窗全部为木门窗。

同时，外墙包括外墙构造和外墙面装饰。外墙一般采用砖砌筑，并且往往作为结构承重构件。外墙面装饰附着于外墙之上，有多种装饰方式，是传递、延续建筑的历史信息和艺术价值、科学价值的重要载体。重要的南京近现代砖木小住宅建筑外墙面按材料和施工工艺可分为如下几类：抹灰外墙，常见的南京近现代建筑外墙抹灰方式有一般抹灰和拉毛抹灰；清水砖墙，包括红砖墙面和青砖墙面。

屋顶因为涉及防水保温等问题，构造也较为复杂。同时作为第五立面，对建筑的造型产生重要影响。常见屋顶形式为坡屋顶。屋顶的构造主要分为屋面与檐口两个部分。

其他装饰，主要为外墙的水泥抹灰线脚装饰，还有就是作为阳台栏杆的金属铁艺装饰。

一、门窗

木门窗：

木门窗全部为平开，门框窗框为木质，门扇为木门扇，窗扇为玻璃窗扇，并配以铁质插销以固定门窗扇。窗扇的分割较多，玻璃普遍较小。

木装修的修缮一般采用"原状修复"。修缮材料的树种、材质、色泽宜与原构件一致，当无法满足以上条件时应选用与原材料的材质、色泽相近的材料。

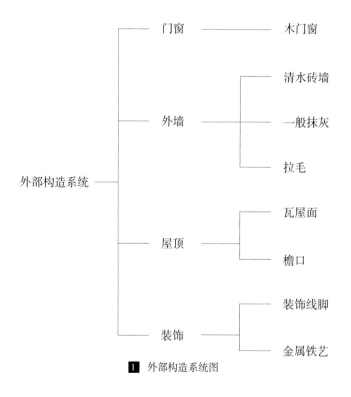

1 外部构造系统图

注：砖木小住宅体系建筑中以下部分修缮技术参照钢筋混凝土体系建筑相关章节。外墙装饰（清水砖、一般抹灰、拉毛抹灰、洒毛抹灰）。

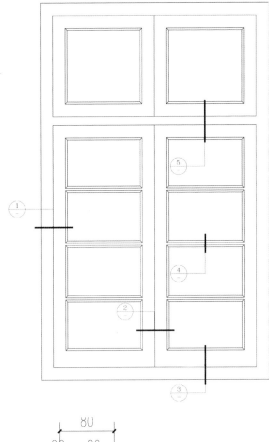

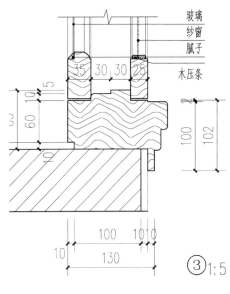

玻璃
纱窗
腻子
木压条

③ 1:5

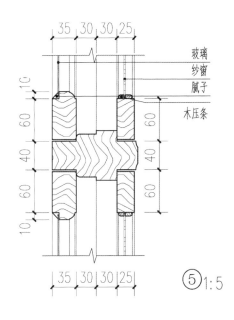

玻璃
纱窗
腻子
木压条

⑤ 1:5

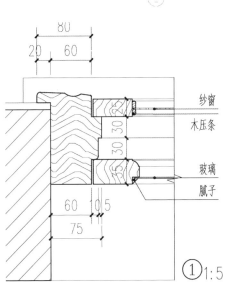

纱窗
木压条
玻璃
腻子

① 1:5

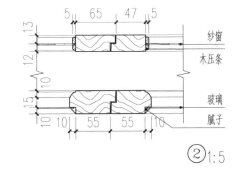

纱窗
木压条
玻璃
腻子

② 1:5

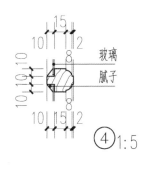

玻璃
腻子

④ 1:5

修缮工艺：

（1）按损坏情况，更换或接补栏杆或窗扇中的挺、框构件；

（2）做榫卯联结接换构件；

（3）按损坏情况，采用胶结修补或铁件加固，或采用更换或接换构件方法，来处理栏杆、窗扇、美人靠、挂落等的榫卯部位损坏；

（4）按损坏情况，分别采用镶拼修补，或接换构件，或更换构件的方法来修复槛、抱柱等框类构件的损坏；

（5）更换榫卯损坏的芯类、板类构件，更换腐烂的槛子底面；

（6）分别采用修补或更换的方法，修复损坏的窗扇、木横头；

（7）根据损坏情况，分别采用拍横头做法或拼接修理法修复腐烂的实拼门。当实拼门下端腐烂高度在 200～400mm 之间时，拆换门左右两侧门板，锯去底部腐烂部位，用拍横头做法做榫卯与原件及门板联结；当门的下端腐烂大于 400mm 时，则重做。

图注　**1**　外部构造系统图

2　傅厚岗 6 号原傅抱石故居外木窗及局部大样（来源：周琦建筑工作室，陈易骞绘制）

3　三种材料门窗过梁大样（来源：周琦建筑工作室，陈易骞绘制）

4　门窗修缮详图（来源：周琦建筑工作室，陈易骞绘制）

2

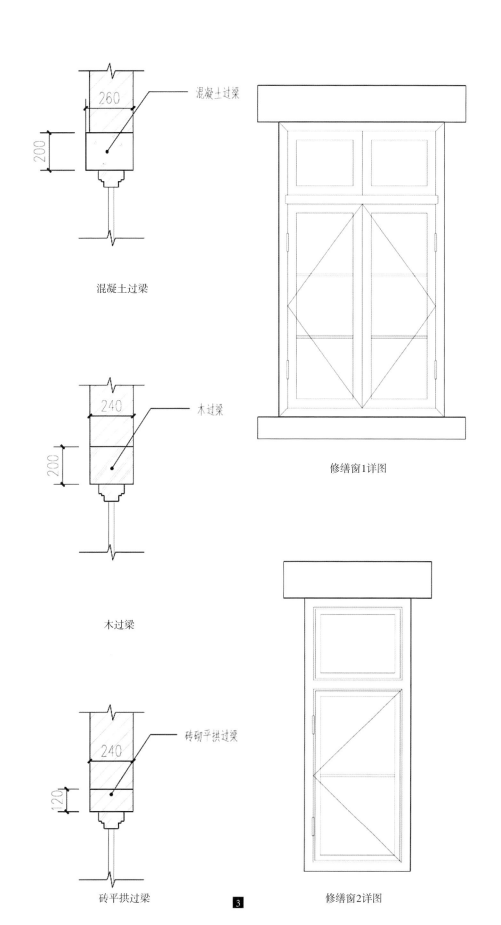

混凝土过梁

木过梁

砖平拱过梁

修缮窗1详图

修缮窗2详图

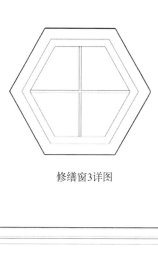

修缮窗3详图

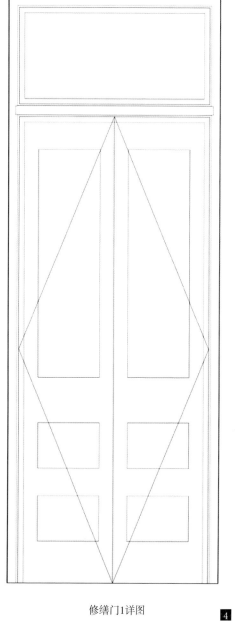

修缮门1详图

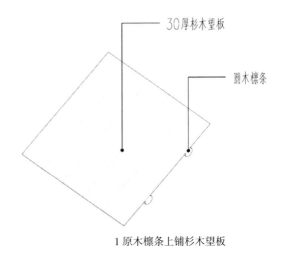

1 原木檩条上铺杉木望板

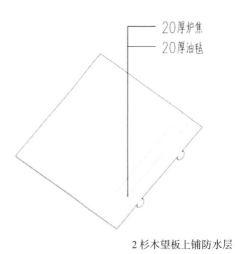

2 杉木望板上铺防水层

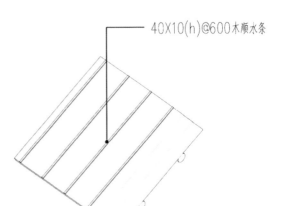

3 铺设顺水条

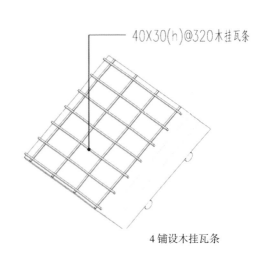

4 铺设木挂瓦条

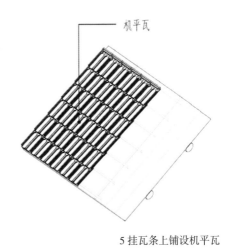

5 挂瓦条上铺设机平瓦

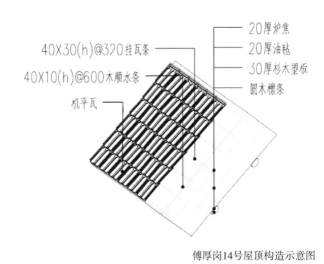

傅厚岗14号屋顶构造示意图

二、屋面

瓦屋面：

南京近代砖木小住宅中使用木材以及瓦为主要材料的坡屋面。其历史工艺如下：

（1）木檩条之上承托木屋面板，木屋面板起到防水作用，其厚度普遍为30mm，其宽度长度不一。常见的木屋面板采用的是杉木或松木。

（2）木屋面板上铺设防水材料，为20mm厚油毡叠加20mm厚炉焦。

（3）在此之上铺钉顺水条和挂瓦条。顺水条尺寸为40mm×10mm，间距为600mm。挂瓦条尺寸为40mm×30mm，间距为320mm。

（4）挂瓦条上铺设机平瓦。机平瓦长度约为350mm，瓦之间相互搭接咬合处为30mm，剩余部分正好为挂瓦条间距320mm。

（5）檐口部分采用木质板条天棚，以及木质封檐板的做法。

修缮做法：

屋面修缮前，应对屋面的结构、构造的损坏情况进行详细检查、抽检，并做好记录；屋面的建筑式样，建筑细部的用料、材质、规格、色彩，应按原样修复，替换损毁木材，保持建筑的原有风貌。

应改善或消除因用材或构造不当，存在的固有缺陷。包括如下内容：①坡屋面无屋面板及卷材防水层的，应增设屋面板和防水层，改善其隔热防火构造。②平屋面上的增搭建，应清除处理，应增添或改善隔热层、防水层。

坡屋面的修缮，应修铺后屋面应坡度平顺，屋脊平直牢固。屋脊局部破损，剔除损坏的瓦和灰浆，用水冲净、润湿后，补抹水泥混合砂浆换新脊瓦。脊瓦与平瓦之间的缝隙应用麻刀水泥混合灰填实抹压、规整、光平。

图注　**5**　屋面构造示意图（来源：周琦建筑工作室，陈易骞绘制）

　　　　6　机平瓦、封檐板构造示意图（来源：周琦建筑工作室，陈易骞绘制）

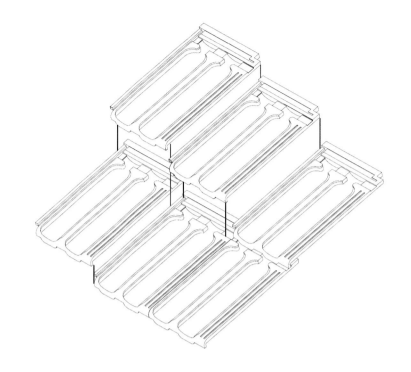

机平瓦铺设示意图

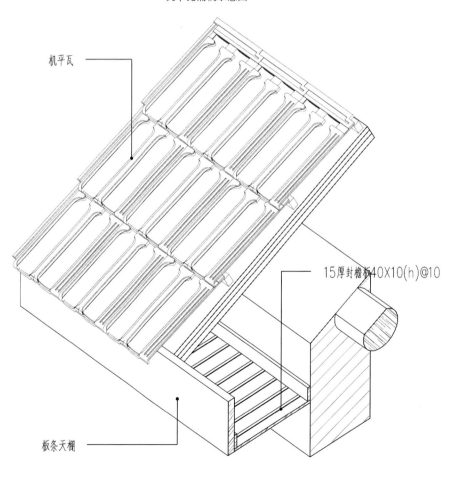

机平瓦

15厚封檐板40X10(h)@10

板条天棚

封檐板构造示意

6

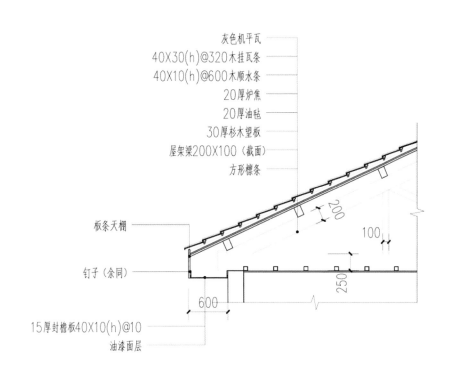

灰色机平瓦
40X30(h)@320木挂瓦条
40X10(h)@600木顺水条
20厚炉焦
20厚油毡
30厚杉木望板
屋架梁200X100（截面）
方形檩条

板条天棚

钉子（余同）

15厚封檐板40X10(h)@10

油漆面层

傅厚岗14号原屋顶及檐口构造详图

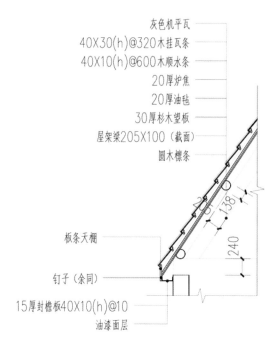

灰色机平瓦
40X30(h)@320木挂瓦条
40X10(h)@600木顺水条
20厚炉焦
20厚油毡
30厚杉木望板
屋架梁205X100（截面）
圆木檩条

板条天棚

钉子（余同）

15厚封檐板40X10(h)@10
油漆面层

傅厚岗10号原屋顶及檐口构造详图

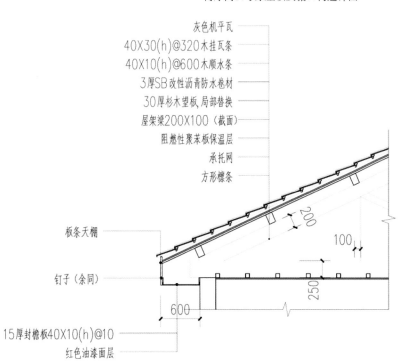

灰色机平瓦
40X30(h)@320木挂瓦条
40X10(h)@600木顺水条
3厚SB改性沥青防水卷材
30厚杉木望板，局部替换
屋架梁200X100（截面）
阻燃性聚苯板保温层
承托网
方形檩条

板条天棚

钉子（余同）

15厚封檐板40X10(h)@10

红色油漆面层

傅厚岗14号修缮屋顶及檐口构造详图

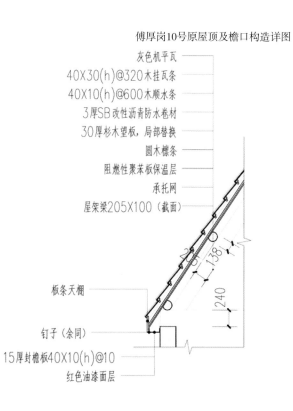

灰色机平瓦
40X30(h)@320木挂瓦条
40X10(h)@600木顺水条
3厚SB改性沥青防水卷材
30厚杉木望板，局部替换
圆木檩条
阻燃性聚苯板保温层
承托网
屋架梁205X100（截面）

板条天棚

钉子（余同）

15厚封檐板40X10(h)@10

红色油漆面层

傅厚岗10号修缮屋顶及檐口构造详图

三、线脚与栏杆

南京近代砖木小住宅中，外墙装饰普遍为水泥普通抹灰线脚，阳台栏杆装饰普遍为金属铁艺。一般水泥抹灰线脚做法参见外墙修复做法。金属件修复技术指用焊接、铆钉及其他类似方法对材料进行加固并刷黑色油漆，经现场实测或根据极充分的历史图纸依据进行原样修复。

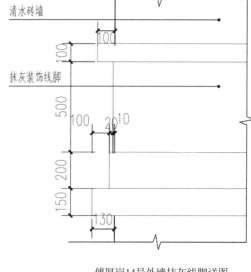

傅厚岗14号外墙抹灰线脚详图

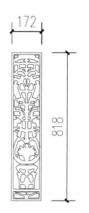

傅厚岗12号阳台栏杆详图

图注　**7**　傅厚岗14号修缮屋顶及檐口构造详图（来源：周琦建筑工作室，陈易骞绘制）

　　　8　傅厚岗10号修缮屋顶及檐口构造详图（来源：周琦建筑工作室，陈易骞绘制）

　　　9　傅厚岗三栋住宅线脚、栏杆构造详图及照片（来源：周琦建筑工作室，陈易骞绘制）

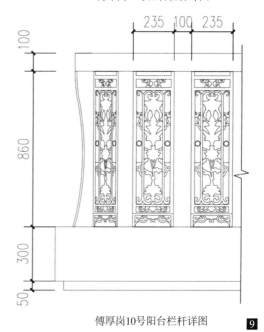

傅厚岗10号阳台栏杆详图

附表　外部构造体系现状描述及保护修缮总表

部位	原状	历史修缮		现状破损			现状评价				保护内容			修缮技术
外墙	清水砖墙	无修缮	历次修缮记录	砖面粉化	灰缝脱落		其他	完好	一般损坏	严重损坏	构造工艺	外观		现制修复料修缮预制砖细镶贴	替换：新砌砖墙
	一般抹灰	无修缮	历次修缮记录	开裂	风化		其他	完好	一般损坏	严重损坏	构造工艺及外观			基层和面层局部起壳：环氧树脂灌浆、嵌缝	凿除重做
	拉毛抹灰	无修缮	历次修缮记录	空鼓	脱落	面砖开裂	其他	完好	一般损坏	严重损坏	构造工艺及外观			基层和面层局部起壳：环氧树脂灌浆、嵌缝	凿除重做
	洒毛抹灰	无修缮	历次修缮记录	空鼓	脱落	面砖开裂	其他	完好	一般损坏	严重损坏	构造工艺及外观			基层和面层局部起壳：环氧树脂灌浆、嵌缝	凿除重做
	饰面砖	无修缮	历次修缮记录	空鼓	脱落	面砖开裂	其他	完好	一般损坏	严重损坏	构造工艺及外观			面砖损坏：原尺寸、原工艺、相同材料重新制作	空鼓修补：环氧树脂浆或其他专用胶浆粘结
	水刷石	无修缮	历次修缮记录	空鼓	开裂	风化	其他	完好	一般损坏	严重损坏	构造工艺及外观			破损较大：原尺寸、原工艺、相同材料重新制作	破损较小：云石胶填补
	斩假石	无修缮	历次修缮记录	开裂	风化		其他	完好	一般损坏	严重损坏	构造工艺及外观			破损较大：原尺寸、原工艺、相同材料重新制作	破损较小：云石胶填补
	干粘石	无修缮	历次修缮记录	开裂	风化		其他	完好	一般损坏	严重损坏	构造工艺及外观			破损较大：原尺寸、原工艺、相同材料重新制作	破损较小：云石胶填补
门窗	钢门窗	无修缮	历次修缮记录	变形	锈蚀		其他	完好	一般损坏	严重损坏	构造工艺及外观			变形：校正嵌焊固	锈蚀：锯去锈蚀部分，相同材料替换焊接
	木门窗	无修缮	历次修缮记录	木构件腐烂	漆面脱落		其他	完好	一般损坏	严重损坏	构造工艺及外观			更换损坏构件，原尺寸、原工艺、相同材料重新制作	

部位	原状	历史修缮		现状破损		现状评价				保护内容			修缮技术	
线脚与栏杆	砖石基层，水泥石灰砂浆填补	无修缮	历次修缮记录	表面脱落	腐蚀	其他	完好	一般损坏	严重损坏	构造工艺		外观	铲除基层，清理重做	预制线脚替换
	金属铁艺	无修缮	历次修缮记录	锈蚀破损	漆面脱落	其他	完好	一般损坏	严重损坏	构造工艺及外观			焊接、铆钉及其他方法加固，并刷油漆	
屋面	平屋面（钢筋混凝土屋面）	无修缮	历次修缮记录	渗漏	起鼓	其他	完好	一般损坏	严重损坏	构造工艺		外观	等级较高：更换损坏构件，原尺寸、原工艺、相同材料重新制作	等级较低：清理基层，重设防水保温构造
	坡屋面（瓦屋面）	无修缮	历次修缮记录	渗透	瓦破碎	稳定性弱	完好	一般损坏	严重损坏	构造工艺		外观	等级较高：更换损坏构件，原尺寸、原工艺、相同材料重新制作	等级较低：金属瓦屋面替换，并增设防水保温层

第六章

特殊结构体系保护修缮

钢筋混凝土结构体系下的中国传统大屋顶体系建筑是西方现代建筑技术与中国传统建筑（以清代官式建筑为主）样式的结合，这类建筑最早可见于19世纪20年代，以西方教会与建筑师在华修建的各种"中国化"的教会建筑为主，在某种程度上是文化殖民主义的产物。至19世纪30年代，伴随国民政府的建立，以及社会各界对民族认同的诉求，尽管造价相对较高，该体系建筑以"中国固有式"为名，成为当时南京各类公共建筑的首选样式，一时之间新建了30余处。这种自上而下对"中国固有式建筑"的热忱在1937年发生了转变，全面战争的状态抑制了这种耗资不菲的建设行为，直到1949年才再次出现转机。

在结构逻辑上，钢筋混凝土结构体系下的中国传统大屋顶建筑的屋顶以下部分基本遵循钢筋混凝土结构建筑的建构原则。相比于它所模拟的中国传统建筑——基于传统木构抬梁系统的清代官式建筑，二者之间最为显著的区别在于"大屋顶"的形成机制。钢筋混凝土结构体系下的中国传统大屋顶建筑将西式建筑的"三角屋架"纳为己用，创造出了适应新建筑功能的更大的室内空间。但是，中国传统建筑的"大屋顶"并不仅仅是很大的坡屋顶，"反宇向阳"才是它的显著特征。为了再现中国传统建筑特有的屋面曲线，在钢筋混凝土结构体系下的中国传统大屋顶的西式屋架与中式屋面之间，通常还需要再做些有违结构合理性的处理，将屋架上弦的形状由直线转变为内凹折线或者曲线。

根据屋架所用材料，钢筋混凝土结构体系下的中国传统大屋顶建筑在结构上可分为木屋架体系、钢筋混凝土屋架体系，以及钢屋架体系。代表性案例分别有原国民政府主席官邸、原金陵女子大学建筑群、励志社旧址礼堂。

图注　**1** 原国民政府主席官邸（来源：周琦建筑工作室，韩艺宽拍摄）

　　　2 原金陵女子大学建筑群（来源：周琦建筑工作室，韩艺宽拍摄）

　　　3 励志社旧址礼堂（来源：周琦建筑工作室，金海拍摄）

第一节 木屋架体系

一、概述

该范畴中的木屋架体系建筑主要指建筑主体部分采用钢筋混凝土结构，屋顶由木质屋架进行承重，屋面形态及构造趋同于中国传统屋面式样，并在立面或内部装饰中带有特定中国传统建筑元素的中国近代建筑。

该体系建筑出现时期较早，多用于住宅、办公建筑等室内空间体量相对较小的空间。在结构上，该体系建筑遵循钢筋混凝土结构体系建筑的普遍原则，木屋架的形式以豪威式为主。为了呈现中国传统大屋顶的屋面曲线，在屋架与屋面之间，通常会采用提高特定檩条（脊檩、檐檩）的高度，或者在屋架与檩条间垫起高度不一的撑脚或短柱，将檩条上皮连线由原有的直线调整为折线。典型案例有原国民政府主席官邸旧址、江南水师学堂办公处旧址等。

二、案例分析

案例：原国民政府主席官邸旧址

原国民政府主席官邸旧址建于1934年，设计者为当时的南京公务局局长赵志游，2001年，该旧址建筑被列入全国重点文物保护单位。原国民政府主席官邸旧址位于南京市玄武区小红山中山陵9号，总占地面积2677m²，主体两层，架空一层，屋脊高度约20.80m。

1. 建筑墙体保护修缮

（1）外墙：墙面修补主要包括原有砖块修补、勾缝修补和表面憎水处理。砖块根据破损深度采用不同的修补方法：①破损深度不足10mm的，按现状保留；②深度在10～20mm的，以砖粉粘补；③破损深度大于20mm的，剔平清理残损表面，用砖片镶补。勾缝残损部位用与原色相同的1∶1水泥砂浆勾凹缝外部涂刷透明憎水剂。憎水剂的使用须由厂家提供技术资料，使用前应有试验及试验结果，以确保不损伤文物建筑。在不能确定憎水剂使用结果时可暂不使用。

（2）内墙：恢复的内墙厚度与相邻位置相同，均应满足相应位置耐火极限要求。凡是墙体高于3500以上又无圈梁者须加 φ6@5000通长拉结筋。

（3）填充墙均砌至梁底或板底。与结构主体用柱结筋，配筋带或圈梁，构造柱连接。柱结筋设置见结构说明，配筋带或圈梁设于门、窗洞口的上部及窗洞口下部。构造柱设置于门、窗洞口两侧，墙转角，纵横墙交接处及墙端。

（4）墙体在不同材料交接处，表面须先钉300宽金属网，再做表面装修，如墙体一侧为混凝土，则须预留胡子筋。

（5）凡水、电穿墙管线，固定管线，插头，门窗框连接等构造及技术要求由制作厂家提供，或参见相应砌块的技术规程。

（6）凡是钢筋混凝土表面做装饰工程的，如粉刷，油漆等，表面油污清刷干净并用新型高效安全优质的界面处理剂涂刷，以增强砂浆对基层的粘结力，避免抹灰层空鼓剥离。

（7）室内露明立管须用轻质板材（石膏板或硅钙板）轻钢龙骨包围。所有通风竖井的内壁，均用1∶2.5水泥砂浆粉刷，对于封闭的通

风竖井可以随砌随粉。

（8）外墙防水：安装在外墙上的构配件与非承重外墙的连接构造，均应参照相应砌体的技术规程的要求及相应砌体构造标准设计图集规定进行预埋和局部加强措施，当预埋材料与墙体材料不同时应按上述第（4）条处理。

2. 楼地面保护修缮

（1）除特殊注明外，门外踏步、坡道、混凝土垫层厚度做法同相邻室内地面。

（2）凡室内经常有水房间，楼地面应找不小于1%排水坡坡向地漏，地漏应比本房间楼地面低15mm。常有水的房间贴瓷砖前在找平层上刷2厚水泥基弹性聚合物防水涂膜，高度1800，以防墙面和地面渗水。

（3）卫生设备包括洗面盆、污水池、便器、喷淋头、浴缸，均尽量采用原品，凡管道穿过楼板须预埋套管，高出地面20，预留洞边做混凝土坎边，高50。无法正常使用者采用原样式定制。

（4）卫生间楼地面管道井，管道孔周边上做200高C20细石混凝土挡水墙，卫生间四周连系梁上做200高C20细石混凝土挡水墙，宽同墙厚，预留插筋二次浇筑。并使用高分子防水涂膜。厨房，普通卫生间建筑完成面比同层室内地坪低15，以斜坡过渡。

（5）楼地面局部结构板面降低范围，标高与建筑设计面层有高差处，找坡，找平，填料均采用1:8水泥陶粒。

3. 屋面

（1）屋面应按照《屋面工程技术规范》GB 50345—2004和《屋面工程质量验收规范》GB 50207—2002要求进行施工。

（2）本工程屋面防水等级为2级，屋面防水层合理使用年限为15年，采取二道防水设防。屋面瓦、挂瓦条、顺水条编号拆除，在檩条上满铺20厚木板，3厚高聚物改性沥青防水涂膜＋三元乙丙防水卷材。屋面防水层细部构造如天沟、檐沟、阴阳角、水落口、变形缝等部位应设附加层。采用防水材料应符合环境保护要求。

（3）卷材防水屋面基层与突出屋面结构（女儿墙、立墙、天窗壁、变形缝、通风道等）的交接处，以及基层的转角处（水落口、檐口、天沟、檐沟、屋脊等），均做成圆弧，内部排水的水落口周围做成略低的凹坑。合成高分子防水卷材找平层圆弧半径≥20，高聚物改性沥青防水卷材找平层圆弧半径≥50，沥青防水卷材找平层圆弧半径≥100。伸出屋面井（烟）道周边应同屋面结构一起整浇一道400mm高钢筋混凝土防水圈。

图注　**4** 原国民政府主席官邸门房（来源：周琦建筑工作室，韩艺宽拍摄）
　　　　5 原国民政府主席官邸主楼檐部（来源：周琦建筑工作室，韩艺宽拍摄）

4.门窗

（1）建筑门仍存在的原则上沿用原有木门，酌情修补。后期加改内门、窗（含防盗格栅）拆除，门参照保留门样式，窗参照历史照片定制安装。所有外窗按原窗样式修复。所有门窗须检查完好情况，包括木构件是否存在破损、门窗安装是否牢固、漆面是否完好等。根据情况可酌情采取必要的保护修补措施，除了特殊做法图纸中不再标注。本工程中有多处需要恢复门窗，由于需恢复的门窗洞口尺寸存在施工误差，在定制前须由施工单位逐一核对洞口尺寸，完善定制门窗设计，并由设计单位确认后方可制作安装。

（2）门窗玻璃的选用应遵循《建筑玻璃应用技术规程》JGJ113和《建筑安全玻璃管理规定》发改运行〔2003〕2116号及地方主管部门的有关规定。

（3）门窗预埋在墙或柱内的木、铁构件，应做防腐、防锈处理。当窗固定在非承重墙砌块上时，应在固定位置设置混凝土块，加强锚固强度。

5.木构件

（1）对这一部分构件的检测和维修，可参考《古建筑木结构维护与加固技术规范》，如需更换整根构件，需经设计单位同意。

（2）旧料木构件更换标准：

木柱：腐朽变质，截面损坏深度大于1/3以上，或有心腐，建议予以更换；木梁：腐朽或蛀蚀超过高度1/4以上，或有心腐，建议予以更换。更换前需做好支撑保护。

（3）屋盖原则上翻修，瓦、椽、檩、望板全部落架，坏多少换多少。由于新旧瓦、砖的尺寸差异，保留的瓦、砖宜集中于某处房屋的施工。缺损的瓦料按照原瓦式样、规格定制，新瓦颜色、图案、尺寸均要与原瓦一致，且采用传统施工做法。修缮工程中需要更换的木构件尽量使用接近原材料的旧木料，要求含水率不超过18%，充分干燥后方能使用，在使用前需做好防腐处理。新木料木材材种、材质、色泽宜与原构件一致，并采用传统方法油漆。

（4）将屋顶拆除后要检查檩条情况，糟朽不超过断面1/5，檩条折断裂纹高度不超过直径1/4，劈裂不超过直径的1/3、长度的2/3，弯垂不超过长度1%的为可用构件。超出以上限度的需更换新料。檩条折断裂纹用环氧树脂封堵裂纹，外加铁箍，檩条下弯需翻转安装，糟朽檩条需砍尽糟朽部分，用相同树种的木料按原尺寸式样补配钉牢，糟朽深度1~2cm的砍尽糟朽部分，不再钉补。有彩画、题字的檩条需保留原处。如糟朽不能满足结构需要，可在芯内加钢板，具体做法在施工中具体研究。对于有倾斜的构件要扶正归位。

（5）若木柱内部腐朽、蛀空，但表层的完好厚度不小于50mm时，可采用高分子材料灌浆加固。其做法应符合《古建筑木结构维护与加固技术规范》6.9.1条款要求。建筑应做好相应的防虫措施。若请当地白蚁防治所治理，则应根据《古建筑木结构维护与加固技术规范》第五章第一节木材的防腐和防虫中条款进行防治。对埋入砖墙中的檩条、搁栅等构件端部与砖墙接触紧靠的木柱、门窗樘等构件和接触地坪的柱根等，必须作防腐处理。

图注　**6**~**15**　原国民政府主席官邸建筑图纸（来源：东南大学建筑设计研究院遗产保护所，朱光亚团队）

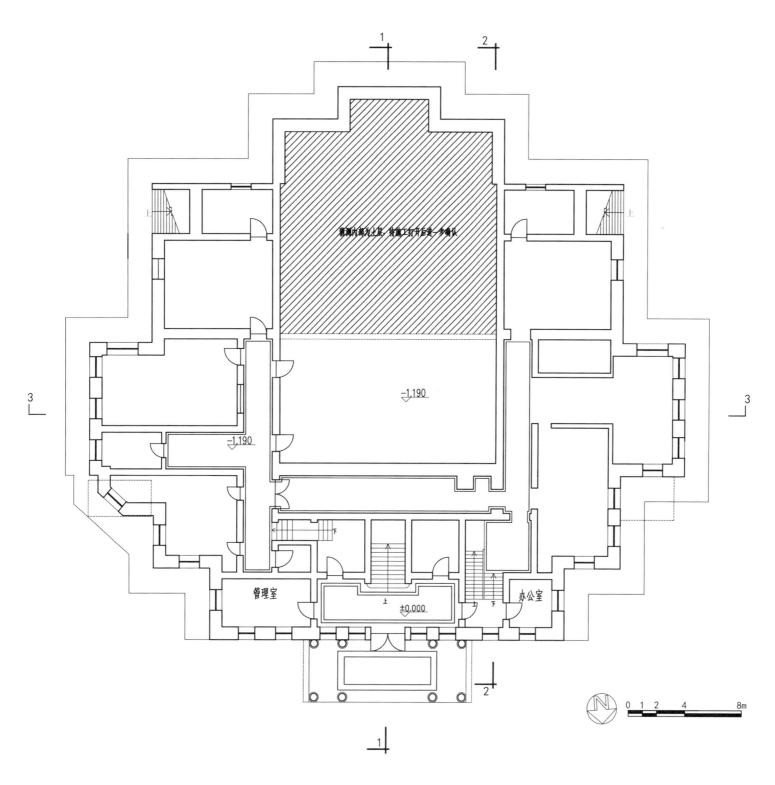

1

2

3

上

上

猜测内部为上层，待施工打开后做一步确认

3

−1.190

−1.190

3

下

下

上

上

下

管理室

±0.000

办公室

2

1

N 0 1 2 4 8m

6 主体建筑一层平面图

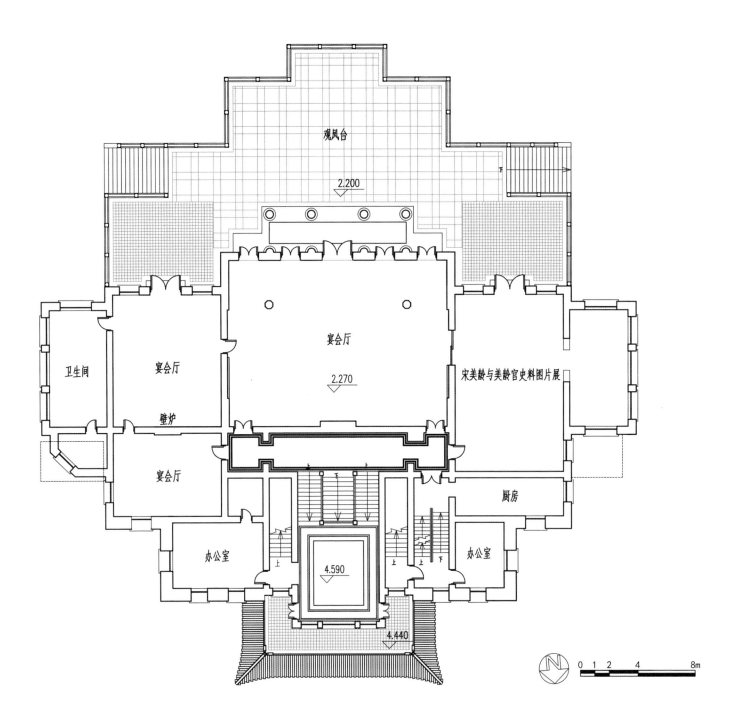

观风台

2.200

宴会厅

宴会厅

卫生间

2.270

宋美龄与美龄宫史料图片展

壁炉

宴会厅

厨房

办公室

4.590

办公室

4.440

0 1 2   4   8m

7 主体建筑二层平面图

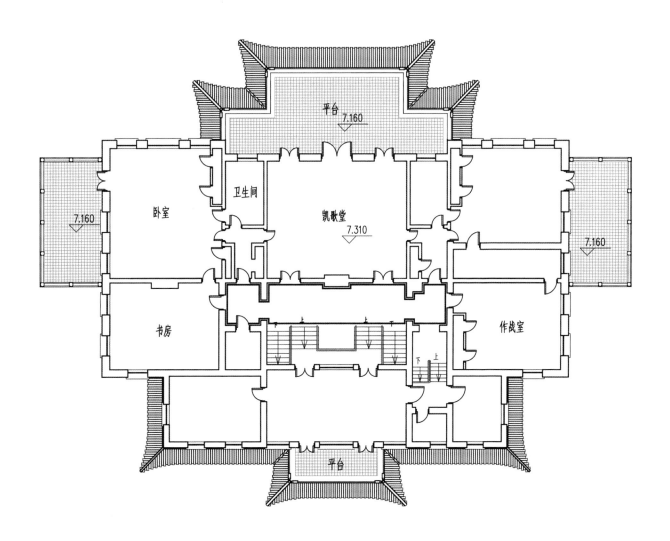

平台 7.160

7.160

卧室

卫生间

凯歌堂 7.310

7.160

书房

作战室

下 上

平台

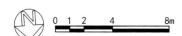

0 1 2 4 8m

8 主体建筑三层平面图

151

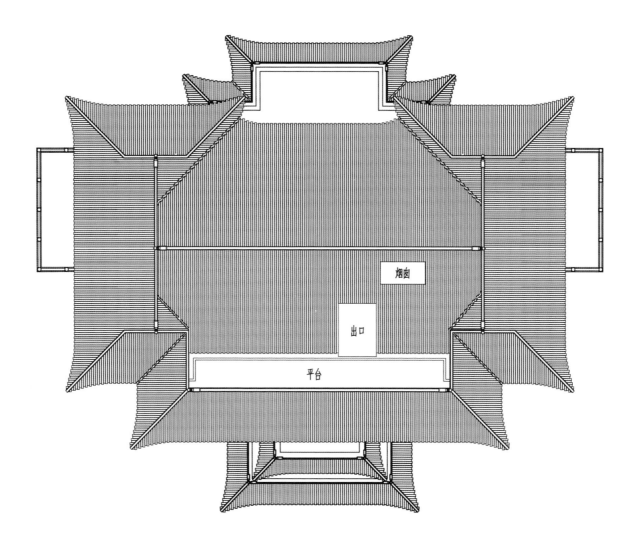

烟囱

出口

平台

9 主体建筑屋顶平面图

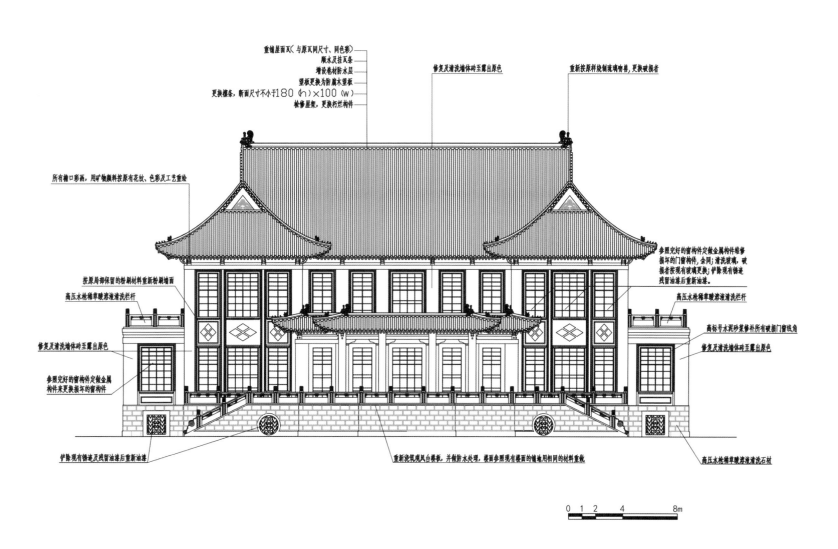

重铺屋面瓦（与原瓦同尺寸、同色彩）
顺水及挂瓦条
增设卷材防水层
望板更换为防腐木望板
更换檩条，断面尺寸不小于180（h）×100（w）
检修屋架，更换朽烂构件

修复及清洗墙体砖至露出原色

重新按原样烧制玻璃砌筑墙，更换破损者

所有檐口彩画，用矿物颜料按原有花纹、色彩及工艺重绘

参照完好的窗构件定做金属构件，修补损坏的门窗构件，（含门）清洗玻璃，破损者按现有玻璃更换，铲除现有锈迹留雹油漆后重新油漆。

按原局部保留的粉刷材料重新粉刷墙面

高压水枪稀草酸溶液清洗栏杆

高压水枪稀草酸溶液清洗栏杆

修复及清洗墙体砖至露出原色

修复及清洗墙体砖至露出原色

高标号水泥砂浆修补所有破损门窗线角

参照完好的窗构件定做金属构件来更换损坏的窗构件

铲除现有锈迹及残留油漆后重新油漆

重新浇筑观风台楼板，并做防水处理，楼面参照现有楼面的铺地用相同的材料重铺

高压水枪稀草酸溶液清洗石材

0 1 2 4 8m

10 主体建筑南立面图

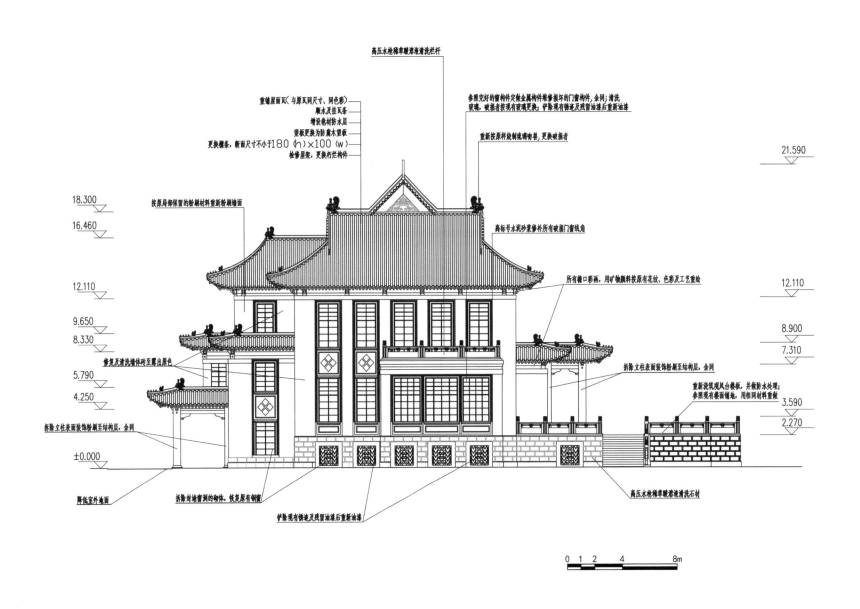

高压水枪稀草酸溶液清洗栏杆

参照完好的窗构件定做金属构件维修损坏的门窗构件，余同；清洗玻璃，破损者按现有玻璃更换；铲除现有锈迹及残留油漆后重新油漆

重铺屋面瓦（与原瓦同尺寸、同色彩）
顺水及挂瓦条
增设卷材防水层
望板更换为防腐木望板
更换椽条，断面尺寸不小于180（h）×100（w）
检修屋架，更换朽烂构件

重新按原样烧制玻璃砌墙，更换破损者

高标号水泥砂浆修补所有破损门窗线角

21.590

18.300
16.460

按原局部保留的粉刷材料重新粉刷墙面

12.110

所有檐口彩画，用矿物颜料按原有花纹、色彩及工艺重绘

12.110

9.650
8.330

修复及清洗墙体砖至露出原色

8.900
7.310

拆除立柱表面装饰粉刷至结构层，余同

重新浇筑观风台楼板，并做防水处理；参照现有楼面铺地，用相同材料重做

5.790

4.250

3.590
2.270

拆除立柱表面装饰粉刷至结构层，余同

±0.000

降低室外地面

拆除封堵窗洞的砌体，恢复原有钢窗

铲除现有锈迹及残留油漆后重新油漆

高压水枪稀草酸溶液清洗石材

0 1 2   4   8m

1 主体建筑侧立面图

154

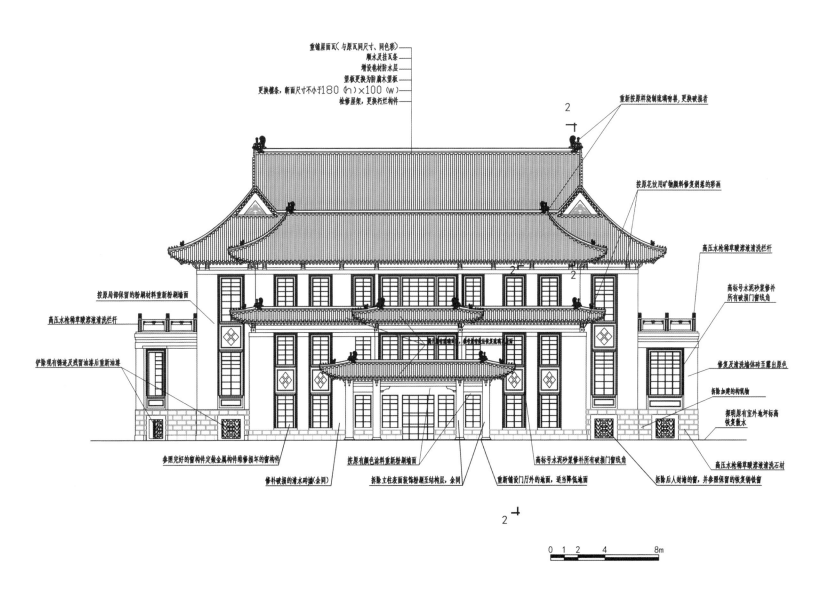

重铺屋面瓦（与原瓦同尺寸、同色彩）
顺水及挂瓦条
增设卷材防水层
望板更换为防腐木塑板
更换椽条，断面尺寸不小于180（h）×100（w）
检修屋架，更换朽烂构件

重新按原样烧制玻璃窗兽，更换破损者

按原花纹用矿物颜料修复剥落的彩画

高压水枪稀草酸溶液清洗栏杆

高标号水泥砂浆修补所有破损门窗线角

按原局部保留的粉刷材料重新粉刷墙面

高压水枪稀草酸溶液清洗栏杆

修复及清洗墙体砖至露出原色

铲除现有锈迹及残留油漆后重新油漆

拆除加建的构筑物

探明原有室外地坪标高恢复散水

参照完好的窗构件定做金属构件维修损坏的窗构件

修补破损的清水砖墙（余同）

按原有颜色涂料重新粉刷墙面

拆除立柱表面装饰粉刷至结构层，余同

重新铺设门厅外的地面，适当降低地面

高标号水泥砂浆修补所有破损门窗线角

拆除后人封墙的窗，并参照保留的恢复铜铁窗

高压水枪稀草酸溶液清洗石材

2

2

2

2

0 1 2   4   8m

12 主体建筑北立面图

155

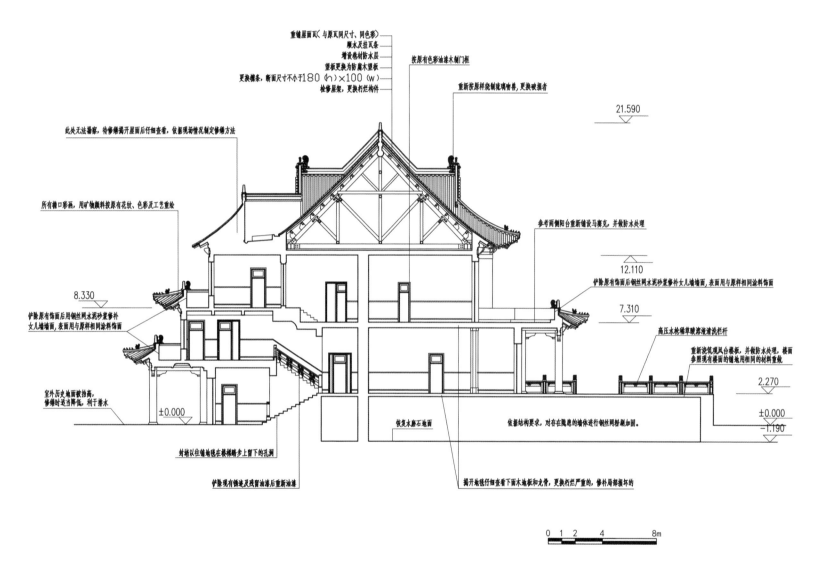

重铺屋面瓦（与原瓦同尺寸、同色彩）

顺水及挂瓦条

增设卷材防水层

塑板更换为防腐木塑板

更换檩条，断面尺寸不小于180（h）×100（w）

按原有色彩油漆刷门框

检修屋架，更换朽烂构件

重新按原样烧制玻璃窗兽，更换破损者

此处无法勘察，待修缮揭开屋面后仔细查看，依据现场情况制定修缮方法

所有檐口彩画，用矿物颜料按原有花纹、色彩及工艺重绘

参考两侧阳台重新铺设马赛克，并做防水处理

铲除原有饰面后钢丝网水泥砂浆修补女儿墙墙面，表面用与原样相同涂料饰面

21.590

12.110

7.310

8.330

铲除原有饰面后钢丝网水泥砂浆修补女儿墙墙面，表面用与原样相同涂料饰面

高压水枪稀草酸清洗清洗栏杆

重新浇筑观风台楼板，并做防水处理，楼面参照现有楼面的铺地用相同的材料重铺

2.270

室外历史地面被抬高，修缮时适当降低，利于排水

±0.000

±0.000

-1.190

恢复水磨石地面

依据结构要求，对存在隐患的墙体进行钢丝网抹刷加固。

封堵以往铺造地毯在楼梯踏步上留下的孔洞

铲除现有铺造及残留油漆后重新油漆

揭开地毯仔细查看下面木地板和龙骨，更换朽烂严重的，修补局部损坏的

0 1 2 4 8m

13 主体建筑1-1剖面图

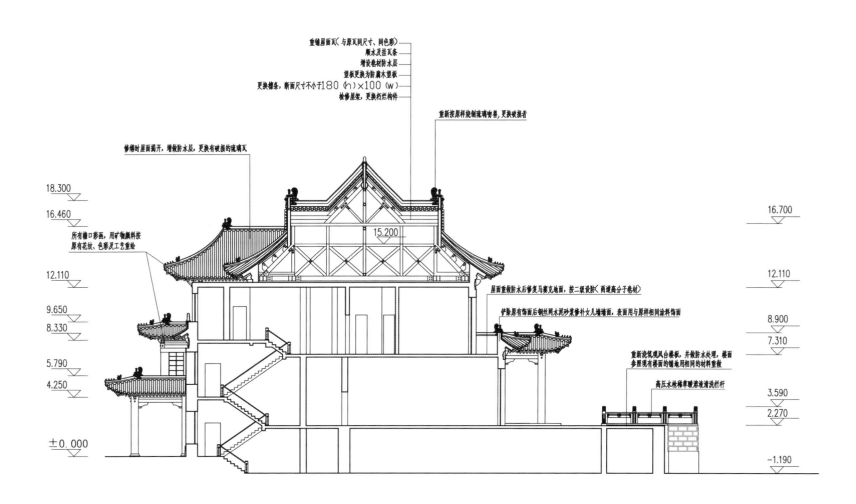

重铺屋面瓦(与原瓦同尺寸、同色彩)

顺水及挂瓦条

增设卷材防水层

望板更换为防腐木望板

更换檩条,断面尺寸不小于180(h)×100(w)

检修屋架,更换朽烂构件

重新按原样烧制玻璃钩滴,更换破损者

修缮时屋面揭开,增做防水层,更换有破损的琉璃瓦

18.300

16.460

所有檐口彩画,用矿物颜料按
原有花纹、色彩及工艺重绘

12.110

9.650

8.330

5.790

4.250

±0.000

15.200

16.700

12.110

屋面重做防水后修复马赛克地面,按二级设防(两道高分子卷材)

伊整原有饰面后钢丝网水泥砂浆修补女儿墙墙面,表面用与原样相同涂料饰面

8.900

7.310

重新浇筑观风台楼板,并做防水处理,楼面
参照现有楼面的铺地用相同的材料重做

高压水枪稀释草酸溶液清洗栏杆

3.590

2.270

-1.190

14 主体建筑2-2剖面图

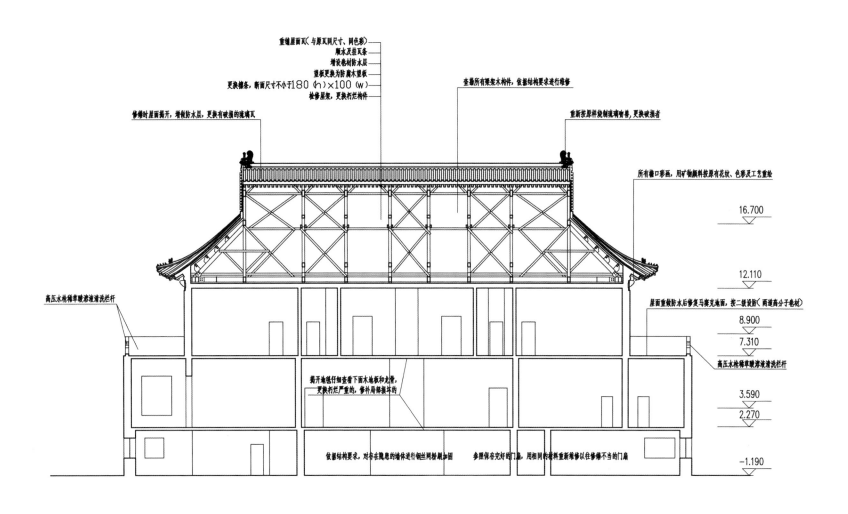

重铺屋面瓦（与原瓦同尺寸、同色彩）
顺水及挂瓦条
增设卷材防水层
望板更换为防腐木望板
更换椽条，新面尺寸不小于180（h）×100（w）
检修屋架，更换拆烂构件

修缮时屋面揭开，增做防水层，更换有破损的琉璃瓦

查勘所有梁架木构件，依据结构要求进行维修

重新按原样烧制琉璃窗单，更换破损者

所有墙口彩画，用矿物颜料按原有花纹、色彩及工艺重绘

高压水枪稀草暖溶液清洗栏杆

屋面重做防水后修复马赛克地面，按二级设防（两道高分子卷材）

高压水枪稀草暖溶液清洗栏杆

揭开地毯行细查看下面木地板和龙骨，更换拆烂严重的，修补局部损坏的

依据结构要求，对存在隐患的墙体进行钢丝网抹灰加固

参照保存完好的门扇，用相同的材料重新修缮以往修缮不当的门扇

16.700
12.110
8.900
7.310
3.590
2.270
−1.190

0 1 2　4　　　8m

15　主体建筑3-3剖面图

第二节　钢筋混凝土屋架体系

一、概述

该范畴中的木屋架体系建筑主要指建筑主体部分采用钢筋混凝土结构，屋顶由钢筋混凝土屋架进行承重，屋面形态及构造趋同于中国传统屋面式样，并在立面或内部装饰中带有特定中国传统建筑元素的中国近代建筑。

该体系建筑的出现时期稍晚于木屋架体系建筑，但运用得较为广泛，多见于对内部空间体量要求较大的公共建筑。在结构上，该体系建筑遵循钢筋混凝土结构体系建筑的普遍原则，钢筋混凝土屋架的形式以豪威式、芬克式、混合式为主，也有用钢筋混凝土梁、柱模仿中国传统木构抬梁式结构的做法。在屋面曲线的塑形上，该体系的处理方式与木屋架体系基本相同，但如果屋架的跨度较大，则会直接将屋架上弦杆的形状由直线变为内凹折线或曲线。

典型案例有金陵女子大学旧址小礼堂、中央体育场游泳池更衣室、中山陵祭堂、中山陵藏经楼、外交宾馆、中央研究院历史语言研究所旧址、国民党中央党史史料陈列馆旧址、国民党中央监察委员会旧址、谭延闿墓等。

二、案例分析

（一）金陵女子大学旧址小礼堂

金陵女子大学旧址位于南京市宁海路与汉口西路交叉口，由 14 栋近现代文物建筑组成，保护范围约 7.4 公顷，现属南京师范大学随园校区。金陵女子大学旧址是我国第一所女子大学，1915 年由西方教会创办，1922 年开始在现址建校，1932 年建成。2006 年，金陵女子大学旧址被列入全国重点文物保护单位。

金陵女子大学旧址建筑群由美国建筑师亨利·墨菲和中国建筑师吕彦直共同设计，陈明记营造厂承建。整个校园建筑充分利用自然地形，按照东西向的轴线布置，布局工整，平面对称。这些建筑物以宽阔的大草坪为中心，造型均为中国传统宫殿式建筑风格，但建筑材料和结构采用西方钢筋混凝土结构，建筑物之间以中国古典式外廊相连接，为中西合璧的东方建筑群。

金陵女子大学旧址小礼堂（又称随园音乐厅）建于 1933 年，由墨菲—丹纳建筑师事务所（Murphy & Dana Architects）设计。小礼堂位于校址中轴线南侧，占地面积 578m²，总建筑面积 1444m²，现为南京师范大学音乐学院教学楼。建筑平面布局呈一字形，南北长，东西窄，主入口位于北墙中央，西南角与 200 号楼用走廊连接。小礼堂主体部分为两层，一层和二层大空间各设夹层，形成四层室内空间。建筑基础为墙下条形砖基础，基础下为夯土垫层。建筑主体采用钢筋混凝土结构，主要由混凝土柱、混凝土梁共同承重，楼板为混凝土现浇。内外墙均为砖墙，外墙为五零墙，内墙主要为二四墙，三层墙体厚 190mm。外墙面下部刷水泥砂浆，上部刷彩色砂浆。室内采用琴房等小房间围绕舞蹈房、音乐厅等大空间布置的平面布局。窗主要为平开铁窗，门主要为平开木门。屋面板用混凝土浇筑，屋顶采用传统歇山顶样式，屋脊距室外地坪高约 17.2m。

小礼堂原平面布局采用小房间环绕大空间布置的格局，大空间为音乐室、音乐厅等教学、排练和演出空间，周边小空间为琴房、办公和服务类空间，考虑到功能需要，主入口设于建筑短边，与传统建筑开门方向有所区别，反映了建筑师在功能和传统形式之间的合理取舍。

除正门位置外，建筑外观沿袭了金陵女子大学旧址建筑群的一贯形式，采用中国传统宫殿式建筑形式，歇山顶屋面、装饰性红漆柱子、额枋等体现出鲜明的仿传统建筑特色。长边外墙柱间距也考虑到中国传统建筑中开间的区别而做出调整，从外立面看，明间柱间距较宽，两次间及梢间略窄，尽间最窄，营造出较为协调的传统建筑立面比例和韵律。

建筑结构方面，小礼堂采用钢筋混凝土柱、梁承重体系，并结合传统建筑外观需要做了相应调整，是近代钢混框架结构的代表性建筑之一。

小礼堂的构造工艺一方面传承了校址内的早期建筑，如100号至700号楼，在檐口、仿木构油饰彩画、外立面线脚及门窗做法、水磨石地面等细部做法上较为讲究，保持了风貌的一致性。另一方面它的装饰做法也反映了当时的通用做法，如外墙水泥砂浆、彩色砂浆做法等。

小礼堂是金陵女子大学旧址的重要组成部分，落成于新中国成立前的校园大规模建设发展时期，与11号楼遥相呼应，强化了历史轴线，也是今日南师随园校区的重要节点之一。

小礼堂延续了金陵女子大学自建校伊始即确定的中国宫殿式复古风格，也是新中国成立初期"民族形式"建筑的典型代表，与早期建筑一起形成了完整统一的校园空间格局和独具特色的组群风貌。

小礼堂在仿官式歇山顶的屋顶做法和立面线脚、仿木柱和额枋装饰方面充分吸收了校址早期建筑的特征，并做了适当简化，现代感更强，反映出与校址早期建筑在审美上的区别和变化，是研究建筑设计和营建史的重要史料。

小礼堂内部空间布局与使用功能相匹配，布局合理，流线清晰。建筑目前仍在正常使用，且基本延续了原空间布局，充分说明原设计对建筑功能的合理考虑和科学布置。

包括小礼堂在内的旧址文物建筑群和中轴线早已成为南京师范大学的标志物和象征，是金陵女子大学和南师校友的共同记忆，小礼堂曾作为教工活动中心，且长期作为音乐学院的主楼，是学校师生的重要情感寄托，这些文物建筑背后所折射的校史、教学史和情感记忆等均是其文化内涵和价值的重要反映。

1. 修缮后的建筑功能及展示利用思路

建筑功能：修缮后的小礼堂将作为随园音乐厅和音乐学院教学楼继续使用。

利用思路：完整保存文物典型特征要素，局部恢复原室内空间格局，延续现状使用功能要求。

展示思路：完整保存和展示小礼堂特征空间和要素，如外立面、门厅、台阶、屋架等。同时，建议使用方在修缮完成后增加正门入口文物介绍牌，门厅两侧增加小礼堂楼历史展板，传递历史信息。

2. 修缮项目

部分恢复建筑原有格局；加固外墙、柱及楼板，局部揭顶，检修屋面板。清理后加设施，恢复封堵门窗，修缮锈蚀、糟朽或变形窗扇，修补线脚，维修台阶和散水，恢复建筑外部传统风貌；重做内墙抹灰、顶棚抹灰，局部恢复室内地面，恢复室内总体风貌，并满足基本使用要求；维修和疏通室外排水沟。

3. 主要修缮项目做法及要求

（1）结构加固

根据结构鉴定，目前小礼堂结构未出现局部沉降、开裂或倾斜现象，但钢筋混凝土标准较低，且建筑寿命已久，存在较大安全隐患。加固方案包括对外墙采用内侧单面钢筋混凝土板墙加固（不破坏外立面），对楼面梁、楼板及混凝土柱进行加固，并对屋面板进行检修。

（2）墙面做法

外墙做法延续原做法，措施如下：

水泥砂浆粉刷：10mm厚混合砂浆打底，10mm厚混合砂浆粉面。粉刷前灰缝先加刮净勒清，浇以清水，粉以底灰，干后粉以面层。

外墙面石灰黄砂粉刷：10mm厚1∶3石灰黄砂打底，10mm厚1∶3石灰细砂粉面，面层刷黄粉二遍。

柱面粉刷：15mm 厚混合砂浆打底，10mm 厚混合砂浆拌红土粉面，面层做绛红色水泥退光油漆二遍。

水刷石粉刷：15mm 厚混合砂浆打底，1∶2 水泥石子（白、黄、黑）10mm 厚粉面，石子内掺 10% 亮光石子。各颜色石子比例：黄色 70%，黑色 20%，白色 10%。待面层稍干收缩，干后用板刷及清水冲去面上水泥，露出石子。

内墙做法原为 17mm 厚石灰砂泥稻草打底，3mm 厚白云灰面层分粉光，面层每平方米加 0.04 公斤麻刀。考虑到内墙需要采用钢筋混凝土板墙加固，已不适宜再采用泥浆等过去简易做法，修缮时改用目前通用的内墙面刷白色涂料做法。

（3）楼地面做法

水泥地面构造措施：原地面素土夯实，上铺 100mm 厚碎砖夯实，70mm 厚混凝土浇筑，面层用 10mm 厚 1∶2.5 水泥黄砂抹面。水泥楼面面层与此相同。

水磨石地面：垫层做法同水泥地面，垫层上用 10mm 厚 1∶3 水泥黄砂打底，再用 10mm 厚 1∶2 水泥石子粉面磨光打蜡。面层每格方 800 ~ 1000mm，嵌玻璃条。四周镶边宽 150mm，连同踢脚线用颜色。水磨石楼面面层做法与地面相同。

根据现状勘察情况，水泥和水磨石地面在修补或恢复时应沿用原构造做法。破损部位较小时，可局部修补，破损部位较大或分布较广时，应整块区域全部铲除，重做面层。

图注　**1**　金陵女子大学旧址小礼堂（来源：周琦建筑工作室，韩艺宽拍摄）

　　　2~20　金陵女子大学旧址小礼堂建筑图纸（来源：东南大学建筑设计研究院，周小棣团队）

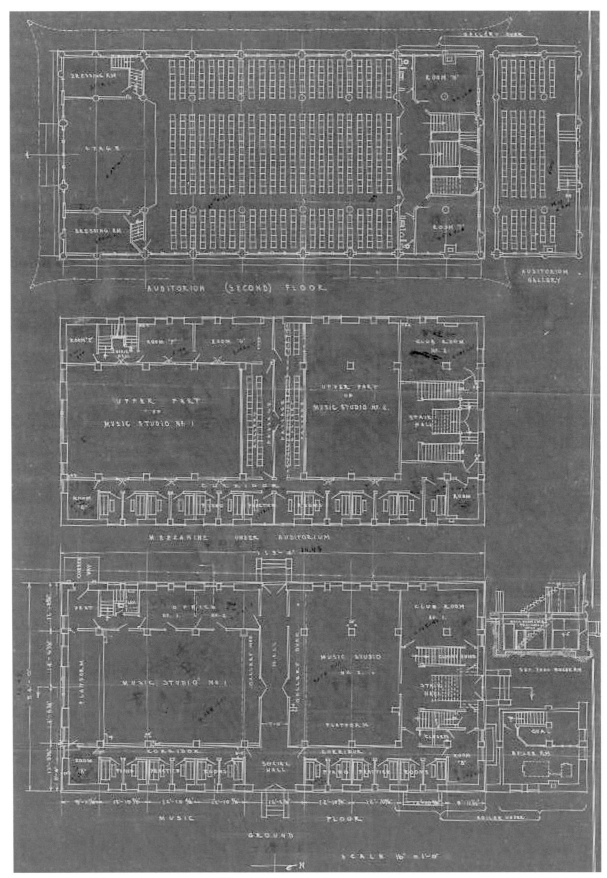

2 金陵女子大学旧址小礼堂历史图纸

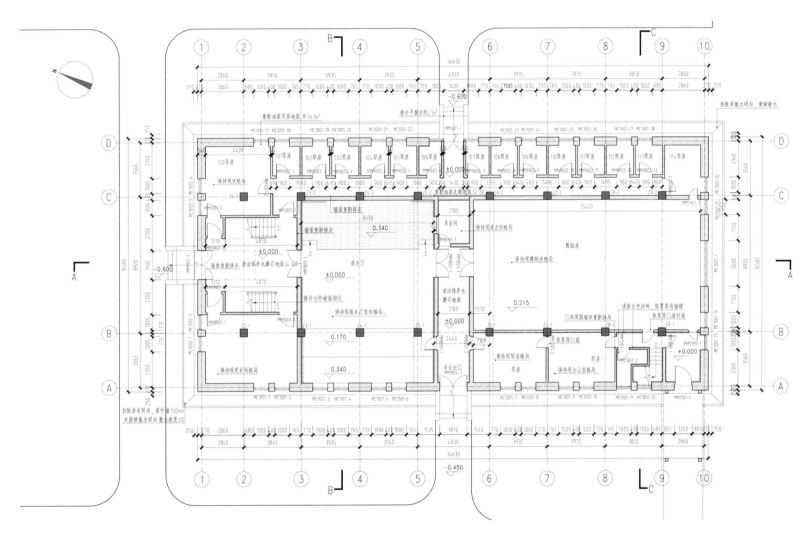

3 一层平面图

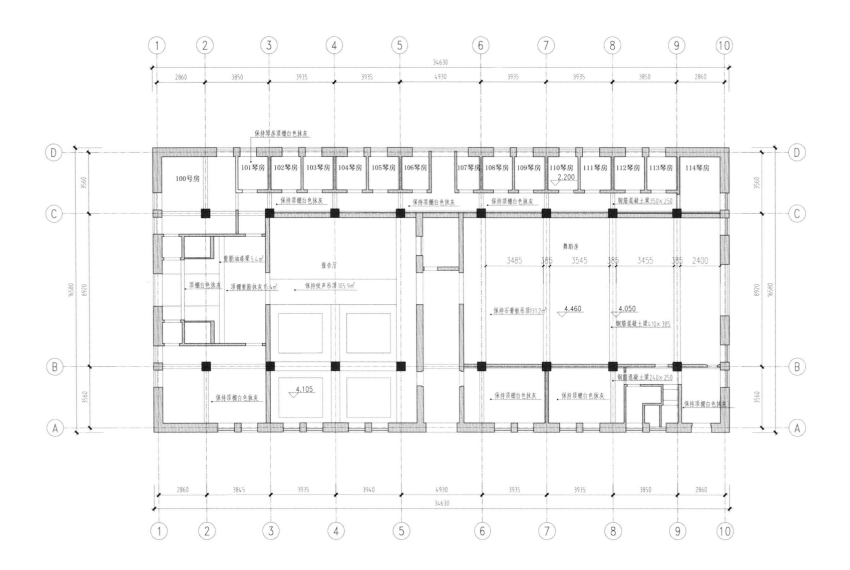

4 一层仰视平面图

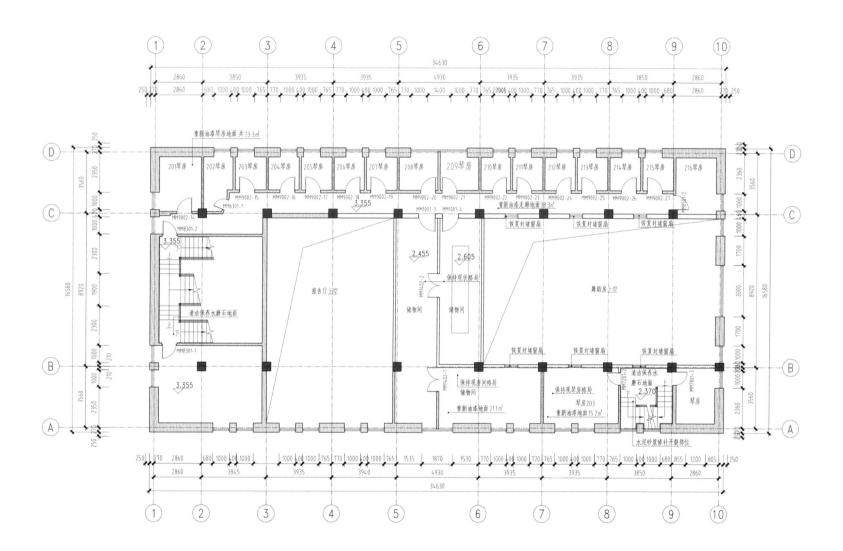

5 二层平面图

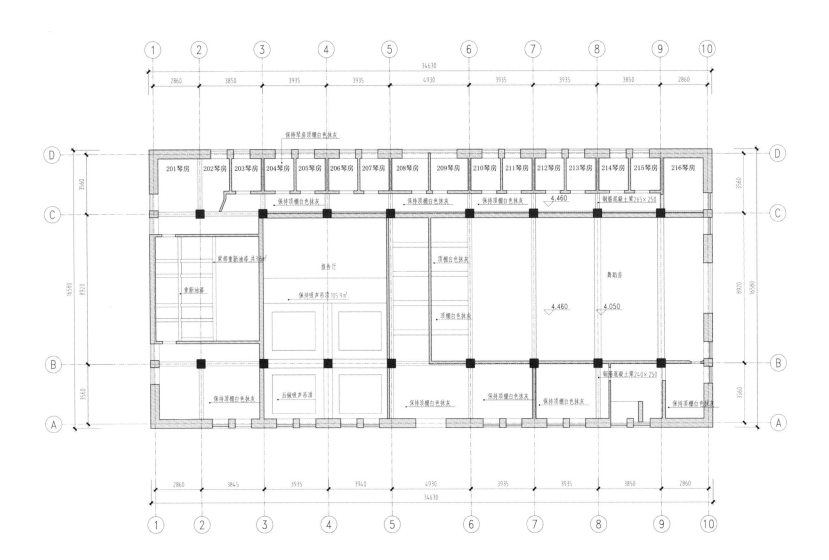

6 二层仰视平面图

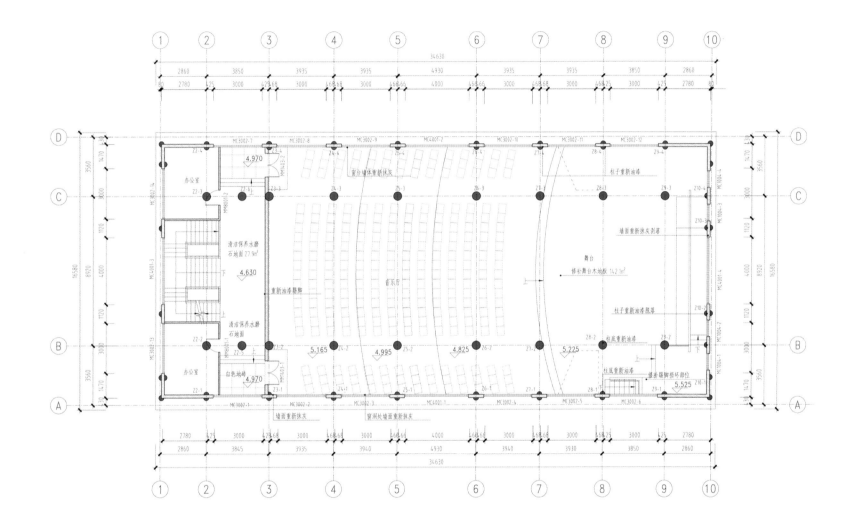

7 三层平面图

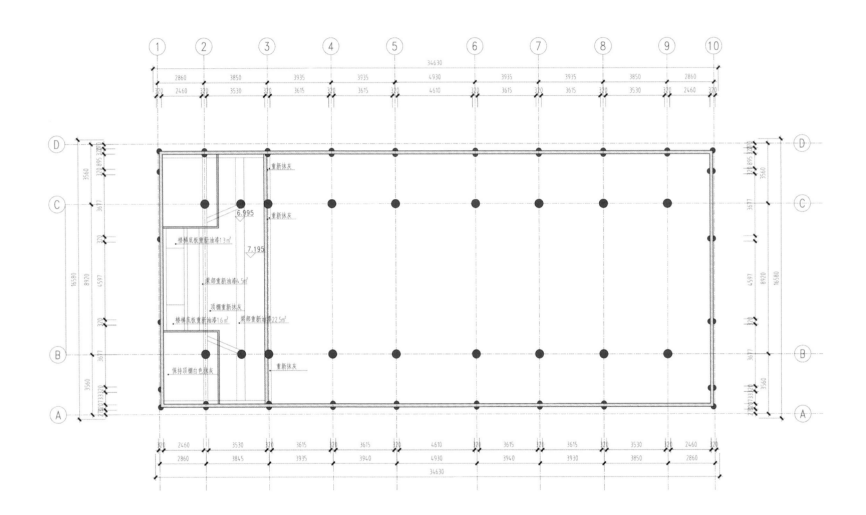

8 楼座仰视平面图

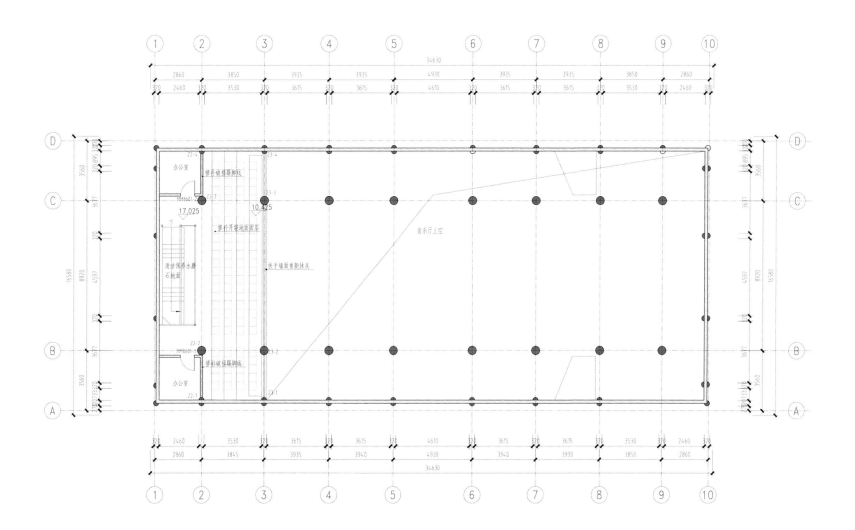

9 四层平面图

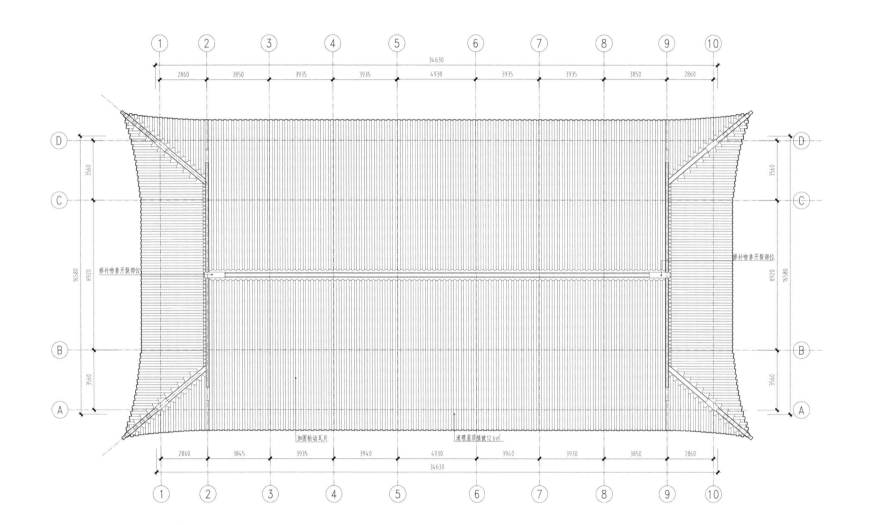

① ② ③ ④ ⑤ ⑥ ⑦ ⑧ ⑨ ⑩

34630

2860 | 3850 | 3935 | 3935 | 4930 | 3935 | 3935 | 3850 | 2860

修补咖兽开裂部位

修补咖兽开裂部位

加固松动瓦片

清理屋顶罐披12.6㎡

2860 | 3845 | 3935 | 3940 | 4930 | 3940 | 3930 | 3850 | 2860

34630

① ② ③ ④ ⑤ ⑥ ⑦ ⑧ ⑨ ⑩

10 屋顶平面图

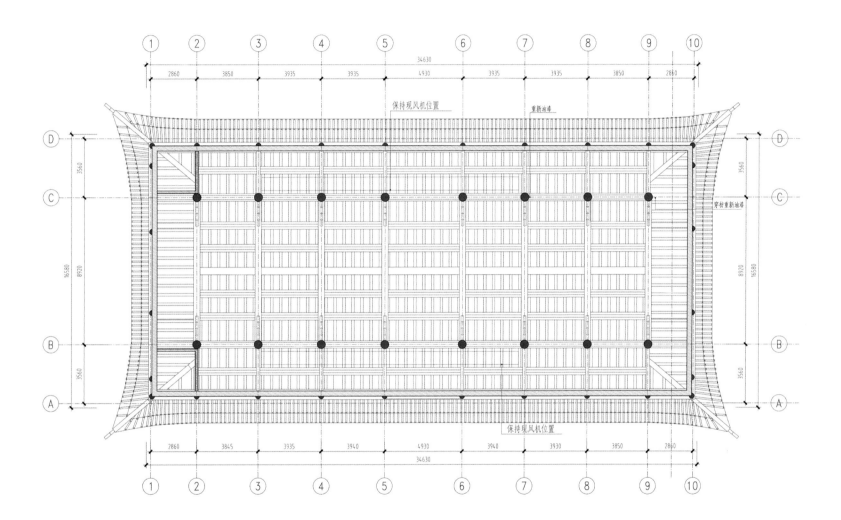

11 屋架仰视平面图

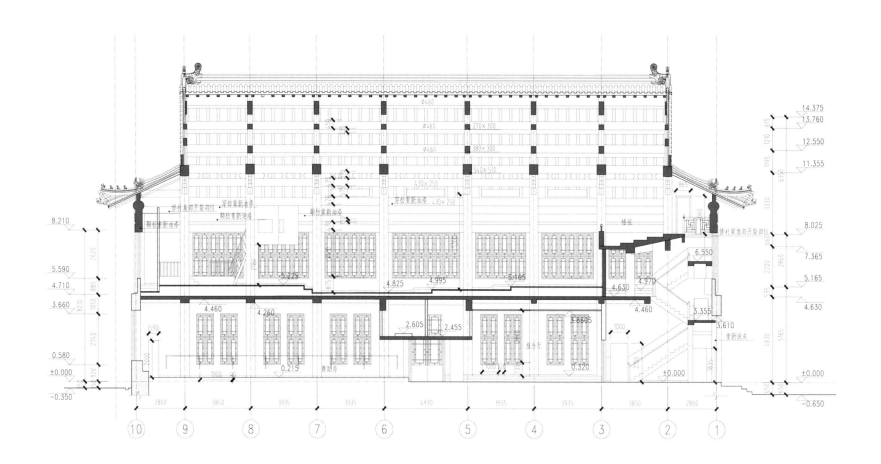

12 A-A剖面图

172

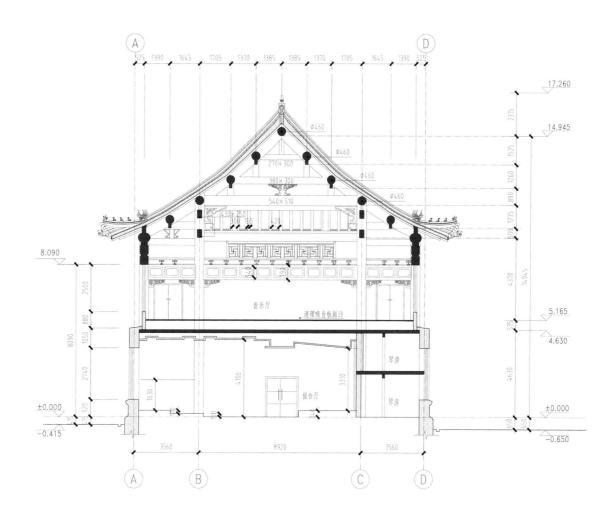

13 B-B剖面图

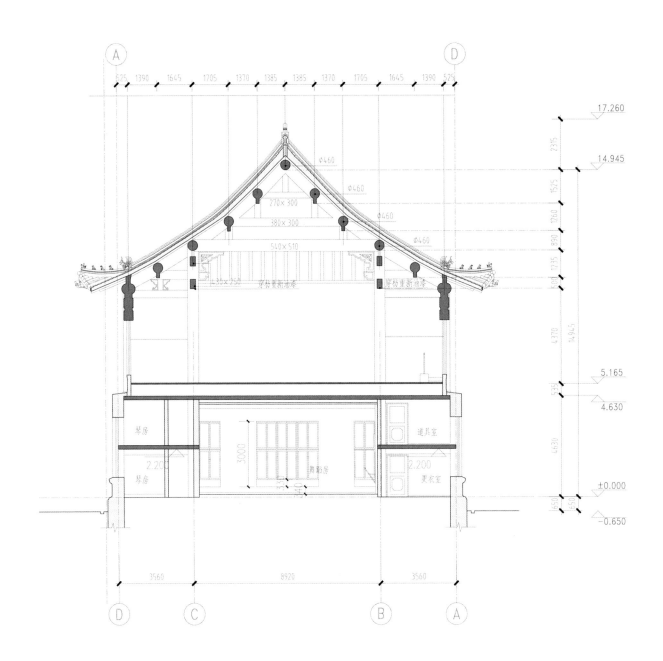

14 C-C剖面图

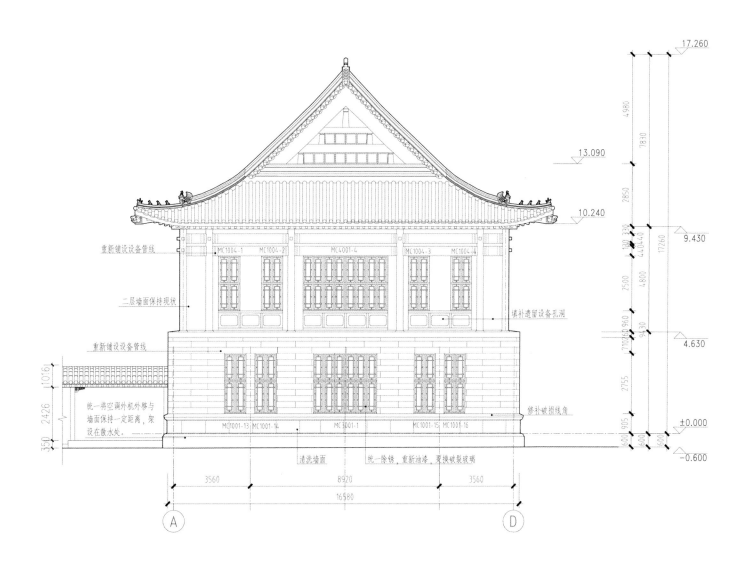

重新铺设设备管线

二层墙面保持现状

重新铺设设备管线

统一将空调机外移与
墙面保持一定距离，架
设在散水处。

MC1004-1 MC1004-2   MC4001-4   MC1004-3 MC1004-4

填补遗留设备孔洞

MC1001-13 MC1001-14   MC3001-1   MC1001-15 MC1001-16

修补破损线角

清洗墙面   统一除锈，重新油漆，更换破裂玻璃

17.260

13.090

10.240

9.430

4.630

±0.000

−0.600

3560   8920   3560

16580

Ⓐ   Ⓓ

15 南立面

175

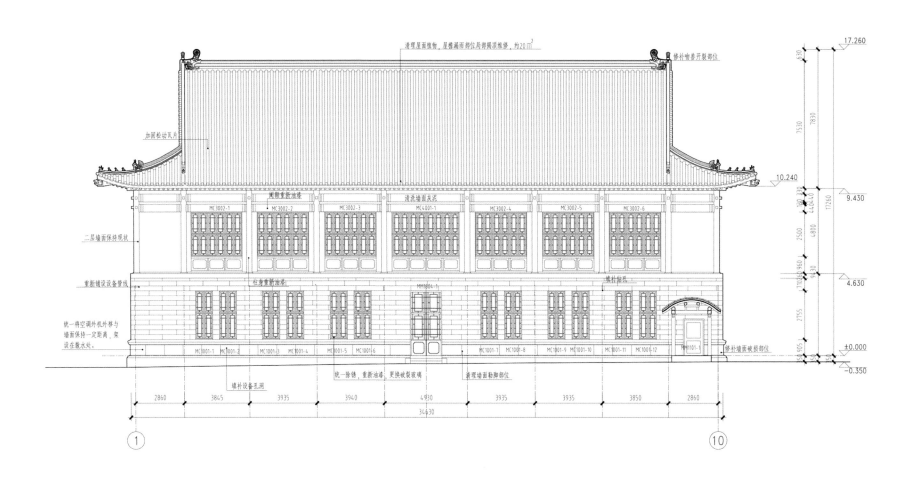

清理屋面植物，屋檐漏雨部位局部揭顶维修，约20m²

修补吻兽开裂部位

加固松动瓦片

重新重新油漆

清洗墙面灰泥

二层墙面保持现状

MC3002-1　MC3002-2　MC3002-3　MC4001-1　MC3002-4　MC3002-5　MC3002-6

重新铺设设备管线

柱身重新油漆

MM1004-1

填补拆孔

统一将空调外机外移与
墙面保持一定距离，架
设在散水处。

MC1001-1　MC1001-2　MC1001-3　MC1001-4　MC1001-5　MC1001-6　MC1001-7　MC1001-8　MC1001-9　MC1001-10　MC1001-11　MC1001-12

MM1101-1

修补墙面破损部位

填补设备孔洞

统一除锈，重新油漆，更换破裂玻璃

清理墙面勒脚部位

17.260

630

7830　7530

10.240

330　120

440 440

9.430

17260

2500　4800

960　960

930　700

4.630

2755

905

±0.000

−0.350

2860　3845　3935　3940　4930　3935　3935　3850　2860

34630

① ⑩

16　西立面

176

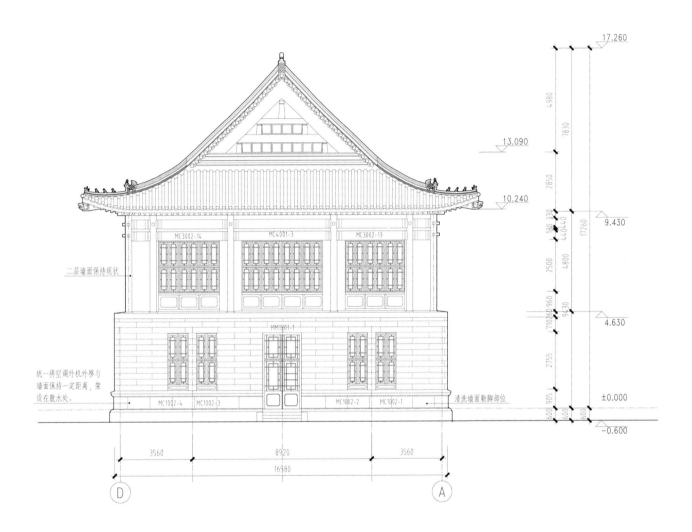

二层墙面保持现状

统一将空调外机外移与
墙面保持一定距离，架
设在散水处。

清洗墙面勒脚部位

MC3002-14   MC4001-3   MC3002-13

MM1901-1

MC1002-4 MC1002-3   MC1002-2 MC1002-1

17.260

13.090

10.240

9.430

4.630

±0.000

-0.600

3560   8920   3560

16580

D   A

17 北立面

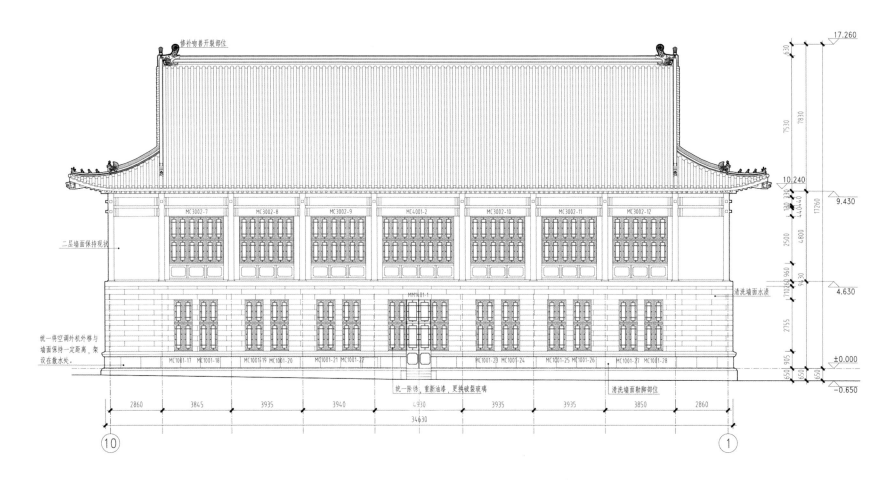

修补吻兽开裂部位

二层墙面保持现状

统一将空调外机外移与
墙面保持一定距离，架
设在散水处。

清洗墙面水渍

清洗墙面勒脚部位

MC3002-7　MC3002-8　MC3002-9　MC4001-2　MC3002-10　MC3002-11　MC3002-12

MM1601-1

MC1001-17 MC1001-18　MC1001-19 MC1001-20　MC1001-21 MC1001-22　MC1001-23 MC1001-24　MC1001-25 MC1001-26　MC1001-27 MC1001-28

统一除锈，重新油漆，更换破裂玻璃

17.260
10.240
9.430
4.630
±0.000
-0.650

2860　3845　3935　3940　4930　3935　3935　3850　2860
34630

⑩　①

18 东立面

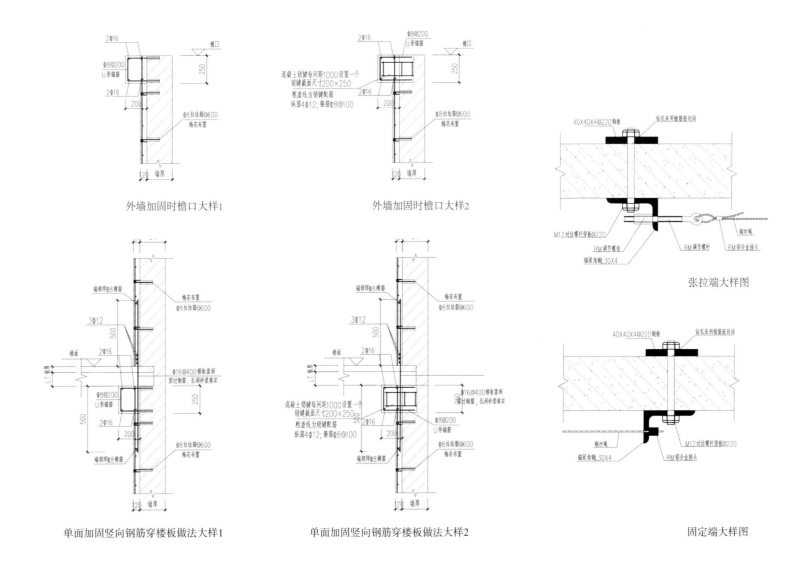

外墙加固时檐口大样1

外墙加固时檐口大样2

张拉端大样图

单面加固竖向钢筋穿楼板做法大样1

单面加固竖向钢筋穿楼板做法大样2

固定端大样图

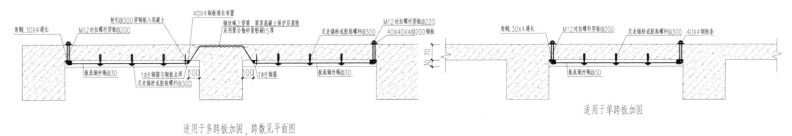

适用于多跨板加固,跨数见平面图

适用于单跨板加固

JGB1剖面图1

JGB1剖面图2

19 各细部做法(1)

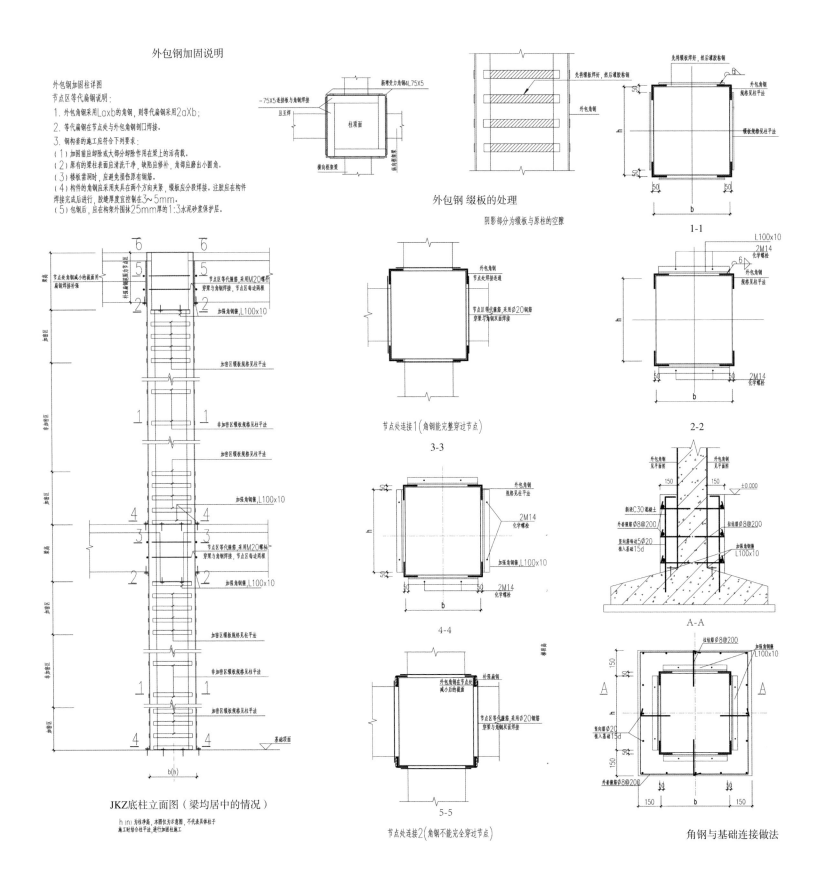

外包钢加固说明

外包钢加固柱详图

节点区等代扁钢说明：

1. 外包角钢采用Laxb的角钢，则等代扁钢采用2aXb；

2. 等代扁钢在节点处与外包角钢剖口焊接。

3. 钢构套的施工应符合下列要求：

(1) 加固前应卸除或大部分卸除作用在梁上的活荷载。

(2) 原有的梁柱表面应清洗干净，缺陷应修补，角部应磨出小圆角。

(3) 楼板凿洞时，应避免损伤原有钢筋。

(4) 构件的角钢应采用夹具在两个方向夹紧，缀板应分段焊接。注胶应在构件焊接完成后进行，胶缝厚度宜控制在3～5mm。

(5) 包钢后，应在构架外围抹25mm厚的1:3水泥砂浆保护层。

外包钢 缀板的处理

阴影部分为缀板与原柱的空隙

节点处连接1（角钢能完整穿过节点）

3-3

节点处连接2（角钢不能完全穿过节点）

5-5

JKZ底柱立面图（梁均居中的情况）

h (m) 为柱净高，本图仅为示意图，不代表具体柱子
施工时结合柱平法，进行加固柱施工

1-1

2-2

4-4

A-A

角钢与基础连接做法

20 各细部做法（2）

（二）中山陵祭堂

中山陵位于南京市玄武区紫金山南麓钟山风景区内，是中国近代伟大的民主革命先行者孙中山先生的陵寝，1926 年动工，1929 年建成，1961 年成为首批全国重点文物保护单位，2006 年列为首批国家重点风景名胜区和国家 5A 级旅游景区，2016 年入选"首批中国 20 世纪建筑遗产"名录。

中山陵祭堂柱子、墩子、横梁、屋架均采用钢筋混凝土结构，祭堂外墙采用花岗岩砌筑，背衬以砖，内部铺贴磨光花岗石，柱墙面护以大理石与人造石，墓室与祭堂连接处设铜门相通，墓室护壁与墓顶均用钢筋三合土浇筑，顶呈釜形双壳式，外挂花岗石。

（1）挖工及底脚工程

地基的开掘与填土，必须遵照图样所示的高度坡线。

底脚须掘至图样所示的尺度，两旁如有坍塌，须用石灰、混凝土填入沟内，不得积水，必要时须用板桩，阴、明沟挖掘深度由建筑师指定。

（2）避水工程

全部底脚及墓室护墙高出地面一尺之处与角屋的拥壁、祭堂内的地板，均须设以下几道避水工程：

第一次，溶解地沥青铺刷（松香柏油）；

第二次，一层油毛毡；再溶解地沥青铺刷；

第三次，二层油气毡；

第四次，溶解地沥青铺刷。

地板上施行上述避水工程后，需再用一份水泥、二份黄沙作粉饰，以进行保护，然后再进行三合土工程。

（3）桩

护墙底脚下须依照图样上的指示，用尖头、五寸径、十二尺长的福州木桩打入。

钢筋三合土工程：

（4）钢条

所有钢条必须为竹节式，由马丁炉炼成。其最大拉力每平方英寸不得少于 6 万磅，让点拉力每平方英寸不得少于 3.2 万磅，在常温下可弯曲 180°，成"U"字形，其直径等于该钢条的厚度，以弯曲处外部不碎裂为合格标准。钢条运到工场后，承包人须妥善存储，以免受损。至承卖商行，应由建筑师认可。

（5）水泥

所有水泥须用上等"马牌"或"泰山牌"，及建筑师认为合格的其他牌号，须连桶连包存储于不受潮且有地板的室内以备用，其桶上的牌号不得撕去，以便检查。

图注　**21**　中山陵（来源：周琦建筑工作室，韩艺宽拍摄及后期合成）

（6）黄沙

黄沙须尖锐、洁净，不含有机、无机及酸性、碱性的杂物为合格，其大小以能筛过一分半筛子为标准。

（7）碎石子

碎石子由坚硬的花岗岩捣碎，并将泥沙杂物洗除净尽，碎石子的对径须自一分半至六分，细者可作沙用，粗者另行堆置，根据建筑师的指定，搀入到其他相当工程，承包人须将石子样品送经建筑师核准。

（8）三合土成分

钢筋三合土的成分分为一分水泥，二分黄沙，四分碎石子。

（9）水泥浆

本工程中所用水泥浆为一分水泥，二分黄沙的混合物，搅拌至颜色均匀为度。

（10）钢条工质

截断钢条最宜留意，务必使修剪的长短合度，并须照图样弯折。承受拉力部分的钢条不得用锻接，如果有不能不接者，可用叠接法，即至少叠越该钢条直径24倍的长度，并用铅丝紧扎于接处。作为承受拉力用的钢条两端须弯成钩子或以其他方法使之紧嵌于其他部分，弯均须成"U"字形，其半径不可小于钢条直径之2倍，其他弯处半径至少须大于钢条直径之5倍。其直径在六分以上的钢条两端钩形须烧热后弯之，钢条须用铅丝捆扎，使成坚固之架，于放三合土时不至扭歪，扎成后经建筑师检验无误后，三合土才能放入。

（11）三合土工质

三合土搅和用人工或机器均可。如用机器，宜用分次式机器，如用人工，须照下述方法操作：将沙与水泥各量准，置于清洁的拌板或三合土地板上，干拌两次，将碎石加入，再拌二次，然后洒以水，同时再拌数次，务必使其完全混合。三合土拌成后，须立即放置，每层不得超过四寸厚，尤须尽力捣实，使其最紧密地结合。各种杂物，如木屑、木片等，须注意不得混入。当三合土放置时，一部工作须一气做成，不得间断。如一部工作不能不间断者，其连接处宜使表面粗糙并在续放三合土时，先将灰尘洗去，再浇以水。在气候暖热时，未凝固的三合土须覆以蒲席之类，以避日光，三合土凝坚后，于八日内每日须洒水二次。气候寒冷时，如温度在冰点以下，三合土工作即须停止进行，并设法将未凝坚的三合土妥善保护，以免结冻。如遇大雨时，亦须预备同样的防御措施。

（12）壳板壳板须用上等木料，宜平直而无大节破裂及其他劣点者。

（13）避水工程祭堂大小柱子底部须实施避水工程一尺于地面上，其法既可以避水胶七磅搀入于每立方码的三合土内。

石作工程：

（14）琢石凡石作工程，其材料除特别注明外，皆用最上品香港花岗石，无裂缝、斑疵等缺点为合格。先以石料的自然面放平，琢成如图之大小，四边自前至背皆须平直方整，正面须琢光，两石相接之灰缝，其宽度为一分半，非经建筑师允许不得任意增加接缝，琢石人工务求精致，一切缀补与损坏或不完全之处均须重新砌筑，凡石料不论已经砌未砌，如建筑师人为不满意的，须即易换；工程进行时，因故受损之石，也须移易新石，其费用由承包人负担。石料厚度以七寸半为限，雕刻花面除外。

（15）工图样承包人须先预备石工详图两份，表明接缝的位置及固嵌的方法，呈交建筑师核准后才可动工。

（16）石工的表面承包人应备石料表面工作的样品多种，请建筑师选定。

（17）石工表面的毁坏所有石料的表面不得有工具痕迹与碰坏、破边、缀补等种种缺点，此类损坏表面的石料，须移至工场以外。如石料于砌成后而遭毁者，亦须拆下更换。凡石工于必要处须用木板防护之。

（18）铁攀、夹钳等依建筑师的意旨，每块石料须用铁攀使其与后面砖墙或三合土绊住，并用夹钳使与左右石料连结。石长在三尺以上者，须用铁攀两只以上，承包人须购备铁攀、夹钳等应用材料，并妥为安置。铁攀用熟铁制成，一英寸宽，一分厚，十二英寸长，须攒入砖墙内二英寸、石料内一英寸；夹钳亦须熟铁制成，一英寸阔，一分厚，四英寸长，须攒入石料内一英寸。铁攀、夹钳均须涂以熟柏油，然后装置。

（19）砌石砌花岗石时，须用一份水泥、二份黄沙的水泥浆妥为填实。

（20）花岗石平台、踏步祭堂平台及踏步均用苏州花岗石，照香港花岗石的砌法筑成。

（21）内部柱子祭堂内部石柱共十二，四隐八显，柱外护以上等青岛花岗石，照建筑师事务的石样磨光，尤须精细，平均厚度四英寸。

（22）石柱祭堂前面应用假石柱四根，两全两半，所用材料均系独块，不用拼节，其表面则照图样琢成凸圆形。

（23）花岗石铺地踏步及石墩，祭堂外部须遵照图样，施以四寸厚的苏州花岗石铺地，阶梯及两旁栏杆亦用苏州花岗石筑成，其大小则照图样的规定。祭堂前面栏杆两旁之石墩二座，亦以苏州花岗石筑成。

（24）围墙石铺面祭堂旁围墙的面部，铺以四寸厚的苏州花岗石。

（25）石工的保护承包人应供给充分木料并用各种稳妥方法以防石工的损坏而取得建筑师的满意，在全部工程未接收以前，承包人应负担保护工程的全责。

（26）清理及嵌灰缝石料砌成后，将其灰缝挖去深约六分，当石工完成时，其灰缝以白色水泥嵌之，并用酸水将面上的水泥、尘埃等污渍洗去。

（27）坟墓有孔石墓顶石筑工程的某部分须钻孔眼，内装平圆玻璃，以接受外面光线入墓（参照图样）。此种工作，承造人依照建筑师的指导而进行。

泥匠工程：

（28）砖工

祭堂内外墙壁均用上选机器砖砌成，应整齐垂直而无歪斜，并用钩钉为钉紧。砌时每十砖高，须量其平线是否准确，全部砌砖均须水泥浆拥护紧砌，使其横直强固。气候在华氏表四十五度以上时，砌墙的砖须浸以相当水量；在四十五度以下，则无须浸泡。如两墙相连而先砌一墙者，先砌的墙每砌砖六层，须使其长短不一，以便衔接，或每隔三尺用涂柏油的熟铁丁字钩钉紧。

（29）人造石

内部墙壁应护以人造石，其表面应平滑光泽，分块的大小与比例则照图样或由建筑师指定，承包人须将石样多种送请建筑师核定。

（30）人造石之装饰祭堂横梁上的几斗及其他部分的托架，亦用上述的人造石堆，须另加颜色由建筑师选定。

大理石、镶花磁及人造石工程：

（31）材料与人工

凡大理石，镶花磁及人造石等工程应用材料均须质地优良，人工尤宜精致。设工程全部或一部分建筑师人为不满意者，承包人即须拆除并依照建筑师之意从而自费重筑。所用大理石，其质地务须优良，颜色尤宜调匀，石材有裂缝及其他劣点者一概拒用，石材有缀补或涂蜡者无论铺就与否概不收受。铺置大理石，其表面须平直整齐，其紧贴于墙上或钢铁工程处，应用白色水泥浆及石膏粉嵌入，所有螺丝钉及其钉钩等均不能显露于外面。大理石铺置连接处尤宜紧贴（另行说明者不在其内），其与大理石连接的钢铁，须涂以白铝及油类，以防生锈。

（32）大理石须质地坚密、颜色调匀而无斑疵，应以建筑师认可的样品为标准，铺置时应用白色水泥浆镶嵌。

（33）大理石护壁祭堂内墙应用建筑师指定的灰色意大利石，护壁其高度则照图样所指示的尺寸，护壁石厚度为七分，其大小及花色悉照图样，装饰部分的雕刻则照详细图样。

（34）大理石地板所有祭堂及坟墓内的地板、门槛及踏步，均需上等白色意大利石，具有灰色斑纹，厚为二分，大小则照图样。

（35）大理石栏杆墓内栏杆需用纯白的北京或意大利石，其雕刻则照详细图样，并受建筑师的指导。

（36）大理石棺椁底座棺椁底座应用白色意大利纹石，其雕刻则照详细图样。

（37）镶花磁天花板祭堂中部及其四周之天花板与坟墓顶幔及其四周均用镶花磁，照建筑师的意旨建造。镶花磁样品存建筑师事务所，并规定应向上海四川路六十九号中国磁业公司定购，具备各种颜色，以10%为金色。铺设镶花磁时，承包人对于铺设之处，如须挖掘填补，亦应照搬。

（38）梁用镶花磁祭堂梁上装饰部分须用简单花样的镶花磁铺设，其法如前节的天花板工作。

（39）磨光人造石坟墓顶幔的下部及四角方室内的天花板均铺人造石，三层人造石系大理石屑、白色水泥及沙三种混合而成，混合比例不拘，但须得建筑师之满意，承包人须将人造石样品多种呈交建筑师选定。

铜工：

（40）屋顶铜瓦及屋脊装饰均由业主供给，但承包人应依照建筑师的指导，负提货、装置之责。

（41）假铜椽屋檐下的假椽须用铜质，除另有合同规定外，承包人应为装饰置于三合土内或其他部分内。

（42）铜门、铜窗铜门、铜窗除另有合同规定外，承包人应负责装置的职责。

（43）铜质通风格的大小悉照图样，由承包人供给，并用水泥浆妥为安置于祭堂及坟墓的石筑及三合土工程内，得建筑师满意才行。

（44）泄水设备在铜瓦与下层屋顶边墙之间须有铜板为泄水设备，由承包人供给装置。在祭堂及坟墓石工露顶的垂直接缝处，铺设铅铁方块的泄水设备，由承包人供给，并照建筑师的意旨安置。

图注　**22**~**37**　中山陵祭堂及墓室建筑分析（来源：周琦建筑工作室，张力绘制）

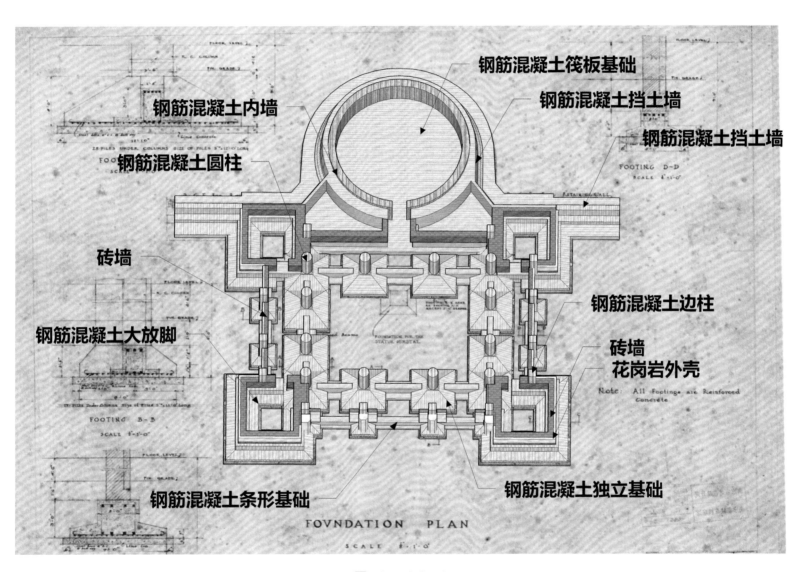

钢筋混凝土内墙

钢筋混凝土筏板基础

钢筋混凝土挡土墙

钢筋混凝土挡土墙

钢筋混凝土圆柱

砖墙

钢筋混凝土边柱

钢筋混凝土大放脚

砖墙
花岗岩外壳

钢筋混凝土条形基础

钢筋混凝土独立基础

22 陵墓及祭堂基础1

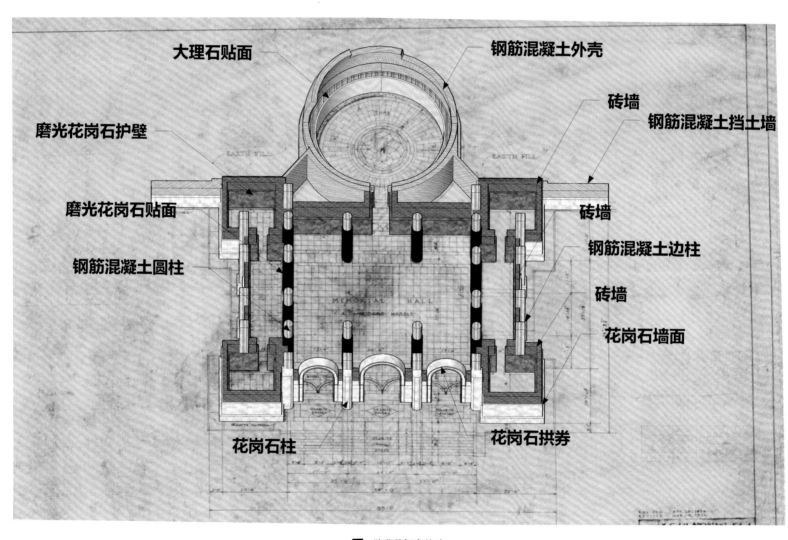

大理石贴面　　　　　　　　　钢筋混凝土外壳

磨光花岗石护壁　　　　　　　　　　　　砖墙

　　　　　　　　　　　　　　钢筋混凝土挡土墙

磨光花岗石贴面

砖墙

钢筋混凝土圆柱　　　　　　　　钢筋混凝土边柱

砖墙

花岗石墙面

花岗石柱　　　　　　花岗石拱券

23　陵墓及祭堂基础2

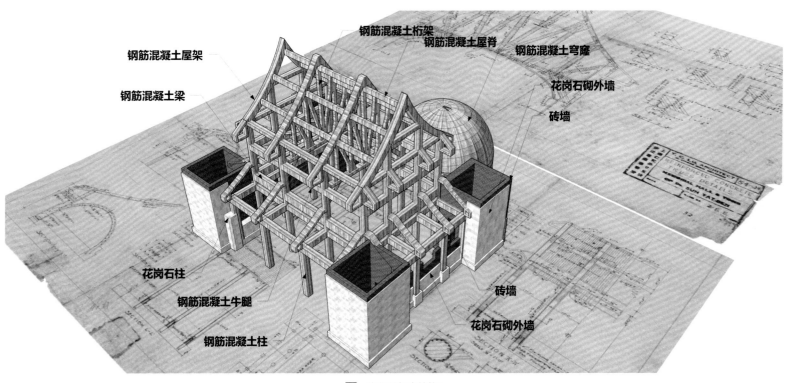

钢筋混凝土屋架　　　　钢筋混凝土桁架
　　　　　　　　　　　钢筋混凝土屋脊
　　　　　　　　　　　　　　钢筋混凝土穹窿
钢筋混凝土梁　　　　　　　　　　花岗石砌外墙
　　　　　　　　　　　　　　　　砖墙

花岗石柱
钢筋混凝土牛腿　　　　　　　　砖墙
钢筋混凝土柱　　　　　　花岗石砌外墙

24 陵墓及祭堂结构1

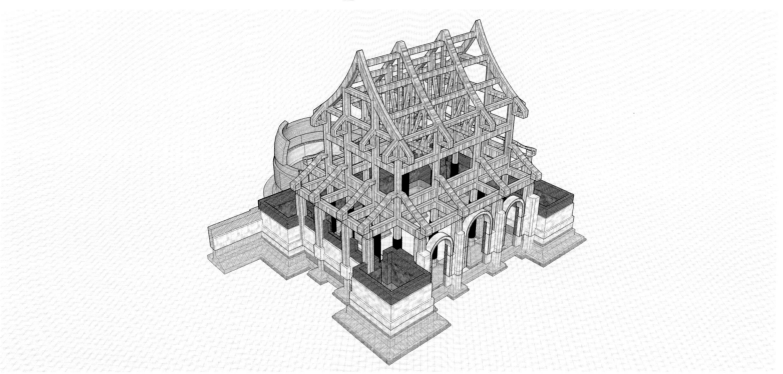

25 陵墓及祭堂结构2

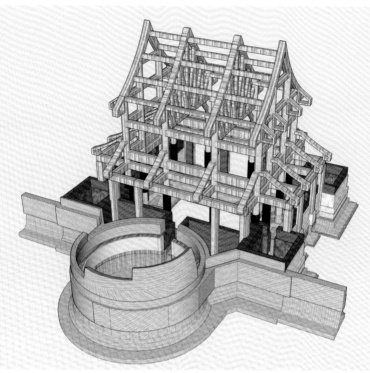

26 陵墓及祭堂结构3

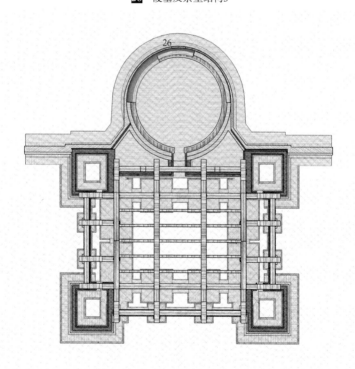

27 陵墓及祭堂结构顶视图

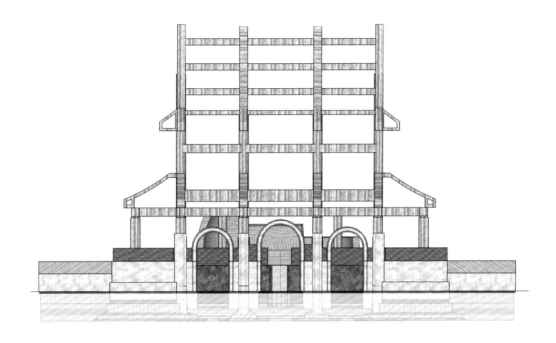

28 陵墓及祭堂结构正视图

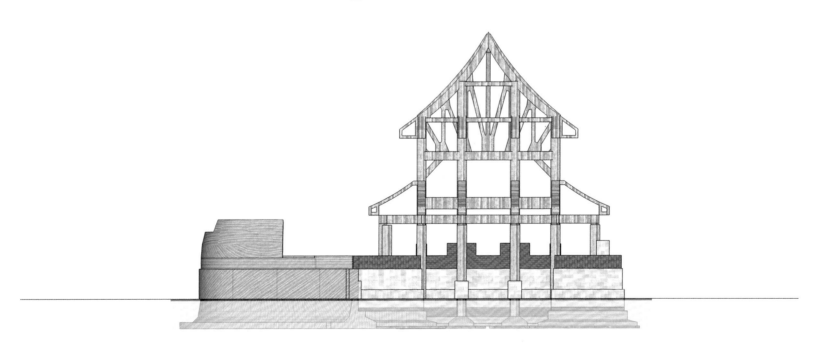

29 陵墓及祭堂结构侧视图

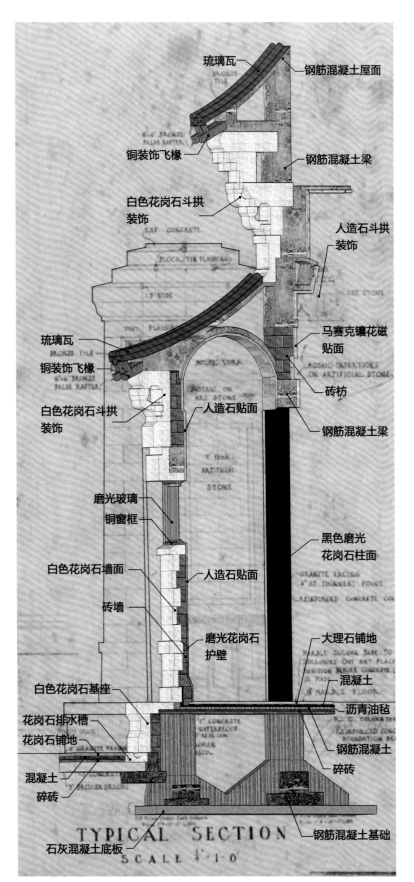

琉璃瓦
钢筋混凝土屋面
铜装饰飞椽
钢筋混凝土梁
白色花岗石斗拱装饰
人造石斗拱装饰
琉璃瓦
马赛克镶花磁贴面
铜装饰飞椽
白色花岗石斗拱装饰
人造石贴面
砖枋
钢筋混凝土梁
磨光玻璃
铜窗框
白色花岗石墙面
人造石贴面
黑色磨光花岗石柱面
砖墙
磨光花岗石护壁
大理石铺地
白色花岗石基座
混凝土
花岗石排水槽
沥青油毡
花岗石铺地
钢筋混凝土
混凝土
碎砖
碎砖
钢筋混凝土基础
石灰混凝土底板

30 陵墓及祭堂强身及屋面构造

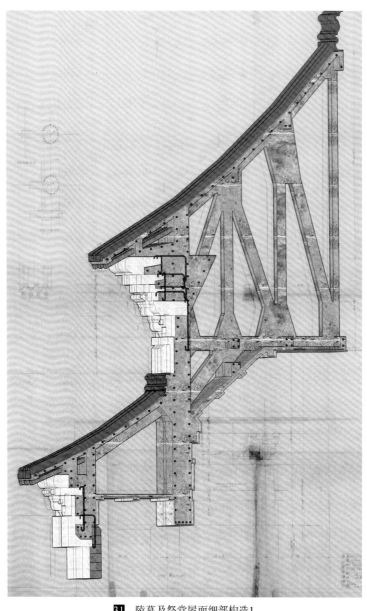

31 陵墓及祭堂屋面细部构造1

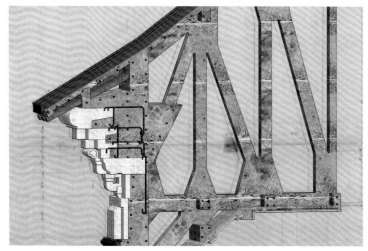

32 陵墓及祭堂屋面细部构造2

190

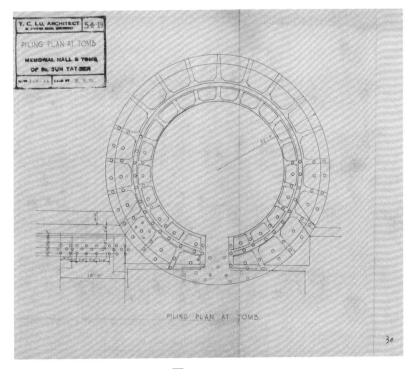

33 陵墓平面图

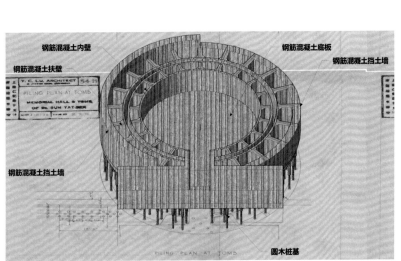

钢筋混凝土内壁　钢筋混凝土底板
钢筋混凝土扶壁　钢筋混凝土挡土墙
钢筋混凝土挡土墙
圆木桩基

34 陵墓构造

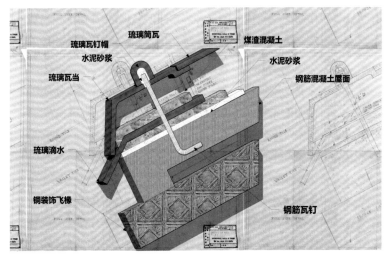

琉璃瓦钉帽　琉璃筒瓦　煤渣混凝土
水泥砂浆　水泥砂浆
琉璃瓦当　钢筋混凝土屋面
琉璃滴水
铜装饰飞椽　钢筋瓦钉

35 瓦当滴水构造

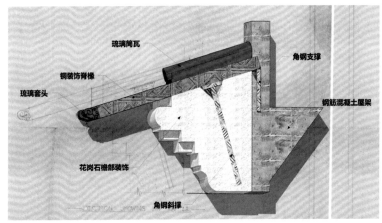

琉璃筒瓦　角钢支撑
铜装饰脊椽
琉璃套头　钢筋混凝土屋架
花岗石檐部装饰
角钢斜撑

36 脊椽构造

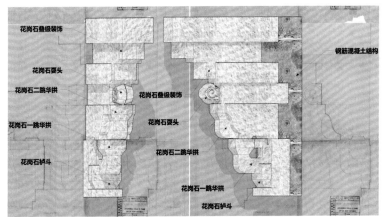

花岗石叠级装饰　钢筋混凝土结构
花岗石栗头
花岗石二跳华拱　花岗石叠级装饰
花岗石栗头
花岗石一跳华拱　花岗石二跳华拱
花岗石护斗
花岗石一跳华拱
花岗石护斗

37 装饰斗拱构造

第三节　钢屋架体系

一、概述

　　该范畴中的木屋架体系建筑主要指建筑主体部分采用钢筋混凝土结构，屋顶由钢屋架进行承重，屋面形态及构造趋同于中国传统屋面式样，并在立面或内部装饰中带有特定中国传统建筑元素的中国近代建筑。

　　该体系建筑的出现时期较晚，多用于礼堂、纪念堂、图书馆、博物馆等需要大跨空间的公共建筑。该体系建筑具有较好的防火性能，但因为造价相对高昂，所以并未大规模使用。在结构上，该体系建筑遵循钢筋混凝土结构体系建筑的普遍原则，钢屋架的形式以豪威式、芬克式为主。在屋面曲线的塑形方式上，与木屋架体系与钢筋混凝土体系基本相同。典型案例有励志社旧址大礼堂、南京中央博物院旧址等。

二、案例分析

　　案例：励志社旧址大礼堂

　　励志社旧址共有三幢宫殿式建筑，建于1929年至1931年间。建筑呈"品"字形分布，由西向东，分别是大礼堂、1号楼、3号楼，均坐北朝南。

　　励志社旧址大礼堂建于1931年，主体为钢筋混凝土结构，而梁、椽、挑檐则是木结构。高三层，重檐攒尖顶，平面为方形，建筑面积1360m²，可容500人就座。内部按照当时比较现代的剧院布置，设有门厅、休息室、观众厅及其他服务设施，在其四周还建有附属用房。

　　励志社1931年建成后，成为蒋介石、宋美龄以及国民政府要员的休闲、娱乐场所。它由著名建筑师杨廷宝设计，系宋美龄用上海各界支援抗战的部分募捐款建成，主要功能为社交、集会和娱乐。当年，励志社经常在此举办戏剧、话剧、文艺会演和各类比赛，梅兰芳等艺术大师也曾应邀在此献艺。

图注　　**1**　励志社历史照片（来源：周琦建筑工作室）
　　　　2　励志社旧址礼堂鸟瞰（来源：周琦建筑工作室，金海拍摄）

1945年9月8日，何应钦作为中国战区最高统帅蒋介石接受日军投降的总代表，在励志社举行中外记者招待会上宣布中国战区将于9月9日在黄埔路中央陆军军官学校大礼堂内举行签降仪式。1946年2月15日，战争罪犯处理委员会在励志社大礼堂设立国防部审判战犯军事法庭，专门审讯侵华日军战争罪犯。如此之多的历史重大事件发生于此，因此，励志社见证了南京近80年来变化的面貌，是众多历史事件的记录者，也作为南京民国时期高级休闲、娱乐场所，其历史价值不言而喻。

国民政府定都南京后制定的"首都计划"强调：首都南京的建筑以"中国固有之形式为宜，而公署及公共建筑尤当尽量采用"。在这一时期，中国一些有见识的建筑师看到中国传统建筑形式与西方现代建筑技术、现代建筑功能相结合的矛盾，同时考虑到宫殿式建筑造价昂贵，费时费工，以及建筑格局呆板，于是探索着将中西方建筑有机地融合。励志社建筑群就是这类建筑的典型实例。

励志社建筑群代表了当年南京建筑的一种潮流，即在传统大屋顶宫殿式建筑外壳中，包容了现代的使用空间。它反映了设计者娴熟的职业技能，同时也反映了当时人们对传统文化的推崇。这种将传统的建筑形式与现代的功能、技术和建筑材料有机地结合在一起的建筑方法曾在南京风靡一时，后因造价太高而被其他建筑方法所取代。

励志社旧址大礼堂造型典雅，体现时代特征：整座建筑造型典雅，平面设计与立面构图基本采用西方现代建筑手法，但也结合中国传统建筑的屋顶及细部处理方法，反映了建筑的时代性。

励志社旧址大礼堂细部精美，仪态庄重：励志社大礼堂的整个造型基本采用传统建筑三段式，即为基座、墙身和屋顶。墙身主体用砖红色面砖饰面，底部用水刷石粉刷。屋顶采用传统的重檐攒尖顶，上铺琉璃瓦，出檐深远，檐下有彩画，细部精美。东南北三个立面入口处均为中式门楼，屋顶组合丰富，有层次。

励志社旧址大礼堂中西结合，深蓄文化底蕴：在平面设计和立面构图上采用西方古典建筑与中国传统建筑相结合的手法，建筑细部则采用了传统的中国建筑语言，深厚体现中国文化底蕴。

励志社旧址大礼堂采用中西合璧的艺术手法：建筑室内功能布局、空间尺度均采用西方现代建筑的手法，设计上又借鉴中国传统纹样的艺术装饰效果；装饰采用传统中式彩画的纹样装饰；各纹样装饰多以简洁见长；中西合璧的艺术手法炉火纯青。

励志社旧址大礼堂精美细致的艺术风格：运用砖红色面砖贴面，传统攒尖琉璃瓦顶，底层水泥粉刷基座等传统民族形式。

现状评估：

1.室外部分

屋顶现状分析：大楼屋顶为传统的重檐攒尖顶，上铺琉璃瓦，脊饰作适当的简化。屋顶总体保存较好，但筒瓦局部破损，脊为钢筋混凝土仿建，需要进行清洗修补并做防水处理。檐口变形严重，部分木构件变形开裂腐烂，油漆剥落，急需更换构件。

彩画现状分析：檐下彩画曾进行修复，目前色彩、纹样保存完整，总体保存较好，需要进行清洗。

外墙面现状分析：建筑外墙贴砖红色面砖，整体保存较好，但由于管线设备等需要局部墙面开洞，影响外观整体效果。墙身底部原为水刷石饰面，近年做了真石漆粉刷处理，且留有通风孔，现状保存较差，真石漆剥落开裂现象严重，建议对其进行技术处理，恢复原状。外立面挂满灯饰及其电线，各种管线落水管影响外观。门窗为近年更换的铝合金门窗，现状较好。

现状分析总结：大楼屋面保存较好，仅需少量修理，更换破损构件、破损筒瓦；外墙墙面现状较好，但需要整治，整理灯饰、清理管线等；门窗保存较好，仅少量需修理更换。

2.结构部分

黄埔厅为大跨结构，其功能为礼堂或大型会议厅，其核心部分为混凝土框架结构，外围砖墙为承重墙，共有两层（东侧主席台下另有一层地下室），第二层主要为看台。外墙基础采用混凝土条形基础，埋深0.53m，混凝土底板较薄，为140~170mm，宽度1400mm。黄埔厅的屋架为钢结构，弦杆和腹杆均为双角钢。经普查，黄埔厅主体结构尚基本完好，但其附属结构，如后台、地下室等部位的墙体、梁柱存在较为明显的劣化现象。

抗震性能分析方面，在地震作用下，黄埔厅底层局部墙体的压应力超过其现有的材料强度要求，不满足要求，需进行墙体加固；因现有墙体的砂浆强度较低，底层墙体的剪应力较普遍地超过其材料抗剪强度。由于该建筑已使用近80年，结构在建造时未考虑抗震构造措施，且在使用过程中进行过数次不同的改造变更，对照现行的结构设计、施工规范和鉴定标准，房屋的结构布置不合理，整体刚度较差，抗侧向变形较弱，不能形成抵抗水平力的有效体系。另外，由于结构材料性能的降低，尤其是砂浆强度的降低使结构更容易发生剪切破坏，对结构的抗震性能也造成了十分不利的影响。

综上分析评价，该建筑在正常使用情况下，房屋主体结构的安全性基本满足规范要求，但房屋主体部分抗震能力不足，且无抗震构造措施，结构的抗震性能不符合现行《建筑抗震鉴定标准》的有关条款要求，需要进行抗震加固处理。

励志社黄埔厅现为江苏省会议中心会议厅，根据实际需要进行了适当的功能调整，基本可以满足使用要求，整体使用状况较好，基本保存了原有的平面布局形式，仅作了少量的局部调整。

3. 主要破坏因素或现存主要问题

（1）外观的整治：外墙面各种管线和灯饰影响立面整体性，外观的整治是本次维修改造的重点之一。

（2）屋面的维修总体保存较好，但筒瓦局部破损，有渗水现象，脊需要进行清洗修补处理，并用琉璃脊瓦重做屋脊。檐口变形严重，部分木构件变形开裂腐烂，油漆剥落，急需更换构件。

（3）外墙饰面材料为面砖、真石漆、水刷石及石材等，均存在不同程度的剥落开裂现象，需要进行修复设计。

（4）各种装饰构件的修复：彩画基本保存完整，但色彩开始暗淡，为了更好地保护需要进行重新描绘，原样修复。栏杆开裂现象严重，内部拉结钢筋暴露，在本次维修中将修补栏杆裂缝。屋面琉璃脊饰。保存基本完好，但部分布满灰尘，需要清洗。

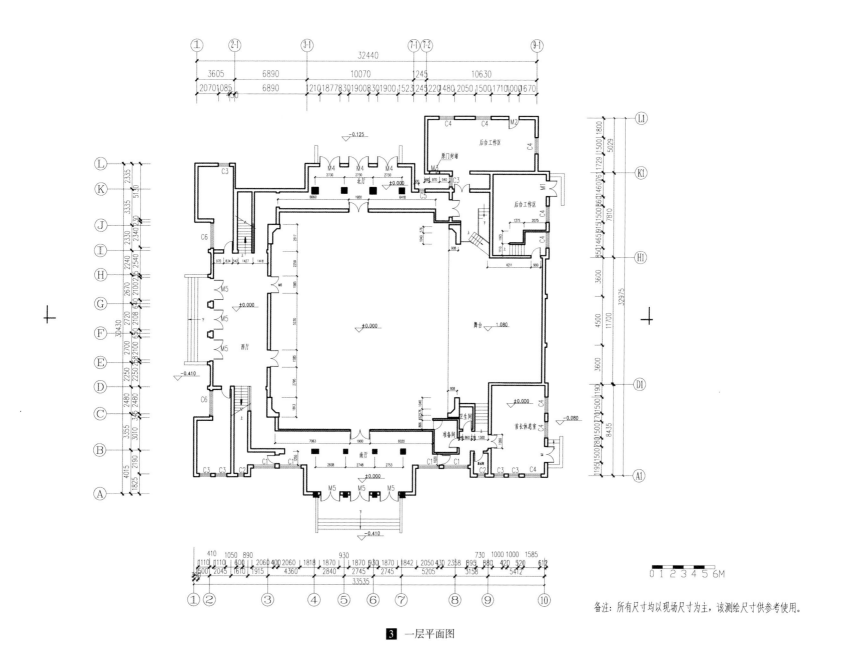

3 一层平面图

图注 **3** ~ **14** 励志社旧址建筑图纸及照片（来源：周琦建筑工作室）

备注：所有尺寸均以现场尺寸为主，该测绘尺寸供参考使用。

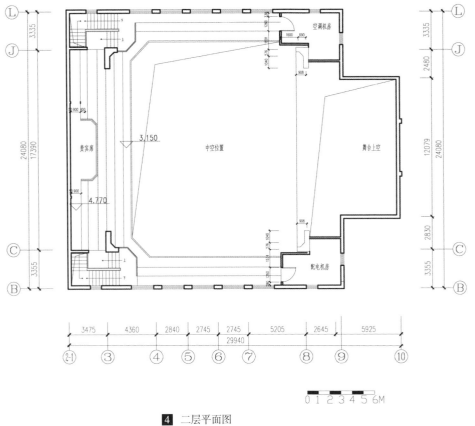

4 二层平面图

5 地下室平面图

6 励志社旧址大礼堂室内1

7 励志社旧址大礼堂室内2

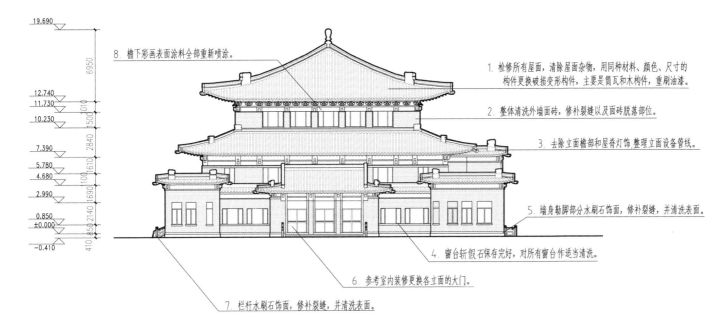

8. 檐下彩画表面涂料全部重新喷涂。

1. 检修所有屋面，清除屋面杂物，用同种材料、颜色、尺寸的
   构件更换破损变形构件，主要是筒瓦和木构件，重刷油漆。

2. 整体清洗外墙面砖，修补裂缝以及面砖脱落部位。

3. 去除立面檐部和屋脊灯饰，整理立面设备管线。

5. 墙身勒脚部分水刷石饰面，修补裂缝，并清洗表面。

4. 窗台斩假石保存完好，对所有窗台作适当清洗。

6. 参考室内装修更换各立面的大门。

7. 栏杆水刷石饰面，修补裂缝，并清洗表面。

8 南立面修缮图

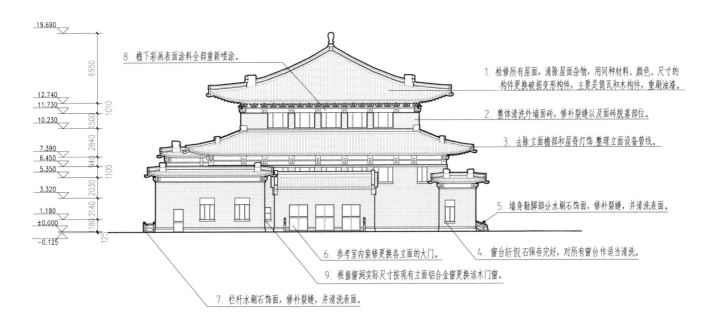

8. 檐下彩画表面涂料全部重新喷涂。

1. 检修所有屋面，清除屋面杂物，用同种材料、颜色、尺寸的
   构件更换破损变形构件，主要是筒瓦和木构件，重刷油漆。

2. 整体清洗外墙面砖，修补裂缝以及面砖脱落部位。

3. 去除立面檐部和屋脊灯饰，整理立面设备管线。

5. 墙身勒脚部分水刷石饰面，修补裂缝，并清洗表面。

6. 参考室内装修更换各立面的大门。

4. 窗台斩假石保存完好，对所有窗台作适当清洗。

9. 根据窗洞实际尺寸按现有立面铝合金窗更换该木门窗。

7. 栏杆水刷石饰面，修补裂缝，并清洗表面。

9 北立面修缮图

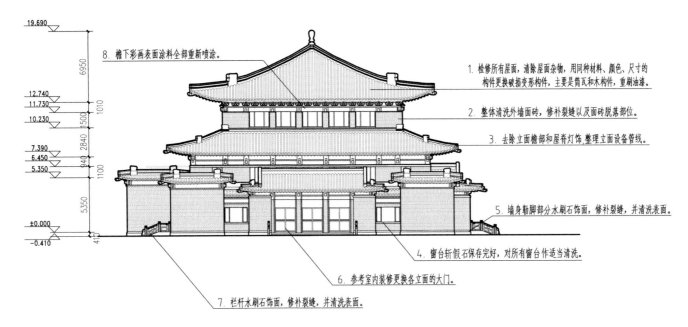

8. 檐下彩画表面涂料全部重新喷涂。

1. 检修所有屋面,清除屋面杂物,用同种材料、颜色、尺寸的构件更换破损变形构件,主要是筒瓦和木构件,重刷油漆。

2. 整体清洗外墙面砖,修补裂缝以及面砖脱落部位。

3. 去除立面檐部和屋脊灯饰,整理立面设备管线。

5. 墙身勒脚部分水刷石饰面,修补裂缝,并清洗表面。

4. 窗台斩假石保存完好,对所有窗台作适当清洗。

6. 参考室内装修更换各立面的大门。

7. 栏杆水刷石饰面,修补裂缝,并清洗表面。

10 西立面修缮图

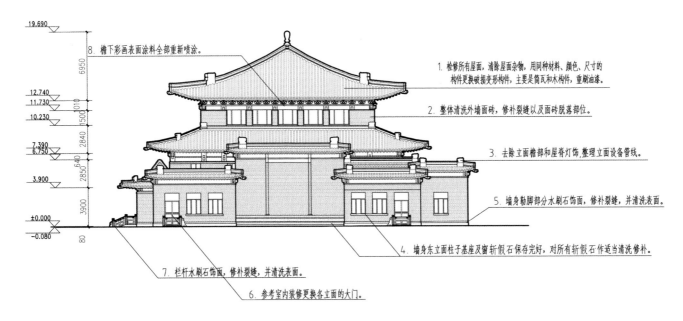

8. 檐下彩画表面涂料全部重新喷涂。

1. 检修所有屋面,清除屋面杂物,用同种材料、颜色、尺寸的构件更换破损变形构件,主要是筒瓦和木构件,重刷油漆。

2. 整体清洗外墙面砖,修补裂缝以及面砖脱落部位。

3. 去除立面檐部和屋脊灯饰,整理立面设备管线。

5. 墙身勒脚部分水刷石饰面,修补裂缝,并清洗表面。

4. 墙身东立面柱子基座及窗斩假石保存完好,对所有斩假石作适当清洗修补。

7. 栏杆水刷石饰面,修补裂缝,并清洗表面。

6. 参考室内装修更换各立面的大门。

11 东立面修缮图

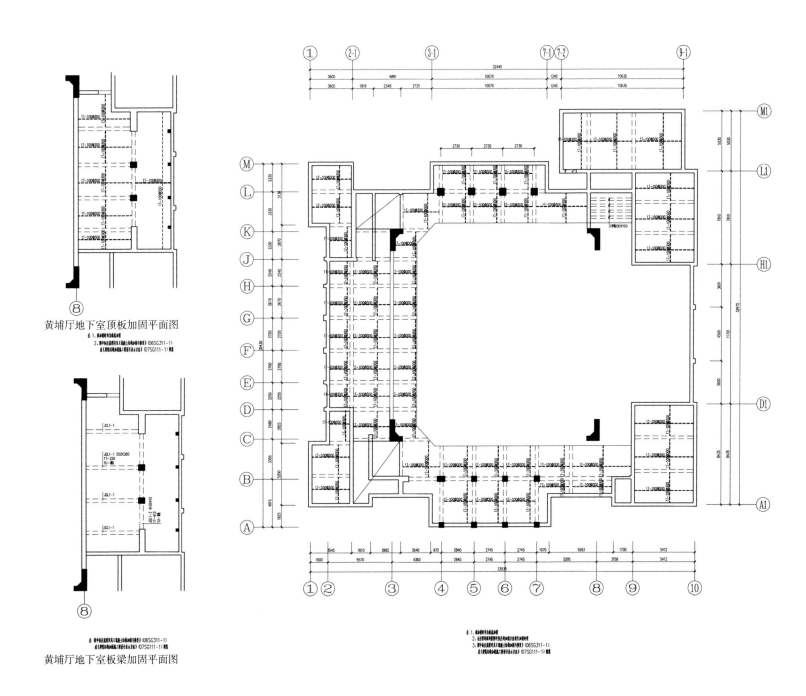

黄埔厅地下室顶板加固平面图

黄埔厅地下室板梁加固平面图

12 黄埔厅二层板加固平面图

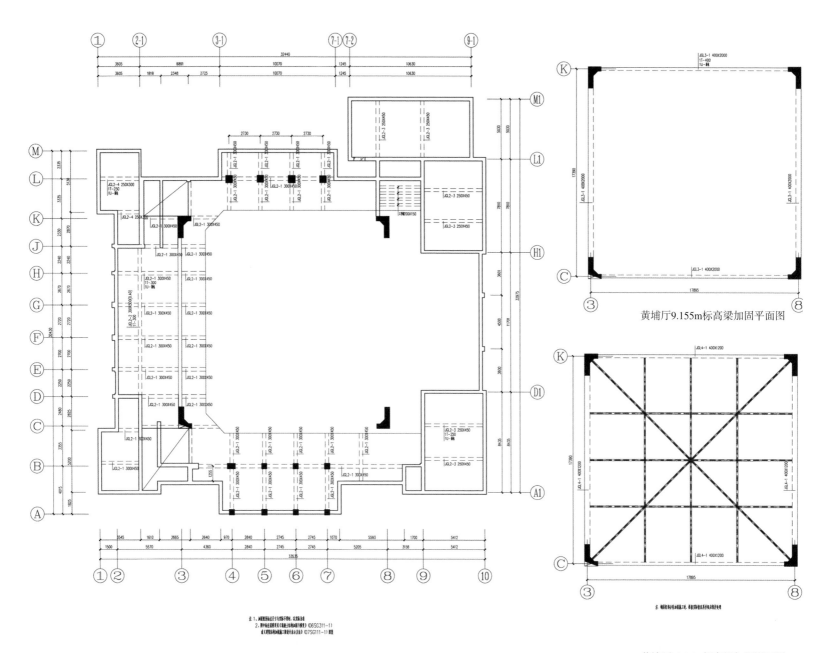

黄埔厅9.155m标高梁加固平面图

黄埔厅13.25m标高梁加固平面图

13 黄埔厅二层梁加固平面图

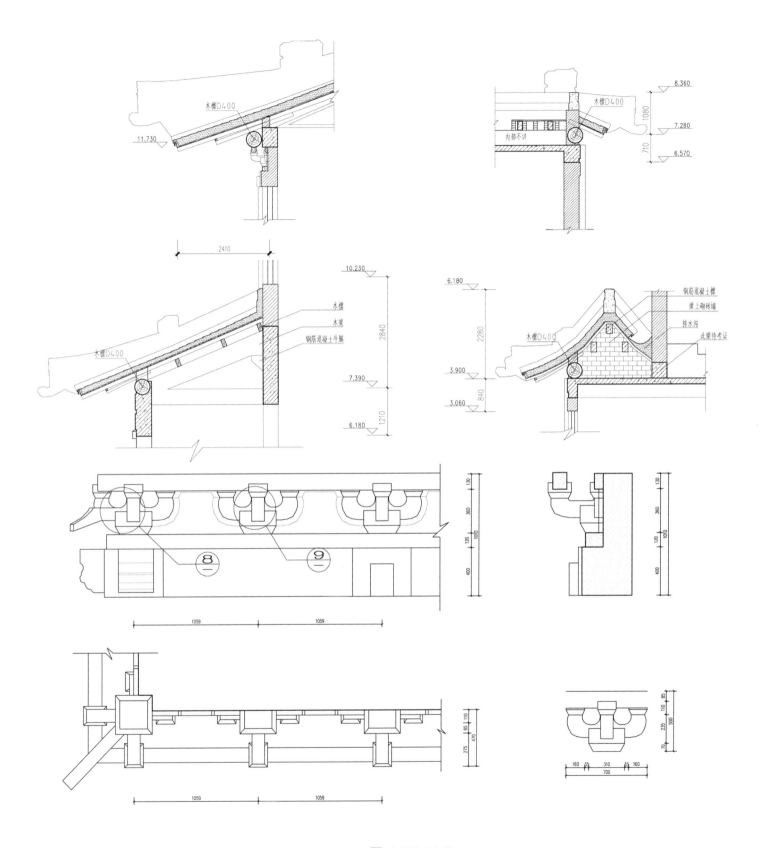

木檩D400

11.730

8.360
1080
7.280
710
6.570

木檩D400

内部不详

2410

10.230
2840
7.390
1210
6.180

木檩
木梁
钢筋混凝土牛腿

木檩D400

6.180
2280
3.900
840
3.060

钢筋混凝土檩
梁上砌砖墙
排水沟
此梁待考证

木檩D400

130
360
120
1010
400

⑧ ⑨

1059 1059

130
360
120
1010
400

110 85
235 500
70

160 310 160
700

85 110
470
275

1059 1059

14 细部构造大样

第七章

建筑性能改善

第一节　外部设施改善

近代建筑在历经近百年的历史后面临诸多问题，其中基础设施问题尤为突出。由于周边的城市道路和地面在多次改造更新中不断被抬高，故历史建筑的相对标高降低。历史建筑及周边区域逐步变为下陷的洼地，造成排水系统不畅并引发一系列的问题，这在全世界都是普遍现象。

一、上下水系统

由于近代建筑的周边城市地面抬高，故其原有的排水系很难将雨水排出，容易出现管道堵塞、雨水倒灌等现象，相应的污水排放也很困难。加之近代城市基础设施薄弱，城市主管网建设不完善，近代建筑片区内部的管网系统难以适应当下的环境和生活需求。近年来，大部分城市主干道的污水排放管道、雨水排放管道都已改造完成。而在近代建筑中，无论是成片区的居住小区，或是独栋的建筑都存在内部的管网系统改造滞后的问题。近代建筑管网系统的接口与当前城市的管网系统难以匹配，雨水和污水排放困难，导致基础设施出现重大问题，主要有两个后果：

首先是雨水无法排放，进入建筑基础和墙基，使之长期浸泡在水中。南京地下水位本身就很高，地下1m左右就能发现地下水，积水长期聚留在建筑墙根部。近代建筑大量采用砖木结构，其砖墙基础长期受潮后会产生砖块脱落、腐蚀、粉化等现象，从而威胁到建筑结构安全。

其次是由于基础设施排水困难，建筑的使用者不能顺利地排放污水和雨水，造成使用上的极大不便，也影响建筑本身的质量。

通常历史建筑不能抬高地面，排水一般采取明沟或暗涵管的方式，让屋面和地面的雨水能够在建筑周边引入到更新过的片区内部雨水系统。近代建筑的屋面排水系统通常采用铁皮的天沟，铸铁的排水管道，在比较重要的历史建筑风貌保护区内，建议在有条件时恢复铸铁的排水系统，若条件不成熟可采取铝合金的天沟系统，用铝合金仿制成铸铁系统的式样。

内部雨水系统排向市政管网时，如果内部雨水排放系统的出水口标高高于市政管网，则自然接入。在很多情况下，内部雨水排放系统的出水口标高低于市政管网，此时需要加装提升井，让雨水先进入窨井，待水到达一定标高后通过水泵提升，再排入市政管网。

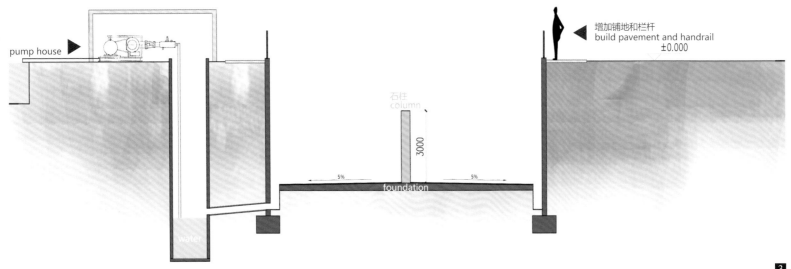

近代建筑的上水系统一般也存在较大问题。在近代历史上，自来水系统的市政设施建设比较完善，但历史建筑周边的管网线路存在问题。一般是临时性的、外挂式的，在建筑外部随意地乱挂、穿墙，对建筑产生损毁。这样的管网与原有的上水系统不匹配，外观不美观，使用也很不方便。

图注　　■1 砖墙基础砖块腐蚀、粉化（来源：周琦建筑工作室，李莹韩拍摄）

■2 砖墙基础砖块腐蚀、粉化（来源：周琦建筑工作室，韩艺宽拍摄）

■3 南京南朝陵墓石刻抢救性保护设计，场地设置雨水提升井（来源：周琦建筑工作室，王靓绘制）

■4～■5 南京宁中里民国建筑风貌区外部上下水系统（来源：周琦建筑工作室，李莹韩拍摄）

■6 强弱线布置随意，存在较大安全隐患（来源：周琦建筑工作室，李莹韩拍摄）

■7 南京宁中里强电系统改造方案一（来源：周琦建筑工作室，杨文俊绘制）

■8 强电穿墙入户加装套管构造图（来源：周琦建筑工作室，李莹韩收集）

■9 南京宁中里强电系统改造方案二（来源：周琦建筑工作室，杨文俊绘制）

二、强弱电系统

近代建筑的强弱电系统与市政电网的对接存在不匹配的问题。目前，城市中的绝大部分线路都是入地的，强弱电一般在地下的管网中进入小区或建筑内部。由于近代建筑的特殊性，强弱电进入小区以后通常采用临时性的、较随意的外挂电线，线路私拉乱接严重。由此带来极大的安全问题，如强电漏电、雷电损害等，对建筑的木构件产生安全隐患。

建筑外部的强弱电系统一般有两种改造方式：一种是维持历史原貌，明设电线线路是近代建筑常用的方法，即外部电线采取在铁质桥架上明走的铺设方式，入户要加装防护套管。这种做法降低了改造的难度，同时维持了原有的建筑风貌。在保证安全、使用方便的情况下，可以节省投资。另一种改造方式是下地埋设，电线线路按照新型建筑规范全部在地下埋设，从地下穿墙入户。

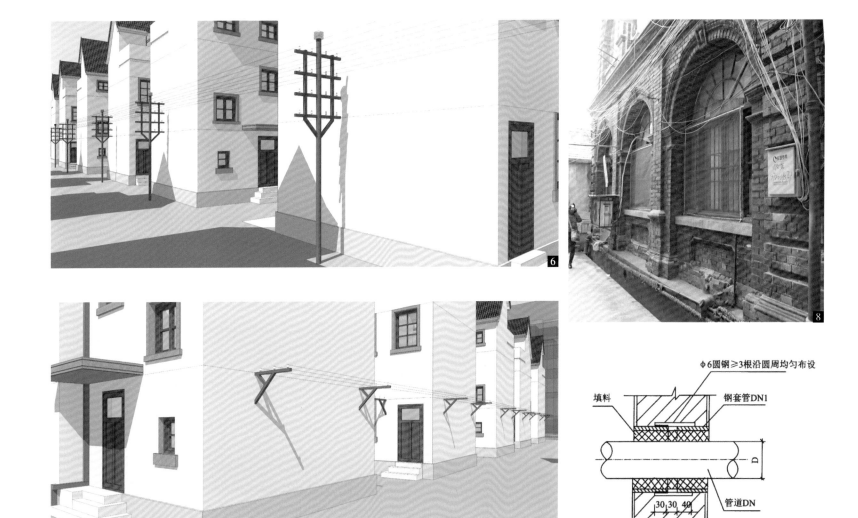

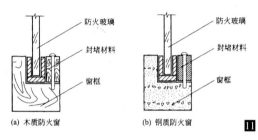

三、燃气与消防系统

在用于居住的近代建筑中,燃气管道一般是通过后期加建的方式,明管明线穿墙入户,绝大部分情况下不能满足煤气使用的基本安全要求,容易泄漏,甚至发生爆燃的隐患。

通常燃气系统有两种改造方式,一种是采用地下涵沟入户,这种方式能够完整复原近代建筑的历史风貌。另一种是在安全条件许可的情况下采用明装,统一设计再入户到相应的厨房部位。这种方式要结合改造对管线进行系统地梳理,完善它的标准性、安全性和可到达性,在外观尽量不影响整体建筑风貌的情况下进行统一安装。

对照现行的建筑防火规范,近代历史建筑大部分都不能满足建筑间距的要求。例如消防规范要求建筑间距至少 8m 以上,如果间距为 8m 以下则窗户需要设置为防火窗,历史建筑一般都不能满足。在一些历史建筑片区内,由于场地限制,消防环线无法形成,消防车道也无法按照现行规范设置。一旦发生火情消防车无法进入,同时历史建筑片区内一般都没有消火栓管网。

在防火间距不能满足现行规范的情况下,通常会承认现状,不做现行建筑防火规范要求的防火窗或者防火墙。因为这种做法代价较大,同时对建筑的外观产生很大的改变。除非保护等级特别高且对防火有较高要求的建筑,会采取特殊的防火做法,如加砌防火墙,加装防火门窗等。

针对普通消防车无法进入历史建筑街区的问题,通常在比较大的片区内采用专用的消防车作为紧急救火设备,如小型消防车。同时结合外部市政设施的改造,结合整体设计加装室外消火栓系统。

图注　**10** 历史建筑片区燃气系统采用明管明路铺设（来源：周琦建筑工作室，李莹韩拍摄）

11 防火窗构造（来源：周琦建筑工作室，李莹韩收集）

12 微型消防车（来源：周琦建筑工作室，李莹韩拍摄）

13 宁中里狭窄的消防间距（来源：周琦建筑工作室，李莹韩绘制）

第二节　内部设施改善

一、内部上下水系统

近代建筑由于住户数量、使用用途等，相比历史原貌都发生了巨大变化，通常厨房、卫生间的位置和数量都发生了改变，并存在临时搭建现象。建筑内部的上下水系统与建筑外部情况相似，一般为明装明路。

内部上下水系统不对位、不安全、不通畅的情况时常发生，影响建筑安全、建筑美观和使用的效率。

在修缮中，上下水系统宜统一设置在管井内，除上水管井外还包括污水管井，涵盖厨房污水、淋浴污水和卫生间污水。在条件有限的情况下也可以采用明装，进行统一设计，通过相应方式引入到所需要的点位。室内外的上水管道都要做好保温，防止冬季冻裂。

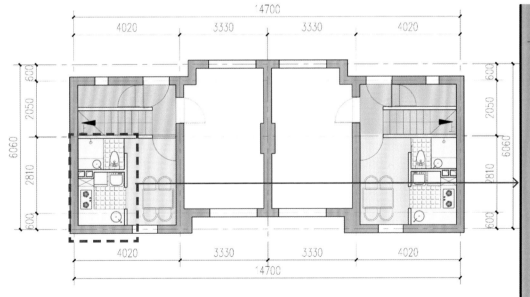

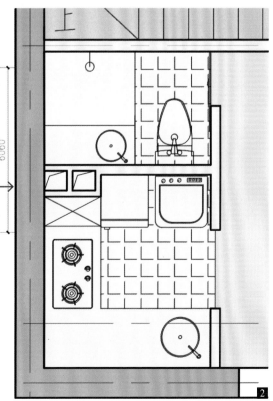

图注　■1　历史建筑内部临时性的上下水系统（来源：周琦建筑工作室，李莹韩拍摄）
　　　■2　南京宁中里民国建筑风貌区修缮，建筑内部集中设置管井（来源：周琦建筑工作室，李莹韩绘制）

二、内部强弱电系统

强电系统从外部引进后，用户会随便地搭建、拉线，其中包括电炉、电热毯、空调机、电风扇、一般的插座等。强电系统是最大的隐患，首先威胁到住户的人身安全，其次对建筑构成火灾隐患。近代建筑大量采用砖木体系，建筑中存在大量的木质构件，如木梁、木楼板、木质灰板条墙等，强电漏电容易失火。弱电系统主要指电信网络系统、电话系统、监控系统等，它们同样存在私拉乱接的现象，虽不至于造成安全问题，但也需要进行进一步地梳理，以保持建筑的整洁美观。

在建筑修缮中，保护等级高的建筑应设置强电和弱电系统的竖向管井，保护等级低的建筑可以从建筑外直接进户，强弱电线外部应用现代材质的套管防包裹，防止漏电、被虫鼠咬破等。根据原有的走线方式，利用阴角引入到所需要的各个点位。不建议采用在砖墙中开槽的方式，因为会破坏历史建筑的墙体。

图注　**3**~**4**　宁中里民国时期木质电线槽（来源：周琦建筑工作室，李莹韩拍摄）

　　　5~**7**　历史建筑内部强弱电系统加装套管、统一布置（来源：GT HOUSE, Londrina, Brazil）

　　　8　南京大华大戏院加装消防喷淋系统（来源：周琦建筑工作室，韩艺宽拍摄）

　　　9　南京宁中里屋面保温大样及屋架系统（来源：周琦建筑工作室，李莹韩绘制）

三、内部消防系统

近代历史建筑在经历多年的使用后，住户的情况发生了巨大的变化，例如，原来独门独户的别墅变成了许多老百姓混杂居住的场所，厨房的数量和位置发生了变化，私自搭建的情况严重，存在很大的安全隐患。

绝大部分近代建筑内部的消防体系不能满足现行的消防规范要求，砖木结构的建筑尤其容易失火。有的小型居住建筑被改造为公共建筑使用，例如酒吧、餐饮等，从几个人的居住场所变成大量的公共人流聚集场所，防火隐患更加严重。

设置内部消防系统时，通常不建议对结构体系做出改变，应按照相应的建筑等级和使用性质的要求，参照现行建筑防火规范设置自动喷淋系统、火灾报警系统。在改造为公共用途的近代历史建筑中，不得使用明火，尤其是不得在砖木结构建筑中使用明火，通常在外部加建厨房以解决功能需求。建筑内部应设置手提式或可移动的消防设备，比如将灭火器放置在明显的区域，位置和数量按照现行规范设置。

四、生态节能系统

南京地区大部分近代建筑的外维护体系以 25 ~ 30cm 的砖墙为主，加上粉刷层基本能满足本地区的保温隔热要求。通常外墙部分不做特别的保温隔热处理，在特殊情况下可以采取内保温的方式。

冬冷夏热地区的建筑还需要同时考虑隔热，近代建筑大多数以坡屋面为主，少数也有平屋顶。坡屋面的通常做法采取木屋架支撑，屋架上面放置望板，望板上直接铺瓦，一般采用陶土瓦。这种方式主要存在两个问题：首先，保温隔热性能达不到当前的要求，热损耗会迅速产生；其次，防雨防渗透性能弱，仅通过瓦本身的物理性能来达到建筑防水的目的。

在修缮中，屋面系统一般采取揭瓦落架的方式。在木望板上增加一层保温层，通常保温层有以下两种材料：3 ~ 5cm 密实岩棉或高密度聚苯乙烯保温材料。具体构造做法是在木望板上面先铺设一层高性能的现代卷材防水材料，然后制作保温层，保温层做好后，在保温层上再铺设一层卷材防水，其上钉木板条，木板条上面再挂瓦。通过这种构造做法能够较好地解决隔气防潮、防水防渗漏和隔热保温等问题。由于在木望板上增加了厚度，建筑的构造实际发生了变化。一些建筑的保护等级比较高，构造不宜改变，则可以在吊顶里做保温系统，只在望板上增加一层现代防水卷材层，上面再挂瓦，以维持原有的屋面体系不变。内部的天花吊顶系统里增加一层厚度为 3 ~ 5cm 的岩棉或聚苯乙烯保温层。

近代建筑大量采用木门窗，局部可能会有钢门窗。以木门窗为例，一般为单层玻璃，通常玻璃厚度为 3 ~ 5mm，木质窗框。这种外窗系统的问题非常明显，主要是隔热、保温性能很差，经过长年使用，窗户本身也容易产生裂缝，从而漏风。在修缮中，窗户系统主要有两种做法。当建筑的保护级别较高、保存状况较好的时候，通常会维

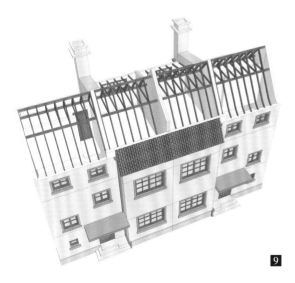

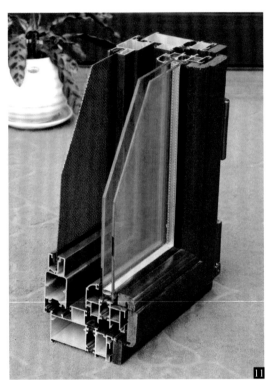

持原有的外窗系统，对破损部分进行修缮和整理。玻璃、木料，还有一些金属挂件都要维持原样。在这种情况下通常会在内侧加装一层窗户，以解决保温隔热问题。加装的窗户为铝合金材质，窗框需要特别细小，玻璃透明度特别高。外部的窗户保持原样，起到装饰作用和一定的保温隔热作用。第二种做法是将木窗系统进行替换，通常会采用现代的铝木复合门窗系统，外层是木材包裹的铝合金，做成历史的样式。这种窗户采用双层中空玻璃，玻璃厚度6mm、8～10mm的中空，再加上另外6mm的玻璃，通常小住宅的窗户系统采取这种构造。面积较大的建筑采用8mm玻璃、12mm中空、8mm玻璃的构造。这种窗户的保温隔热性能相比于木窗大大提高，能满足现行的规范要求，同时，外观仍然维持着历史建筑的风貌。

南京地区春天室内容易返潮。入冬以后，室内墙壁和地板温度逐日下降，开春后室内升温速度比室外慢，当室外空气突然剧烈升温而且十分潮湿时，吹入室内便在冷地面和墙壁上凝结成小水珠，甚至形成流动的水层。

第一，防潮施工时尽量减少施工缝的出现。由于防潮层施工是在民用建筑基础工程完工之后进行的，且属于隐蔽工程项目，因此，应该在建筑施工时就考虑之后的防潮层施工，提前减少对防潮层施工不利的施工情况的出现。

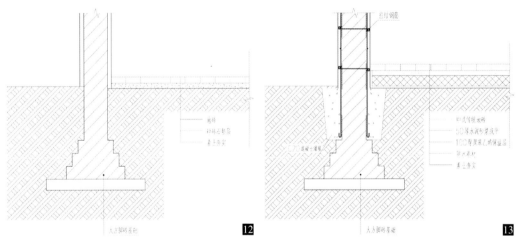

图注　
10　历史建筑窗系统常见样式（来源：周琦建筑工作室，李莹韩拍摄）

11　双层玻璃铝木复合窗构造（来源：周琦建筑工作室，李莹韩收集）

12　无架空层的历史建筑楼地面构造（来源：周琦建筑工作室，李莹韩绘制）

13　历史建筑楼地面防潮修缮做法（来源：周琦建筑工作室，李莹韩绘制）

14　南京宁中里室外空调机位设计（来源：周琦建筑工作室，李莹韩、杨文俊绘制）

15　南京宁中里室外空调机位设计（来源：周琦建筑工作室，李莹韩、杨文俊绘制）

16　南京宁中里室外空调机位大样图（来源：周琦建筑工作室，杨文俊绘制）

17　室外空调机常见遮蔽做法（来源：周琦建筑工作室，李莹韩收集）

18　室外空调机常见遮蔽做法（来源：周琦建筑工作室，李莹韩收集）

第二，防潮施工的时间应该在基础房心土回填之后，从而可以避免因回填而造成对防潮层的破坏。防潮地面的填土采用黏土或黄土夯填，其上再依次铺设防水卷材、聚苯乙烯保温层、水泥砂浆、地砖。

近代建筑一般都没有制冷系统，原有的采暖系统如壁炉，已经无法适应现代的生活需求。住户会自行加装采暖和制冷系统，在南京地区最常用的方式是采用空调系统。空调系统存在外挂机的设置问题，主要有两种方式。近代建筑一般的外墙为砖墙体系，经历了长年的使用和风化作用后，它的强度比较弱。所以，建议空调机的外挂机设置在建筑的外部，有条件时可以放在临近的窗台下，或者花坛里，做适当的围护遮挡，不对建筑本身的结构体系产生影响。当这种条件不能满足的时候，通常会采取外挂机的方式，设置外挂机的方式需注意两点：首先，对建筑外部的形式不能产生明显的影响或破坏。其次，支架的安装方式要结合建筑墙体加固和墙体本身的构造与结构安全措施。出于美观目的，外挂机的设置通常会做一定的围护，以协调建筑外观的整体风貌，避免产生明显的冲突。

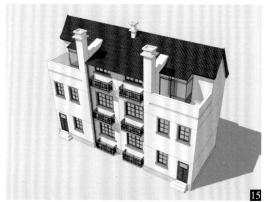

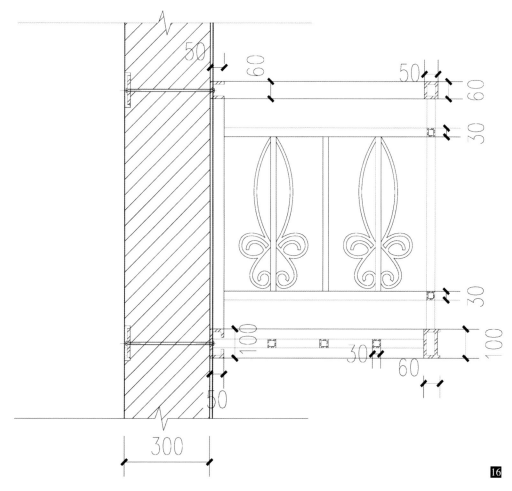

附表　内外设施现状描述及保护修缮总表

分类	部位	原状	历史修缮	现状破损			现状评价				保护内容	修缮技术
外部基础设施	室外地坪	无	无修缮	历次修缮记录	标高低于外部	雨水倒灌	其他	完好	一般损坏	严重损坏	结构安全性	若地面排水系统标高高于市政管网则直接接入，反之则需设置提升井
	地面排水	无组织排水	无修缮	历次修缮记录	排水不畅	排水系统堵塞	其他	完好	一般损坏	严重损坏	结构安全性	设置明沟或暗涵管接入内部的排水系统
	屋面排水	有组织排水	无修缮	历次修缮记录	管道被替换	接头处漏水	其他	完好	一般损坏	严重损坏	构造工艺	恢复铁皮天沟、铸铁管道。条件不足时使用铝合金仿制成铸铁系统的式样
	强弱电系统	室外明线	无修缮	历次修缮记录	乱拉电线	电线老化	其他	完好	一般损坏	严重损坏	使用安全性	整理线缆，明线入户，加装防护套管，或地下埋设，从地下入户
	燃气系统	无	无修缮	历次修缮记录	管道布置问题	管道漏气	其他	完好	一般损坏	严重损坏	使用安全性	地下涵沟入户或在保证安全的前提下明装
	消防系统	无	无修缮	历次修缮记录	消防间距不足	无防火栓系统	其他	完好	一般损坏	严重损坏	使用安全性	结合市政改造加装防火栓系统，采用小型消防车，特殊情况下砌防火墙，加装防火门窗
内部基础设施	上下水系统	无	无修缮	历次修缮记录	管道不对位	下水不畅	其他	完好	一般损坏	严重损坏	使用安全性	设置管井或采用明装的方式统一设计
	强弱电系统	木质电线槽	无修缮	历次修缮记录	线槽破损	电线老化	其他	完好	一般损坏	严重损坏	使用安全性	设置强电和弱电系统的竖向管井，或直接入户，外部应用现代的塑料套管防包裹
	消防系统	无	无修缮	历次修缮记录	无火灾报警器	无灭火器	其他	完好	一般损坏	严重损坏	使用安全性	设置自动喷淋系统、火灾报警系统、手提式或可移动的消防设备
	门窗保温	单层玻璃木门窗	无修缮	历次修缮记录	完好	木构件损坏	严重损坏	完好	一般损坏	严重损坏	构造工艺及外观	采取铝合金仿木窗或双层窗
	屋面隔热	木望板上盖瓦	无修缮	历次修缮记录	漏水	保温性能差	瓦片破损缺失	完好	一般损坏	严重损坏	构造工艺	在望板上增加防水层、保温层，保护等级高的建筑在吊顶中做保温层
	空调系统	分体式空调机	无修缮	历次修缮记录	室外机支架破坏墙面	支架承载力不足	影响建筑风貌	完好	一般损坏	严重损坏	构造工艺及外观	设置在建筑的外部，做适当的围护遮挡。条件不充分时结合墙体加固采取外挂机的方式

附录

保护修缮管理规程及实践案例

第一节 管理规程要点

程序与步骤：

本规程根据南京近现代建筑的管理和修缮状况，在深入调查研究的基础上，总结吸取了 20 多年来建筑保护管理、修缮技术实践经验与科研成果，广泛听取社会各界意见，组织专家论证，参照相关规定编制。

本管理规程共分为六个步骤，包括：①立项；②方案报批；③方案审查；④施工图设计；⑤施工及监理；⑥验收。

本规程在本市尚属首例，为了提高规程的质量和适用性，请各单位在执行中，注意总结经验，积累资料，及时将使用过程中发现的问题及修改意见和建议反馈给南京市房地产管理局科技信息处，为今后修订参考，使规程完善。

分步管理：

1. 立项

房屋的所有者或者使用者根据需要对所属或所使用中的历史建筑进行修缮则需申请立项。

2. 方案报批

方案报批是历史建筑修缮及保护利用的重要审批环节。具体可分为历史研究、现状测绘、结构检测和方案设计四个部分。

3. 方案审查

南京市历史文化名城保护委员会组织专家对方案进行会审，会审通过后方可进行施工图设计。

4. 施工图设计

施工图设计文件包括施工图设计说明和施工图图纸。

5. 施工及监理

施工及监理参照国家建设部门及国家文物部门的相应标准执行。

6. 验收

根据国家及地方规定的建筑工程一般的验收要求提供相应的验收文件，组织专家对工程进行验收，符合要求的发放验收许可。

一、立项

房屋的所有者或者使用者根据需要对所属或所使用中的历史建筑申请立项进行修缮。手续及相关规定参照国家、省市、地方有关建设工程立项管理的相关规定执行。

二、方案报批

南京近现代建筑保护修缮工程方案编制要求：

方案报批除了需满足一般性国家及地方的建筑方案设计的要求以外，还需增加历史调查、价值评估、修缮策略等内容。

方案报批分为两个步骤：历史研究和现状调查。其中，步骤二还可分为现状测绘、结构检测和方案设计三个部分。

（一）历史研究

除了满足国家、省市、地方一般性方案报批的要求之外，还需重点强调以下几点：

（1）建筑的历史沿革（建造年代、建筑师、施工单位、业主变更情况、建筑历年的变化和改造情况以及营造厂商等相关信息），对建筑原始档案的调查包括设计图纸、相关技术、施工文件、文档、历史照片等进行客观地梳理和统计。

（2）对于该建筑物的现状研究包括：建筑技术、建筑艺术、风格、构造、材料、施工、水电、设备等情况需要进行彻底地调查与研究。

（3）现状分析比如建筑结构等需要进行相应的检测，检测单位需要具备相应的资质，鉴定的深度要达到施工图设计要求（参考国家及地方有关规定执行）。

（4）对建筑的现状、水电线路、消防安全等进行判断和评估。测绘部分见步骤二详细制度要求。

（5）历史研究第三部分为价值判断，包括建筑的社会历史价值、科学技术价值（建筑结构、材料、施工、特殊工艺）、建筑艺术价值（空间、形式、装饰、外观）、使用价值（使用的强度、深度以及对未来的影响）。对上述价值进行定量和定性分析，做出明确的判断，为后一步的保护利用提供基础。对该建筑的保护提出保护思想和保护措施，包括：保护的范围、保护的重点部位、保护的强度、可变更与不可变更的部位，包括对环境、本体、结构、构建、外墙、围护结构等提出明确的意见，同时对周边环境的要求类似文物建设工作地带，对间距、大小、格局、空间、尺度提出明确的保护要求。

方案报批时需要对以上内容进行准确、清晰的鉴定。

（二）建筑测绘

1. 总则

第一条　为了规范南京市近代建筑测绘工作，保证制图质量，真实、科学地反映近现代建筑现状，兼顾原状，最大程度对历史环境进行实录，符合资料存档、修缮设计的要求，遵照《南京市历史文化名城保护条例》《南京重要近现代建筑和近现代建筑风貌区保护条例》，参照《中华人民共和国文物保护法》《文物保护工程管理办法》《建筑制图统一标准》GB 50104—2010、《房屋建筑 CAD 制图统一规则》GB/T18112—2000 等相关法律法规、规范标准，制定本准则。

第二条　本规程所称"南京近代建筑"是指 1840—1949 年代兴建的建筑物和构筑物，包括经南京市政府公布的重要近代建筑及一般近代建筑。

第三条　本准则适用于近现代建筑下列工作的测绘需求：

（1）资料存档；

（2）保护和修缮工程；

（3）修复、复建工程。

2. 现场测绘

第四条　测绘准备

除仪器和材料常规准备外，宜至房产部门调档查询历史资料、原始图纸，至测绘部门调取带有地理坐标的现势地形图数据，至物业部门查询维修记录，可收录既往调研报告等。

测绘前须将建筑三个角点按照 2008 南京地方坐标系进行标注，并将建筑 +0.00 标高与 1985 国家高程基准相对接。

第五条　测绘范围

近代建筑的测绘范围应比本体适当放大，反映近现代建筑周边的地形、地貌、地物的环境要素，以及院落、街巷等空间关系。

第六条　测绘方式

（1）根据近代建筑规模，宜采用仪器测绘与手工测绘相结合的方式，对大尺度数据如建筑立面测绘时，宜先采用仪器整体测绘；细节部分可采用手工测绘补全。对小尺度数据及易触及部位，宜采用手工测绘。

（2）对难以登临的部位，如屋顶等处可通过升降梯等方式到达后采取手工、仪器结合方式测绘。

（3）测绘人员组织：每栋建筑宜采取一组人员固定测绘，便于统一测量尺度单位。

第七条　现场测绘

（1）通过现场观察、目测、画出估算建筑尺度，勾画建筑的平面、立面、剖面图、细部详图、总平面等测绘草图，草图须完整、准确地反映测绘对象的基本情况。仪器测绘宜通过现场探勘确定仪器位置并绘制简图。

（2）按照地面、架上、屋面的三个工作面，通过适宜测绘工具完成数据测量并标注在测绘草图上，须真实、清晰地标注实测数据和文字，图幅大小应一致并编码，统一位置设置图签，标注测绘人员、日期等信息，满足存档要求。

（3）读数应遵循先整体后局部的原则，读数精确到毫米（mm），须对测量数据反复校核。宜将仪器测绘与手工测绘的数据校核统一。

（4）测绘时，须确定测绘对象的方位、朝向，并标注在草图上。仪器测量须标注仪器测量（或扫描）方位，建筑朝向。

（5）对具有重要价值的题记、碑刻、雕饰、特殊的设施设备及其他标记，应采取拓图、拍照等方式进行记录。

3. 测绘图绘制

第八条　数据统一与校核

（1）绘制仪器草图，统一整理平面、立面、剖面图、大样图、总平面等数据，按照先整体后局部的原则，数据间应能够相互校核并取整，部分数据应采用平均值。

（2）发现数据缺漏、错误时须及时补测，完善数据，减少误差。

（3）数据精度

计算机制图时，因计算机矢量图形可随意缩放而不失精确，不同比例尺对应不同精度，详见表1-1.

表 1-1　几种比例尺的对应精度

比例尺	绘图精度（mm）	比例尺	绘图精度（mm）
1∶500	50	1∶30	5
1∶200	20	1∶20	1
1∶100	10	1∶10 及以下	1
1∶50	5		

第九条　计算机制图

（1）应由测绘人员录入、主持并校核。

（2）使用计算机及打印机、扫描仪等相关外围设备及 CAD、PHOTOSHOP 等图形处理软件。为方便测绘信息的保存与建档，CAD 文件保存格式为"DWG"（2007 版）格式。

（3）绘图标准

绘制平面图、立面图或剖面图时，可选用表1-2 所附比例。

表 1-2　近现代建筑测绘出图常用比例尺寸

适用范围	比例尺
建筑区位图	1∶500、1∶1000
建筑总平面图	1∶200、1∶500
建筑平、立、剖面图	1∶50、1∶100
构造详图	1∶10、1∶20

（4）测绘图层

可按制图的投影因素和非投影因素将图层分为三类：实体层、修饰层和辅助层。

实体层内容多为投影因素，均按投影原理绘制，内容可按建筑构件和部位划分图层，如柱子、梁檩枋、墙体、门窗等。

修饰层用于对一般轮廓线和剖断部分的加粗修饰作用。

辅助层用于轴线、辅助线、图例、图框、标注等内容。

图层设置如样表所示：

（本项规则根据《GB/T 18112—2000》制定）

	图层	中文名	含义解释	颜色	线型
实体层	A-BMPL	梁檩	Beams and purlins 梁、角梁、枋、檩、垫板	yellow	continuous
	A-BOAD	板类	Boards 板类杂项，包括山花板（含歇山附件）、博缝板、楼板、滴珠板等	254	continuous
	A-CLNG	天花	Ceiling 天花、藻井	110	continuous
	A-COLS	柱类	Columns 柱、瓜柱、驼墩、角背、叉手等	green	continuous
	A-COLS-PLIN	柱础	Plinths 柱础	White	continuous
	A-DOUG	斗栱	Dougong 斗栱	Cyan	continuous
	A-FLOR-PATT	铺地	Paving，tile patterns 铺地	9	continuous
	A-HRAL	栏杆	Handrail 栏杆、栏板	60	continuous
	A-PODM	台基	Podiums 台基、散水、台阶等	9	continuous
	A-QUET	雀替	Queti 雀替、楣子等各类花饰	101	continuous
	A-RFTR	椽望	Rafters 椽、望板、连檐、瓦口		continuous
	A-ROOF	屋面	Roof 屋面	131	continuous
	A-ROOF-RIDG	屋脊	Ridge 屋脊	141	continuous
	A-ROOF-WSHO	吻兽	Wenshou 吻兽	151	continuous
	A-STRS	楼梯	Stairs 楼梯	green	continuous
	A-TABL	碑刻	各类碑刻，包括碑座、碑身、碑头等	9	continuous
	A-WALL	墙体	Walls 墙体	254	continuous
	A-WNDR	门窗	Windows and doors 门窗	110	continuous
修饰层	A-OTLN	轮廓	Outlines 轮廓线	50	continuous
	A-OTLN-SECT	剖断	Section lines 剖断线	40	continuous
辅助层	A-AUXL	辅线	Auxiliary lines 辅助线	8	continuous
	A-AXIS	轴线	Axis 定位轴线	Red	center2
	A-AXIS-NUMB	轴号	Axis numbers 轴线编号	7	continuous
	A-DIMS	尺寸	Dimensions 尺寸标注	green	continuous
	A-FRAM	图框	Caption of drawing 图框及图签	white	continuous
	A-PATT	图例	折断线、波浪线及其他图例符号	white	continuous
	A-NOTE	说明	Note 文字说明	white	continuous

第十条　图纸内容

（1）总平面图

总平面标注应反映近现代建筑边界、相邻建筑间距、院落空间尺寸、环境小品等位置。

计量单位：总图中的坐标、标高、距离宜根据实际情况取米（m）为单位，并取至小数点后三位，不足时以"0"补齐；建筑物、构筑物、道路方位角，宜注写到"秒"；场地纵坡度、场地平整坡度宜以百分计，并取至小数点后一位，不足时以"0"补齐。

坐标标注：总图应按上北下南方向绘制，根据场地形状或布局，可向左右偏转，但不宜超过45°，总图中应绘制指北针。在条件能够满足坐标系标注时，应标注建筑物、构筑物的三个角的坐标，在同一张图上，主要建筑物、构筑物用坐标定位时，较小的建筑物、构筑物可用相对尺寸定位。

标高标注：应以含有 ±0.000 标高的平面作为总图平面。总图中标注的标高应为绝对标高，如标注相对标高，则应注明相对标高与绝对标高的换算关系。

名称标注：总图上的近现代建筑物、构筑物应注写名称，名称宜直接标注在图上，一套图纸中，所标注名称应保持一致。

（2）单体建筑平面、立面、剖面图

总图中因建筑比例较大，不够清晰明确，故应对总图范围内各个单体建筑或彼此相邻建筑组团绘制精细平面、立面、剖面图。

平面图：每层均需有相应楼层平面图纸（标注现状功能），如有夹层应单独绘制，并标识明确。还需绘制屋顶平面图，重要建筑梁架仰视平面图。同时，应确定其中一栋重要建筑的室内地坪 ±0.000 标高为基准标高，其余建筑标高应依该建筑标高确定各自标高，并与总平面一致。

立面图：重要建筑物、构筑物的四个方向立面应完整绘制，次要附属建筑物、构筑物，应绘制至少两个方向的主要立面。立面上可视其他建筑及环境要素投影，需同时绘制清楚。

剖面图：应能够完整表达剖切面的构件尺寸及材质。重要单栋建筑中，应绘制不少于两个相互垂直剖切面的剖面图（宜为明间横剖面与纵剖面，并含楼梯）；次要建筑中至少绘制一个重要剖切面的剖面图，如剖切方向上可视其他建筑投影，需同时绘制清楚。

单体建筑平面、立面、剖面图中，均应有定位轴线和轴号、详细的尺寸标注（三道尺寸线）、标高标注，并对各构件的材质、尺寸、建筑外观及残损情况有详细引注说明。在测绘报告中附有与说明相对应的实景照片。因条件限制无法测绘的部分，应在图上勾勒出其外轮廓并注明；推测部分须以虚线绘制并注明。

（3）构造详图（门窗、装饰构件、局部构造大样）

门窗、装饰构件、局部构造大样均应单独绘制详图并予以说明。详图中需对门窗等各构件有详细准确的尺寸标注，并配以做法、材质的文字说明，如有残损须标识清楚残损情况。

（4）图签绘制要求

图框右下角绘制图签，须包含建筑名称、图纸名称、测绘单位、测绘人员、测绘日期、图纸编号等内容。

4.测绘成果要求

（1）近现代建筑的测绘成果包括正本与附录两部分，正本包括测绘图纸与测绘报告，附录包括建筑细部调查表、影像资料。

（2）电子文件内容及分级设置参见附件。

（3）影像资料包括资料照片、录像、录音等资料。完整的资料照片，应包括各个立面、室外环境、室内空间、建筑结构、建筑细部、损坏与病害的照片，宜有多个角度的鸟瞰照片反映建筑群体关系和环境关系，照片不少于30张，单张不小于1.5MB。宜拍摄影像资料，对建筑内外进行详实的记录；录音主要记录有价值的访谈。

（4）南京近现代建筑测绘成果须一式四份（含电子稿），分别由测绘单位、委托单位、南京市重要近现代保护与利用工作领导小组办公室、市住建委房产部门保存备案。

第十一条　测绘图纸

测绘图须包括：图纸目录、总平面、各层平面、梁架或天花仰视（俯视）、可测得的立面、纵横剖面、细部大样、构造与构件大样，宜构建测绘对象的三维模型，图幅以A2为主，特别情况可适宜调整。

第十二条　测绘报告

（1）内容：建筑物（群）的名称、位置、技术指标、历史情况等，各建筑空间关系，建筑保存及残损情况，场地内绿化植被情况以及评价结论，并附有较为详细的照片说明。

（2）报告应为 DOC 格式，配图、照片采用 JPG 格式，方便建档保存。

第十三条　建筑细部调查表

（1）内容：详实记录建筑各部位细部样式、尺寸、材质、色彩、构造做法等信息，包括门、窗、墙体、山墙、屋顶、阳台、楼梯、散水（排水沟）、特殊设备和构件等，并提出修缮建议与评估结论。细部调查表需附较为详细的照片说明。

（2）报告应为 DOC 格式，配图可采 CAD 测绘大样图及照片，均采用 JPG 格式，方便建档保存。

附件 1.《南京近代建筑测绘报告》样表

附件 2.《南京近代建筑细部调查表》样表

附件 3. 电子文件内容及分级设置图

附件 1

南京近代建筑测绘报告表

近代建筑基本信息		
类　型	建筑单体	建筑群
名　称		
测绘编号		
所在位置/门牌号		

始建信息	建造年代		
	建造者/建筑师		
	原有规制与用途		（注：应说明单体数量、院落数量、主次轴线、主要建筑名称等）

现状信息	现存部分与用途		
	保护级别	□世界文化遗产及全国重点文保单位 □全国重点文保单位 □省级文保单位 □市县级文保单位 □未定级不可移动文物 □南京市重要近现代建筑 □一般历史建筑	□世界文化遗产及全国重点文保单位 □全国重点文保单位 □省级文保单位 □市县级文保单位 □未定级不可移动文物 □南京市重要近现代建筑 □一般历史建筑

历史上重大破坏、损毁情况		
历次大修、改建、扩建、重建情况		
相关的历史人物与事件		
相关事迹与故事		
景观绿化情况		

测绘工作情况				
委托单位				
测绘单位 及联系方式				
测绘人 （注：列第一位的为 测绘负责人）				
联系方式				
测绘时间 （注：指从测绘准备 到最终提交全部测 绘成果）				
测绘范围面积		测绘建筑 占地面积		
测绘建筑的 建筑面积		测绘建筑 最大高度		
没有测绘的部分及 原因				
测绘中发现的问题 与情况 （注：应包括测绘对 象的建筑特点、地 方做法、损毁情况 及病害等）				
建筑价值评述				

注：1. 平面坐标及高程系统：以 2008 南京地方坐标系及 1985 国家高程基准为基础。

    2. 参考文献的著录格式请参照 GB 7714—2005。

    3. 表格内容应注明信息来源，包括参考文献、档案名称与保存单位等。

附件 2

南京近代建筑细部调查表

<table>
<tr><td rowspan="7">1</td><td colspan="2">区、县</td><td colspan="2">宋体 小五</td><td>地址
/门牌</td><td colspan="3">宋体 小五</td><td>原名称</td><td colspan="2">宋体 小五</td><td>年代</td><td>宋体 小五</td></tr>
<tr><td colspan="2">登记序号</td><td colspan="2"></td><td></td><td colspan="3"></td><td>现名称</td><td colspan="2">宋体 小五</td><td>建筑师</td><td>宋体 小五</td></tr>
<tr><td colspan="2">原功能</td><td colspan="12">□A 行政建筑 □B 纪念建筑 □C 文教科研建筑 □D 宗教建筑 □E 使馆建筑 □F 公共建筑 □G 官邸建筑 □H 工业建筑 □I 交通建筑 □J 民居建筑 □H 其他</td></tr>
<tr><td colspan="2">结构体系</td><td colspan="12">□A 木结构 □B 砖混结构 □C 钢筋混凝土结构 □D 钢结构 □E 其他</td></tr>
<tr><td colspan="2">建筑风格</td><td colspan="12">□A 现代式 □B 折中风格 □C 传统风格 □D 传统复兴混合式 □E 传统复兴宫殿式 □F 其他</td></tr>
<tr><td colspan="2">保护等级</td><td colspan="12">□国保 □省保 □市保 □重要近现代 □一般近现代</td></tr>
</table>

<table>
<tr><td rowspan="12">2</td><td colspan="2">门编号</td><td colspan="2">M-××</td><td rowspan="5">门楣图示</td><td>图片尺寸不小于 2cm×3cm，精度不小于 200dpi</td><td>图片尺寸不小于 3.5cm×1.5cm，精度不小于 200dpi</td></tr>
<tr><td colspan="2">位置</td><td colspan="2">□院门 □入户门 □房门 □其他</td></tr>
<tr><td colspan="2">类型 / 材质</td><td colspan="2">□石库门 □木门 □其他</td></tr>
<tr><td colspan="2">色彩</td><td colspan="2"></td></tr>
<tr><td colspan="2">门洞尺寸</td><td colspan="2">宽 × 高</td></tr>
<tr><td colspan="2">门编号</td><td colspan="2">M-××</td><td rowspan="5">门楣图示</td><td>图片尺寸不小于 2cm×3cm，精度不小于 200dpi</td><td>图片尺寸不小于 3.5cm×1.5cm，精度不小于 200dpi</td></tr>
<tr><td colspan="2">位置</td><td colspan="2">□院门 □入户门 □房门 □其他</td></tr>
<tr><td colspan="2">类型 / 材质</td><td colspan="2">□石库门 □木门 □其他</td></tr>
<tr><td colspan="2">色彩</td><td colspan="2"></td></tr>
<tr><td colspan="2">门洞尺寸</td><td colspan="2">宽 × 高</td></tr>
</table>

<table>
<tr><td rowspan="16">3</td><td colspan="2">窗编号</td><td colspan="2">C-××</td><td rowspan="6">窗立面图示</td><td rowspan="6">图片尺寸不小于 3.5cm×2.5cm，精度不小于 200dpi</td><td rowspan="6">图片尺寸不小于 3cm×2cm，精度不小于 200dpi</td></tr>
<tr><td colspan="2">类型</td><td colspan="2">□院窗 □外墙窗 □老虎窗
□天窗 □固定窗 □其他</td></tr>
<tr><td colspan="2">形状</td><td colspan="2">□长方 □拱券 □圆窗 □其他</td></tr>
<tr><td colspan="2">材质</td><td colspan="2">□石窗 □木窗 □钢窗 □砖窗
□其他</td></tr>
<tr><td colspan="2">色彩</td><td colspan="2"></td></tr>
<tr><td colspan="2">窗洞尺寸</td><td colspan="2">宽 × 高</td></tr>
<tr><td rowspan="2">窗台</td><td>材质</td><td colspan="2">□石台 □水磨石 □砖台</td><td rowspan="2">窗图示</td><td rowspan="2">图片尺寸不小于 3.5cm×1.5cm，精度不小于 200dpi</td><td></td></tr>
<tr><td>尺寸</td><td colspan="2">长 × 高 × 厚</td><td></td></tr>
<tr><td>格栅</td><td>材质</td><td colspan="2">□木 □钢 □其他</td><td>格栅尺寸</td><td></td><td></td></tr>
<tr><td colspan="2">夹层材质</td><td colspan="2">□木 □钢
□其他</td><td colspan="2">图片尺寸不小于 3.5cm×1.5cm，精度不小于 200dpi</td><td>图片尺寸不小于 3.5cm×1.5cm，精度不小于 200dpi</td></tr>
<tr><td colspan="2">窗编号</td><td colspan="2">C-××</td><td rowspan="6">窗立面图示</td><td rowspan="6">图片尺寸不小于 3.5cm×2.5cm，精度不小于 200dpi</td><td rowspan="6">图片尺寸不小于 3cm×2cm，精度不小于 200dpi</td></tr>
<tr><td colspan="2">类型</td><td colspan="2">□院窗 □外墙窗 □老虎窗
□天窗 □固定窗 □其他</td></tr>
<tr><td colspan="2">形状</td><td colspan="2">□长方 □拱券 □圆窗 □其他</td></tr>
<tr><td colspan="2">材质</td><td colspan="2">□石窗 □木窗 □钢窗 □砖窗
□其他</td></tr>
<tr><td colspan="2">色彩</td><td colspan="2"></td></tr>
<tr><td colspan="2">窗洞尺寸</td><td colspan="2">宽 × 高</td></tr>
</table>

<table>
<tr><td></td><td rowspan="2">窗台</td><td>材质</td><td colspan="2">□石台 □水磨石 □砖台</td><td rowspan="2">窗</td><td colspan="2" rowspan="2">图片尺寸不小于 3.5cm×1.5cm，精度不小于 200dpi</td></tr>
<tr><td></td><td>尺寸</td><td colspan="2">长 × 高 × 厚</td></tr>
<tr><td rowspan="5">4</td><td colspan="2">墙编号</td><td colspan="2">QT-××</td><td rowspan="5">墙砌筑样式</td><td rowspan="5">图片尺寸不小于 3.5cm×2.5cm，精度不小于 200dpi</td><td rowspan="5">图片尺寸不小于 3.5cm×2.5cm，精度不小于 200dpi</td></tr>
<tr><td colspan="2">位置</td><td>颜色</td><td></td></tr>
<tr><td colspan="2">类型</td><td colspan="2">□石墙 □砖墙 □土墙 □木墙
□其他</td></tr>
<tr><td colspan="2">做法</td><td colspan="2">□条石砌筑 □清水砖墙
□水泥拉毛 □涂料粉刷 □其他</td></tr>
<tr><td colspan="2">墙体高度</td><td colspan="2">厚 × 高</td></tr>
</table>

4	墙编号		QT-××		墙砌筑样式	图片尺寸不小于3.5cm×2.5cm，精度不小于200dpi	图片尺寸不小于3.5cm×2.5cm，精度不小于200dpi
	位置		颜色			
	类型	□石墙 □砖墙 □土墙 □木墙 □其他				
	做法	□条石砌筑 □清水砖墙 □水泥拉毛 □涂料粉刷 □其他				
	墙体尺度		厚×高			
5	不小于3.5cm×2.5cm 图片精度不小于200dpi				山花	图片尺寸不小于3.5cm×2.5cm，精度不小于200dpi	图片尺寸不小于3.5cm×2.5cm，精度不小于200dpi
6	类型	□平顶 □坡顶 □其他	瓦件尺寸		勾头滴水	图片尺寸不小于3.5cm×2.5cm，精度不小于200dpi	图片尺寸不小于3.5cm×2.5cm，精度不小于200dpi
	坡度		色彩			
7	造型				阳台图示	图片尺寸不小于3.5cm×2.5cm，精度不小于200dpi	
	材料					
	铺地		色彩			
	栏杆		色彩			
8	材料		踏面造型	图片尺寸不小于3.5cm×2.5cm，精度不小于200dpi		图片尺寸不小于3.5cm×2.5cm，精度不小于200dpi	
	色彩					
	尺寸					

9 散水排水沟	图片尺寸不小于3.5cm×2.5cm，精度不小于200dpi	10 其他细部	图片尺寸不小于3.5cm×2.5cm，精度不小于200dpi
11 特色设备及构件	图片尺寸不小于3.5cm×2.5cm，精度不小于200dpi		图片尺寸不小于3.5cm×2.5cm，精度不小于200dpi
12 其他细部	图片尺寸不小于3.5cm×2.5cm，精度不小于200dpi	13 其他细部	图片尺寸不小于3.5cm×2.5cm，精度不小于200dpi
修缮建议			
评估			

注：1. 表格中以图示为主，宜使用测绘线图，也可使用拍摄参考尺子与不带尺子的两类照片。

2. 修缮建议与评估也可门、窗等各分项中阐述。

3. 表格中选择"其他"的，在后面注明具体内容。

4. 表格正反面打印，若建筑细部测绘需要可另附页，如有其他有价值的内容也可适当修改表格。

附件 3

电子文件内容及分级设置图

一级目录   二级目录   三级目录

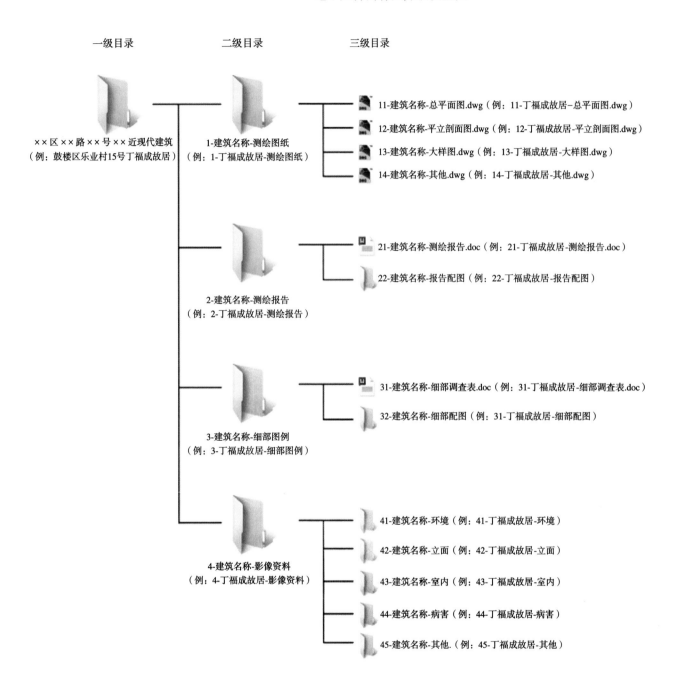

（三）结构检测

1.房屋结构

第一条　地基基础

（1）地基沉降不均匀引起的房屋倾斜、墙体开裂等损坏情况；

（2）基础碱蚀、风化、外闪、滚动的情况。

第二条　砖石墙体

（1）砌体的凸鼓、倾斜的情况；

（2）砌体墙面碱蚀、裂缝情况；

（3）砖石柱的鼓凸、倾斜、裂缝及根部、顶部的损坏情况；

（4）防潮层损坏失效的情况；

（5）门窗、过梁损坏的情况。

第三条　木结构

（1）屋架倾斜及杆件、梁、龙骨、檩、椽子挠曲、劈裂和望板槽朽等损坏及白蚁虫害的情况；屋架端节点槽朽、剪切面开裂和杆件连接点松动损坏，以及屋架的附木、上下弦杆、梁、龙骨、檩等入墙长度及隐蔽部分槽朽情况；

（2）木柱的弯曲、开裂及柱基的损坏情况；

（3）木楼梯梁、踏板、踢板及梯基的损坏情况。

第四条　钢结构

（1）梁、檩、柱等变形、位移、挠曲及锈蚀情况；

（2）屋架杆件的支撑和稳定性情况；

（3）焊缝的锈蚀、脱落及螺栓、铆钉联结点松动等情况；

（4）杆件钢材的环境、锈蚀情况。

第五条　钢筋混凝土结构

（1）混凝土的裂缝、风化、酥松、碳化、剥落的情况；

（2）梁、板、柱挠曲、裂缝、位移的情况；

（3）钢筋裸露与锈蚀的情况。

2.房屋渗漏

第六条　屋面

（1）屋面的基层、保温层、防水层和保护层的损坏情况；

（2）屋面天沟、斜沟、檐沟、躺沟、泛水，女儿墙、山墙、管道根、烟囱根、天窗壁、出墙嘴、落水口等损坏、渗漏情况；

（3）瓦屋面的脊瓦、垄瓦、压顶损坏、渗漏情况；

（4）卷材屋面防水层的裂缝、空鼓、翘边、张口及保护层破损、渗漏情况。

第七条　墙身

墙体渗漏部位、原因状况。

第八条　地下室

（1）地下室的埋深及其防水构造做法；

（2）地下室的地面、墙面、门口、台阶及管道出墙部位的损坏、渗漏情况；

（3）卫生间的顶棚、地面、墙面及管道根部渗漏情况，查明顶棚结构类型。

3. 设备

第九条　给排水

（1）室内给排水管道的位置、走向，阀门腐蚀及缩径情况；

（2）室内排水管积垢及堵塞情况；

（3）室外管道的位置、走向及其埋深、堵塞情况；

（4）卫生洁具损坏情况。

第十条　暖气

（1）暖气管道裂纹、砂眼、凸瘤、凹面、腐蚀等损坏情况；

（2）散热器拼接处漏水、漏气及其胶垫失效等情况；

（3）局部立管和散热器不热的情况；

（4）供热水总横管倒坡有气袋、管路堵塞、管路阻力不平衡等情况。

第十一条　电气照明

（1）线路截面、走向、负荷容量和电表容量等情况；

（2）配电系统的接地故障、保护形式和接地电阻情况；

（3）供电线路断路、短路、漏电及接触不良的原因与情况；

（4）导电绝缘层发黏、发脆、老化的情况；

（5）末端配电箱有无漏电保护开关。

第十二条　消防系统是否符合防火规范。

第十三条　是否有避雷设施及其损坏情况。

4. 安全鉴定

第十四条　在结构检测中，发现建筑结构损坏严重，有安全隐患和危险迹象时，应及时请有房屋安全鉴定资质单位按《危险房屋鉴定标准》JGJ125—99 和《民用建筑可靠性鉴定标准》GB 5029—1999 进行安全鉴定。鉴定发现房屋已属危险时，应临时支顶加固，按建设部第 129 号令《城市危险房屋管理规定》及时妥善处理。

（四）南京近代建筑保护修缮工程方案设计内容

方案设计的平面、立面、剖面及相应的详图参照国家及地方有关规定执行。

第一条　为规范南京近现代建筑保护修缮工程方案编制的体例与内容，保证方案编制的质量，依据相关法律法规和规范性文件，结合我市实际，制定本要求。

第二条　本要求主要适用于南京近现代建筑保护修缮工程方案的编制，其他级别的文物保护单位和具有文物价值的不可移动文物参照执行。

第三条　工程方案须达到初步设计深度。重点部位或特殊项目根据需要可以要求达到施工图深度。工程方案的设计要以研究为基础。

第四条　本要求所指的保护工程依工程性质，可分为以下五类：

（1）保养维护工程，系指针对文物的轻微损害所作的日常性、季节性的养护。

（2）抢险加固工程，系指文物突发严重危险时，由于时间、技术、经费等条件的限制，不能进行彻底修缮而对文物采取具有可逆性的临时抢险加固措施的工程。

（3）修缮工程，系指为保护文物本体所必需的结构加固处理和维修，包括结合结构加固而进行的局部复原工程。

（4）迁移工程，系指因保护工作特别需要，并无其他更为有效的手段时所采取的将文物整体或局部搬迁、异地保护的工程。

（5）环境治理工程，系指防止外力损伤，去除影响文物真实性、完整性的因素，展示文物原状，保障合理利用的综合措施。

第五条　方案文本须符合以下总体要求：

（1）工程方案需说明已有近现代建筑保护规划的相关内容，并注意衔接。没有编制保护规划的，应说明近现代建筑的基本信息（地理位置、类别、保护单位级别、公布时间等）、历史沿革、管理现状、利用现状及价值评估等概况。

（2）文本中须明确工程类别、对象类别，以及实施方案的部位。

（3）图纸的绘制要符合相关行业颁布的绘图标准。

（4）工程概算应能起到控制项目总投资的作用，并参照国家和地方颁布的相关行业的定额标准，必要时须列出概算依据。

（5）附件材料应包括总平面图、保护范围与建设控制地带图，必要的历史资料、照片、文物历次修缮记录、考古勘探发掘资料、材料分析检测试验报告、工程地质和水文地质资料及勘探报告等。

第六条　保养维护工程：

近现代建筑的使用单位应将保养维护工作列入每年的工作计划，并安排编制保养维护工程方案及经费预算，按文物保护单位级别报相应的文物主管部门备案。

第七条　抢险加固工程方案编制内容：

（1）概况。

（2）现状勘察评估：

依托必要的技术鉴定报告，分析、判断近现代建筑存在的问题、险情和发展趋势，并提出评估结论。

（3）实测图纸、现状照片：

实测图纸应包括近现代建筑总平面图、险情本体平面、立面、剖面图、险情部位详图。图纸应重点反映文物本体、险情现状或相关环境威胁，同时应标注险情特征文字说明。现状照片应对应图纸反映存在问题及险情特征。实测图纸和现状照片应附文字说明，并标明拍摄日期。

（4）抢险加固方案：

依据勘察评估结论，针对发生的险情提出解决问题的思路以及具体的实施方法。对残损状态十分严重或险情发展趋势不断恶化的部位，可先采取临时性且可逆的加固措施，同时立即制定抢险加固方案，上报批准后可进行全面的抢险加固。

（5）设计图纸及相关技术文件：

险情本体平面图、立面图、剖面图、险情部位加固措施设计图。图纸上应注明险情部位的修缮措施。

（6）概算总表。

（7）其他：

对彩绘、壁画、石质文物等须用化学方式保护的，须提供必要的、能反映材料安全性、可靠性、实用性的实验报告或证明材料。

（8）附件。

第八条　修缮工程方案编制内容：

（1）概况。

（2）现状勘察评估：

建筑本体的保护状况总体描述，主要存在的问题、破坏因素、病害类型分析，及勘察评估结论。必要时应提供水文地质、工程地质、气候环境、空气质量、生物环境等勘察和评估资料。

石质文物和彩绘的修缮工程，还应对以往的保护修复方法进行分析、评估。

（3）实测图纸、现状照片：

近现代建筑总平面图，修缮本体的平面图、立面图、剖面图。总平面图应标注明确本次修缮的位置。修缮本体实测图、现状照片与说明文字应相互对应，反映文物本体的现状和残损部位情况。重点修缮部位的实测图应保证为绘制施工图提供基本信息。隐蔽部位在实施过程中揭露的部分应补充实测图和照片存档。

测绘图必要时可采用影像技术和图片拼接技术作为辅助手段。

（4）修缮设计方案：

明确修缮设计性质、设计依据、设计原则，提出施工要求。

总体表述修缮内容；分项表述修缮内容的原因、修缮方法、防护措施以及相应的技术控制要求。明确文物现存各部分的处置要求，明确相关水电设施施工中的建筑处置要求。

石窟、石刻的修缮工程，应就方案对文物造成的有利与不利影响进行评估。

当防洪、消防、地质安全等作为主要防护措施时，应提供相应部门的技术报告，必要时单独编制专项方案。

（5）设计图纸及相关技术文件：

设计图纸应针对现状实测图所反映问题，准确恰当地表达设计方案，修缮部位和防护措施应在设计图纸上予以注明。凡属结构、基础与地基技术设计，均应参考国颁、部颁或地方政府颁发的相关技术规范。

（6）概算总表。

（7）附件。

第九条　迁移工程方案编制内容：

（1）概况。

（2）评估报告：

①市政府同意迁移批复文件。

②迁移必要性报告：反映文物本体保存现状、环境现状、迁移必要性及迁移风险的分析评估报告。

③拟迁移位置可行性报告：包括拟迁移位置的地质环境评价、自然环境评价、人文环境评价，以及相关片区规划。并附相应的图纸和照片。

（3）建筑信息采集：

包括建筑的性质、材料特征、结构特征、施工工艺等方面的文字说明，必要时附技术分析和技术鉴定报告。还应包括现状实测图、照片及影像资料。测绘图纸需达到施工图的标准，隐蔽部分在迁移过程中暴露的部分应及时补测。照片、影像资料应全面准确地反映保护对象的细节与全貌。

（4）实施方案和关键性技术文件：

明确迁移过程中各项目细节措施、紧急措施预案和安防措施预案；明确迁移后的保护范围与建设控制地带。

（5）概算总表。

（6）附件。

第十条　环境治理工程方案编制内容

环境治理工程设计范围原则上不得超过近现代建筑建设控制地带范围。

（1）概况。

（2）现状勘察评估：

包括本体环境现状、周边环境现状、管理现状以及影响文物环境风貌的不利因素的分析评估。

（3）环境治理方案：

明确环境治理的原则、依据、目标和范围。

主要治理内容有：清除有损真实性、完整性、安全性的建筑杂物，制止影响文物古迹安全的生产及社会活动，防止环境污染，营造为公众服务及保障文物安全的设施与绿化。

（4）方案图纸：

项目区位图；保护区划图；治理地块内建筑年代分析图、质量分析图、层数分析图以及风貌分析图；整治措施图；环境治理总平面图；能反映新建建筑与近现代建筑高差和距离关系图示；新建建筑平立剖图；重点治理部位详图；水电设施、防洪设施相关图纸等。方案图纸应按相关行业标准绘制，清晰准确地表达现状与整治内容。

（5）概算总表。

（6）附件。

第十一条　上报南京近现代建筑保护修缮工程方案应依据工程类别申报，原则上一事一报。上报方案应包括纸质文本和电子文本。

第十二条　纸质文本：纸质文本装订格式统一为 A3 幅面胶装本。

电子文本：文字以 word 为主。图纸、照片和效果图以 dwg 或 jpg 格式为主。

方案套数：应上报 3 套纸质文本。先上报 1 套纸质文本，在纸质文本批准后 30 个工作日内提交 1 套电子文本。

第十三条　文本封面内容：以规范的历史建筑名称为主题词的保护修缮工程方案名称、委托单位、编制单位以及编制时间等信息。

文本扉页内容：封面所有信息、单位法人、单位资质级别及编号、保护修缮工程出图专用章、方案编制完成时间，以及方案编制负责人、方案审核人、方案设计人签名。

第十四条　本要求自发布之日起开始执行。

三、方案审查

南京近代建筑保护修缮方案审查制度:

南京市历史文化名城保护委员会负责对方案进行审查,方案审查通过后,再按工程性质报相应的规划及建设部门领取许可证进行下一步的设计或施工。

四、施工图设计

南京近代建筑保护修缮工程施工图设计深度要求:

第一条 施工图设计参照国家及地方有关建筑施工图设计规定的深度和标准进行。

第二条 施工图实行备案制,除了相应的审查以外由政府各个级别的部门对施工图进行图审(同时交由政府主管部门进行)备案作为验收的依据。

第三条 施工图设计文件包括施工图设计说明和施工图图纸。

第四条 设计说明包括工程概述、技术要求和工程做法说明等几部分内容,其他有关的工程地质、水文地质勘察报告或结构、材料检测评估报告应作为附件,编入设计说明文件。

第五条 工程概述

(1)设计依据。批准的方案设计和批准文件内容。

(2)工程性质。明确工程的基本属性,即保养维护工程、抢险加固工程、修缮工程、保护性设施建设工程、迁移工程、原址复建工程等。

(3)工程规模和设计范围。主要表述工程所涉及的范围和子项工程组成情况。

第六条 技术要求和工程做法

着重表述技术措施、材料要求、工艺操作标准及特殊处理手段等方面的内容。一般应按施工工种逐一进行说明。工程中所涉及的新材料、新技术的有关资料或施工要求应做专项说明。

第七条 现代材料和结构类型的历史建筑、建(构)筑物,图纸深度还应符合相关规定。

第八条 施工图图纸

(1)总平面图

①反映历史建筑、建(构)筑物的组群关系、场地地形、相关地物、坐落方向、工程对象、工程范围等内容。反映出工程对象与周围环境的相互关系。

②标注或编号列表说明建(构)筑物名称,注明工程对象的定位尺寸和轮廓尺寸。如涉及室外工程时,要在总图上有明确的范围标示;较简单的室外工程,允许直接在总图上标出工程内容和做法;复杂的室外工程,必须另外绘制单项工程图纸。

③指北针或风玫瑰图。

④比例一般为 1∶200 ~ 1∶2000。

(2)平面图

①反映空间布置及柱、墙等竖向承载结构和围护结构的布置,表述设计中拟添加的竖向承载结构布置,标明室内外各部分标高。

②轴线清晰,依序编号,包括:平面总尺寸、轴线间尺寸和轴线总尺寸、门窗口尺寸、柱子断面和承重墙体厚度尺寸、平面上铺装材料的尺寸和其他各种构、部件的定型、定位尺寸。单体建筑有相联的、关系密切的建筑物时,平面图中要有表达,以明确二者的相互关系。

③以图形、图例、文字等形式表述设计采取的技术措施、工程做法。主要表述台基、地面、柱、墙、柱础、门窗、台阶等平面图中可

见部位的技术措施和工程做法。平面图中不能表述清楚的工程做法和详细构造，应索引至相应的详图表达。

④比例一般为 1：50 ～ 1：100。

（3）立面图

①反映建（构）筑物的外观形制特征和立面上可见的工程内容。原则上应包括各方向立面，如形式重复，而且不需标注工程做法时，允许选择有代表性的立面图。立面图上应详细标注工程部位，标注必要的标高和竖向尺寸。

②立面左右有相邻建（构）筑物相接时，必须绘出相接物的局部。

③立面图应标画两端轴线，并标注编号。立面有转折，而用展开立面形式表达时，转折处的轴线必须标明。建筑室外地平、台阶、柱高、檐口、屋脊等部位标高，竖向台基、窗板、坐凳、窗上口、门上口或门洞上口、脊高或顶点等分段尺寸和总尺寸均应标注，各道尺寸线之间关系必须明确。

④用图形、图例、简注等形式表述能够在立面上反映的工程措施、材料做法，明确限定实施部位。重点表达墙面、门窗、室外台阶、屋檐、山花、屋盖、可见的梁枋、屋面形式和做法等所有立面上可见内容。

⑤比例一般为 1：50 ～ 1：100。

（4）剖面图

①表述地面、竖向的结构支承体，水平的梁枋和梁架、屋盖等部分的形态、构造关系、工程措施和材料做法方面的设计内容。应选择最能够完整反映建（构）筑物形态或空间特征、结构特征和工程意图的剖切位置绘制。如某单一剖面不能满足要求时，应选择多个不同的剖切位置绘制剖面图。

②剖面两端标画轴线，并注明编号。标注竖向、横向的分段尺寸、定形定位尺寸、总尺寸以及构件断面尺寸、构造尺寸。单层的建（构）筑物应标注室内外地面、台基、柱高、檐口、屋顶顶点的标高，多层建（构）筑物还应标注分层标高。

③用图形、图例、简要文字详尽表述设计的技术措施、工程材料做法。重点表述部位为屋面构造、梁架结构、楼层结构、地面铺装铺墁的层次做法、可见的柱和其他承载结构等方面内容。实施范围有清楚地界定。

④剖面有所反映，但须与其他图纸共同阅读才能反映的内容，除在本图标注外，还必须转引至相关图纸。对于剖面图不能详尽表述的内容，应绘出索引，引至相应的局部放大剖面和详图中表达。

⑤比例一般为 1：50 ～ 1：100。

（5）结构平面图

①反映木结构古建筑的梁架、楼层结构、暗层结构平面布置和砖石结构古建筑、近现代建筑的梁板、基础、支承结构的平面布置。尤其是在其他图纸中难以表述清楚的平面形式和工程性内容。

②图面应有清楚的轴线和编号。尺寸标注包括：轴线间尺寸、轴线总尺寸、各种构部件的定位尺寸和定形尺寸、结构构件的断面尺寸等。

③图面表述的技术性措施、材料做法应重点表述其他图纸难以反映的设计内容和结构形态。难以在图中表述清楚的局部、节点、特殊构造，应采取局部放大平面、详图进行表述。

④比例一般为 1：50 ～ 1：100。

（6）详图

①详图表述平、立、剖面等基本图不能清楚表达的局部结构节点、构造形式、节点、复杂纹样和工程技术措施等。凡在工程中需详尽表述的内容，均应首选用详图形式予以表述。

②详图尺寸必须细致、准确。难以明确尺寸的情况下，允许用规定各部比例关系的方式补充尺寸标注。表明在建筑中的相对位置和构造关系。详图编号应与基本图纸对应。

③如有特殊需要，加绘轴测图。

④比例一般为 1：5 ～ 1：20。

（7）设备施工图

水电、设备、消防图等规范参照国家、省市、地方有关建设工程立项管理的相关规定。

第九条　施工图预算

（1）施工图预算书基本要求

①预算必须以相应的施工图设计文件为前提编制，预算所列项目、工程量必须与设计文件的相关内容对应。

②预算可以采用定额法编制，也可以采用实物法编制。取费标准执行国家和地方的相关规定。

③采用预算定额法编制预算时，必须选择适用定额。某部分项目确实缺乏适用定额时，允许以市场价格为依据编制补充定额，并附综合单价的组价明细与依据。

（2）预算编制依据

①施工图设计技术文件。

②国家和工程所在地政府有关工程造价管理的法规、政策。

③工程所在地（或全国通用的）主管部门的现行的、适用的工程预算定额和有关的专业安装工程预算定额、材料与构配件预算价格、工程费用定额及有关取费规定和相应的价格调整文件。

④现行的其他费用定额、指标和价格。

⑤因工程场地条件而发生的其他规定之内的工程费用标准。

⑥采用实物法编制预算书时，工程直接费以市场价为依据，取费标准仍应执行国家和工程所在地主管部门的相关规定。

（3）预算书编排内容

①封面（或扉页）。标写项目或工程名称、编制单位、编制日期，应有编制人、审核人签字，并加盖编制人员资质证照和编制单位法人公章。

②预算编制说明书。其内容应包括：工程概述，说明工程的性质和规模；编制依据，对所选用的定额、指标、相关标准和文件规定进行清楚的说明；编制方法和其他必要的情况说明。

③预算汇总表。由明细表子目汇总、合成。依次列直接费、间接费和取费费率、其他费用、合计费用。

④预算明细表。套用定额子目要准确并编号清楚；无定额和其他标准作为依据的子目，要标注清楚。

五、施工及监理

施工及监理参照国家建设部门及国家文物部门的相应标准执行。

六、验收

南京近代建筑保护修缮工程竣工验收管理办法：

历史建筑修缮工程项目全部完成后，应按《南京市房屋修缮工程施工质量验收标准》和本技术规程的规定进行竣工验收，不合格的不准交竣工。根据国家及地方规定的建筑工程一般的验收要求提供相应的验收文件，组织专家对工程进行验收，符合要求的发放验收许可。

修缮施工单位在竣工交验前，应先对所完工程质量进行自查、自评、自验；对整个工程项目、设备及有关技术资料进行全面检查、整改，达到验收标准后，报现场监理复验、评定合格认证，再报经营管理单位（业主），组织设计、施工、监理四方共同检查、验收，一致认为合格同意验收后，报历史建筑主管部门和市房屋修缮定额质量监督部门申请备案。

经历史建筑主管部门和市房屋修缮定额质量监督部门核验，除符合设计要求及工程质量合格外，还应验收观感质量达到与原风貌建筑形象一致，批准备案后，方可进住投入使用。

竣工验收，应提供以下资料：

（1）修缮工程项目申请报告及主管部门审批意见；

（2）修缮设计及变更；

（3）修缮工程质量检测、检验、评定资料；

（4）主要材料、半成品的合格证及复验报告等；

（5）修缮竣工图（建筑、结构、设备管线系统图）；

（6）修缮工程竣工验收备案申请报告。

1. 总 则

第一条　为进一步规范我市历史建筑保护工程验收标准，加强历史建筑保护工程质量管理，更好地保护历史建筑的历史、艺术、科学价值，依据相关法律法规制定本办法。

第二条　本办法所称历史建筑保护工程，包括抢险加固工程、本体修缮工程、环境整治工程、迁移工程等。

2. 验收程序

第三条　验收及验收申请。由我市历史建筑行政主管部门组织实施历史建筑保护工程的建设单位、设计单位、施工单位、监理单位进行验收并提交工程验收书面申请。

第四条　工程建设单位在验收现场须提供以下材料：

（1）批复同意的设计方案和施工方案、竣工图。

（2）若方案调整，须提供相关设计变更文件及南京市历史建筑行政主管部门审核意见。

（3）监理报告及装订成册的相关技术资料。

（4）工程竣工报告、施工组织设计、施工进度报告、施工日志。

（5）隐蔽工程及分项验收材料。

（6）监理委托合同、施工合同、施工决算。

竣工图、竣工报告、监理报告需同时提供电子文件，报验收组织部门备案。

第五条　验收组织工作。我市历史建筑行政主管部门负责文物保护工程验收的组织工作，并确定3～5名专家组成验收专家组负责文物保护工程的技术验收。建设单位、设计单位、施工单位、监理单位相关负责人共同出席验收会。

第六条　验收程序：

（1）验收专家组进行资料会审及现场勘察。

（2）召开验收会。专家组组长负责会议主持。

（3）建设、设计、施工、监理单位分别书面汇报工程项目情况、合同履行及执行国家法律、法规和历史建筑保护工程标准情况。

（4）验收专家组讨论，形成验收意见，填写验收评定表，报我市历史建筑行政主管部门。

第七条　验收结果：

我市历史建筑行政主管部门根据专家组验收意见，下发《南京市历史建筑保护工程竣工验收结果通知书》。若工程不合格，由我市历史建筑行政主管部门责成建设单位限期整改，整改完成后另行组织工程验收。

3. 验收要求

第八条　总体要求：

（1）符合工程勘察、设计方案要求。方案如有调整，应经我市历史建筑行政主管部门审核同意。

（2）符合相关标准及专业验收规范要求。

（3）工程观感质量由验收专家组成员通过现场勘察共同确认。观感质量主要体现在以下几个方面：建筑的时代特征保护，修补或更换材料的原真性和可识别性要求，传统施工工艺的保留等。

（4）隐蔽工程隐蔽前，建设单位应会同监理单位对隐蔽工程组织验收，并形成验收文件。隐蔽工程的省级验收将着重对上述验收文件进行审查。

第九条　工程质量验收。验收专家组现场勘察主要对以下六个方面进行综合评估：

（1）土方、地基及基础工程

①地基基础工程中采用现行的建材和施工方法部分，验收检查方法按照现行国家规范进行，采用传统方法砌筑或在原有基础上进行加固的须经专家论证。

②地基与基础工程中石料品种、规格及做法须符合设计方案要求，露明石料表面应整洁、平直。

③地基与基础工程施工中要做到灰浆饱满、灰缝顺直。

（2）主体工程

①着重对木构架的开间、进深、梁柱垂直度、水平度、梁檩底高度进行复核，对各木构件材质、尺寸、节点牢固密实度进行检查。

②砌体验收应着重于砌体垂直度、饱满度、平整度。

（3）地面工程

①检查各层的强度、密度、厚度、平整度、标高等是否符合设计及施工规范要求。

②审查基层、垫层、面层的验收记录。

（4）木装修工程

①工程分项验收应在油漆前进行。

②对于木装修构件的尺寸、材质、样式进行复核，构件的安装须牢固。

（5）装修工程

①装饰工程所用材料的质量、品种、规格应符合设计要求和有关材料规范的规定。

②油漆、彩画表面不得出现裂缝、空鼓、皱皮，油漆颜色应一致，无刷纹。

③室内外墙涂料不得掉粉、起皮、透底，大面颜色应一致。

④泥塑、砖雕、木雕、石雕的内容、样式应符合设计要求，雕件的图样应清晰完整，安装须牢固，修补雕件风格须与原构件相一致。

（6）屋面工程

①屋脊砌筑应牢固，线条流畅。

②屋面平顺，瓦楞齐整。

③不得有渗漏和积水现象。

④材料应符合有关质量标准的规定。

第十条　工程质量等次：

根据验收专家组资料会审和现场勘察评估，历史建筑保护工程质量等次分为优、良、合格、不合格四个等次。

4.附则

第十一条　市县级文物保护工程验收参照本办法执行。

第十二条　本办法由南京市名城处负责解释。

第十三条　本办法自颁布之日起实施。

附：本规程用词说明

1. 为便于执行本规程条文时区别对待，对要求严格程度不同的用词，说明如下：

（1）表示很严格，非这样做不可的用词：

正面词采用"必须"；

反面词采用"严禁"。

（2）表示严格，在正常情况均应这样做的词：

正面词采用"应"；

反面词采用"不应""不得"。

（3）表示允许稍有选择，在条件许可时，首先应这样做用词：

正面词采用"宜"；

反面词采用"不宜"。

表示有选择，在一定条件下可以这样做的，采用"可"。

2. 条文中指定按其他有关标准、规范执行时，写法为"应按……执行"或"应符合……的规定"。

第二节　扬子饭店旧址保护修缮设计

地址：鼓楼区宝善街 2 号

建造年代：1912—1914 年

结构类型：砖木结构

保护修缮设计时间：2012—2016 年

一、项目管理流程

在保护修缮前，扬子饭店数十年来被军事及准军事单位、政府机关所占用，已不承担饭店使用功能。2010 年前后，由于整个南京下关地区开始的城市更新活动，地方政府部门加强了该区域的历史建筑和街区的保护工作。2012 年前后，对该建筑的保护与利用提到了议事日程。2012—2016 年，从保护、修缮、改造、利用到开业，经历了以下几个步骤的行政手续。

（一）立项

立项单位为鼓楼区旅游局。鼓楼区旅游局根据政府及国营企事业单位的立项程序，将该项目作为旅游项目向区发改委提出立项申请。内容包括可行性研究——对项目进行详细的可行性研究和论证，必要性、市场需求、项目的意义以及项目完工后的社会和经济效益评测、风险、投资估算等，立项报告符合国家和地方的相关法律法规程序，包括申请、可行性研究报告、环境评估报告等，然后经过相关部门研究和落实。此阶段大概花费六个月。

（二）方案报批

鼓楼区政府旅游局委托东南大学、南京大学等相关单位进行了相应的工作，其中南京大学历史系受委托对扬子饭店进行历史研究——包括重大历史事件、重要历史人物、使用情况等。此部分调查研究最后形成了数十万字及上百张历史照片的研究报告。该历史研究报告为后续的建筑修缮保护提供了有力的依据。同时东南大学建筑学院对该建筑的相关历史情况进行了详细的调查研究。包括历史建设情况、设计师信息、当年的建筑规模、建筑材料、建筑技术等，形成了研究文本和详细的现状测绘图纸。东南特种建筑公司对该建筑的整体结构性能进行了完整的调查研究，形成了完整的结构检查报告。基于这三个严谨的调查研究形成了建筑历史研究及价值评估、现状测绘和损害调查、结构安全鉴定等文件，同时形成了修缮保护的设计方案。此阶段大概花费六个月。

（三）方案审查

方案审查分两个系列，主要是文物审查，因为扬子饭店是江苏省文物保护单位。因此，首先由辖属单位南京市文物局组织专家对该方案进行了评审，在专家意见的基础上，设计单位对设计方案进行了修改和完善，同时报江苏省文物局审批，江苏省文物局对设计进行了会审，同时也提出了修改意见。最后形成了一个经过两级政府有关部门批准的最终方案。

（四）施工图设计及审查

根据江苏省南京市文物保护单位修缮加固的依据，一般文物建筑只进行方案审查、施工图备案，这有别于其他的一些地区，但是同时符合国家《文物保护法》和地方有关

南京市文物局审查意见首页

工地例会会议纪要首页

扬子饭店旧影

民国时期明信片上的扬子饭店照片

宋庆龄（1893—1981年）

规定。但因为该项目的施工图纸涉及内部结构的加固和改造，同时涉及消防以及建成后作为商业旅馆使用的情况，所以同时报请南京市建设部门的施工图审查中心进行审查（文物修缮通常不经过该程序，除非有重大的工程实施及安全问题，或对文物的扩建、改建，这种情况下通常要经过建筑部门的图纸审查），建设部门组织专家按照一般新建建筑工程的审查程序对该施工图进行了全面审查，包括建筑结构、设备、消防等方面。由于该项目的特殊性，在许多方面不能满足现行的建筑法规要求，比如防火，这种砖木结构的防火要求达不到新的建筑规范，再比如结构抗震方面等也不能满足现行规范，所以这次施工图审查采取了专家会审的方式，审查之后，设计单位根据专家意见修改和完善了施工图。

（五）施工及监理

因为该项目为省级文物保护单位，所以要求相应施工单位资质达到国家文物保护二级以上的修缮资质，最终由建设方组织工程招投标，上海住宅建设集团总公司下属的文物修缮公司中标并对整个建筑进行了施工。施工过程进行了约一年半，施工严格按照图纸进行。首先，是结构加固和外部市政管网的维修，砖木体系的结构修缮加固包括基础加固、墙体纠偏、墙体加固、木梁加固和屋架加固等，此过程进行约五个月。其次，对文物本体外部围护结构进行恢复性修缮。此阶段大量采取人工工艺进行外部修缮，花费约六个月。再次，是内部设施改造、内部市政设施、基础设施、水电管线改造（与外部维修同步进行），进行了约三个月。最后，是室内外装修，包括室内装修和外部环境的整治，约六个月。

（六）验收

施工完成后，由南京市文物局组织专家对该项目进行了验收。验收时提出了一些整改意见，最后通过验收，获取许可。该工程完工后由于周边环境没有得到及时改善，准备开业工作大概准备了六个月。最后由政府委托南京颐和公司对该项目进行管理、维护及商业运营。

二、方案及施工图设计

（一）历史概况

扬子饭店始建于民国初年，由英侨杰西·柏耐登出资、申请并设计建造。申请土地面积为7.9247亩，共建有西式楼房5栋61间（其中新式平房1栋5间，旧式平房3栋5间）。建筑主体为三层砖木结构，用明代城砖修筑，古朴典雅，为英国中世纪城堡式样，颇具异国情调。

1. 历史沿革

1898年，南京下关开埠之后，长江滨江地区成为当时的一个贸易繁忙的地区，大量的外国客商驻留在此。1912—1914 年，法国人法雷斯（Farès）出资申请并设计建造了当时命名为"法国公馆"的扬子饭店，这是南京作为通商口岸正式对外开放后最早的一家西方人开办的高级宾馆。1921 年，法雷斯病故，其妻李张氏改嫁和记洋行稽查员英侨威廉·伯耐登（William Bonnard），改名杰茜·伯耐登（Jessie Bonnard），继续经营。1927 年，"法国公馆"改名扬子饭店。1929 年，国民政府举行奉安大典，扬子饭店被指定为招待各国专使的定点饭店。1933 年，宋庆龄女士下榻扬子饭店，营救牛兰夫妇，行政院院长汪精卫、司法部部长罗文干赴扬子饭店拜望宋庆龄，扬子饭店因此名噪一时。1950 年，扬子饭店闭门歇业，柏耐登夫妇移居上海，房屋由南京市政府交际处租用。1954 年，威廉·柏耐登去世，扬子饭店产权归其妻杰茜·伯耐登（已入英籍）所有。杰茜·伯耐登以妻名义向上海市第一中级人民法院申诉继承遗产，后外交部以"契证不全"为由，予以代管。当年 10 月宣布土地收归国有，杰茜·伯耐登交纳地租准予继承。1965 年，杰茜·柏耐登去世后，上海市高级人民法院在报纸上刊登广告，未见有人持合法证件前来继承扬子饭店。1968 年，经上海市高级人民法院裁定，扬子饭店判为绝产，由南京市房管局接收，现为南京市公安局下关分局办公地点。1992 年，扬子饭店被列为南京市文物保护单位。2002 年，扬子饭店被列为江苏省文物保护单位。

2. 历史故事：宋庆龄与扬子饭店

这幢旧式洋楼里发生过许多故事，留下不少近代中国历史的烙印。尤其值得一提的是，在血雨腥风的 20 世纪 30 年代，举世闻名的中国民主革命先行者孙中山先生的伴侣宋庆龄女士在此下榻的一段鲜为人知的经历。宋庆龄一生以其所具有的特殊身份与特殊地位，从事独特的革命斗争，70 年如一日，是近代中国历史上罕见的伟大女性。1933 年 4 月 4 日，宋庆龄率"中国民权保障同盟"代表团一行，为营救陈庚、罗登贤、廖承志、陈藻英、余文化等著名革命者，以及到国民党南京大石桥江苏第一监狱探视慰问国际友人牛兰夫妇，专程来到南京。以往宋庆龄到南京多下榻于花园饭店（今江苏饭店），此行的目的与以往不同，为了避免国民党特务的跟踪监视，故选择了由英国人经营的、相对安全的扬子饭店。

（二）建筑特点

扬子饭店占地约 3320m²，建筑面积约 2336.5m²。现存建筑坐北朝南，包括四层楼一幢，两层楼一幢，建筑高度 18.65m，层高 2.6 ~ 4.1m 不等。整幢建筑为砖木结构，以明代城墙砖为主要材料砌筑而成，室内楼梯、地板、屋架部分都为木质，屋面为红色彩钢板。

扬子饭店采用西洋风格，又在少数细部利用中式装饰进行点缀。它在民国之初落成后，曾是南京市重要的高级宾馆，曾被国民政府外交部指定为招待各国使节的定点酒店。

中山北路角度鸟瞰

东立面

西立面

沿宝善路主入口

修缮效果图

（三）价值评估

1. 社会历史价值

扬子饭店是南京近代城市史的见证。作为南京最早的高级酒店之一，扬子饭店的设计、建造、经营都是由外国人一手承办的，体现了近代中国打开国门、对外交往过程中的矛盾性：一方面，下关的开埠并对外通商是中国战败的直接后果；另一方面，这些被动的外事活动也在客观上为落后的中国带来了西方先进的科学技术和商业模式。当时的扬子饭店，无论是作为西式建筑还是采用西方制度管理的涉外酒店，都具有一定的先进性。

扬子饭店是南京古代城墙发展历程的缩影。南京的城墙砖质量上乘，坚固耐用，是理想的建筑材料。据说，建造扬子饭店的主要建筑材料明代城墙砖大部分来自浦口点将台。当时，在一些日久荒废、疏于管理的城墙区段，不少居民都会拆下砖块交予专人验收，作为建材重新投入使用。至今，从扬子饭店墙体的砖块中仍可以辨认出当时烧制城砖时留下的一些信息，这是研究南京城墙历史的重要实物资料。

扬子饭店是民国时期一系列历史事件发生的重要舞台。扬子饭店曾经接待过不少国民党高层人士，这幢旧式洋楼里发生过许多故事，留下不少近代中国历史的烙印。20世纪30年代，宋庆龄女士曾在此下榻，并参与了一系列革命活动。

2. 建筑艺术价值

扬子饭店具有独特的风格，它主要采用了当时西洋建筑的构图方式，又使用中国的城墙砖作为结构材料。这种方式可以称为"中西合璧式建筑"，对于建造之时而言，是一种"现代化的中国建筑"。扬子饭店采用了斜面式屋顶及法国孟莎式屋顶，上有防雨小屋面式老虎窗突出，其建筑风格朴实、端庄，具备西方古典乡村式酒店的特征。总体上说，

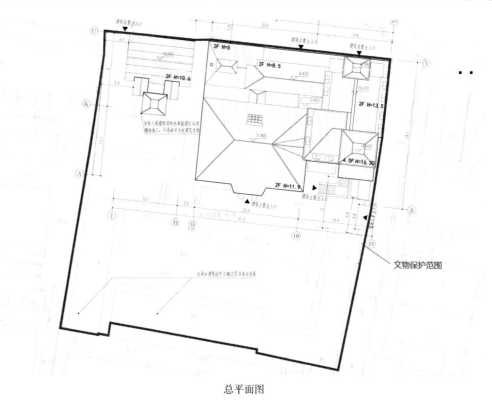

总平面图

扬子饭店是近代中国较早出现的西化特征明显的建筑，在布局、结构、立面构图、大部分的装饰和细节处理上都采用了西式做法，但同时又因为材质选用的特殊性呈现出独特的个性，是研究西洋建筑在中国传播的重要案例。

扬子饭店的建筑主体可以分为两个部分。西侧两层部分呈对称式构图，二层南向有一圈敞廊，形制接近于文艺复兴时期法国的城堡式府邸。东侧三层部分，尤其是北侧立面，亦存在一定的对称关系，此部分体形高耸，更加类似于城堡式的外观。建筑外墙略作收分，线脚精美，以明代城墙砖砌筑，并直接将材质的肌理显露，古朴典雅，颇具异国情调。建筑两个部分在室内也各自存在轴线关系，并以内院相连，通过木制墙裙、线脚、天花对墙体、柱身和门窗进行装饰，做法十分精细。

3. 使用价值

扬子饭店保存至今，总体现状基本完好，结构主体未遭破坏，大致的建筑格局也没有太多改变，室内的主要装饰也相对保持完整。这对文物建筑价值的留存，以及继续使用提供了有利条件。扬子饭店所在的宝善街街区正处于总体的环境整治的过程之中，对于此地的重新开发和利用，已经有了较为清晰的定位和明确的目标，易于以扬子饭店为中心，形成具有特色的，集餐饮、住宿、会所与康乐等功能于一体的文化休闲场所。

扬子饭店的区位条件优越。位于两条城市干道的交叉点，又毗邻连接南京市江南江北两部分的主动脉之一，面对下关区政府，位置显要，交通便利。同时，扬子饭店西接长江，北眺狮子山，周边还有挹江门、阅江楼、渡江战役纪念碑等重要景点，总体来说，扬子饭店位于南京城市重要的景观节点上，这是重新发掘其旅游、观光、接待功能的一大优势。

此外，下关区是南京近代文化遗产丰厚的片区之一，拥有大量近代建筑的旧址，大马路、滨江码头、车站、中山北路沿线，都是民国风情浓郁的街区。近年来，下关区政府及相关部门极其重视对辖区内民国文化遗产的保护与再利用，通过建设，积极打造以民国建筑为主题的下关区整体风貌，成效显著。这对扬子饭店重新投入使用的前景十分有利。

（四）现状分析

1. 扬子饭店及其周边环境

（1）保护沿中山北路、宝善路建筑立面、拆除违章搭建。拆除扬子饭店庭院内违章搭建，依历史原貌进行场地设计。

（2）由于该建筑历史悠久，现场地坪标高低于周边道路标高，本次室外环境改造工程的工作重点要解决场地的排水问题及半地下室入口的截水问题。

2. 主楼外立面

东、南、西、北四个立面均为重点保护立面，立面砌体均为原城墙砖，历史悠久，是立面保护工程的重中之重。

（1）部分砖缝已改为水泥砂浆勾缝，应彻底去除并按原勾缝材料重新勾缝。

（2）拆除立面私自搭建的电线、电缆、管道、空调机组等附加物；去除墙体表面的污

室内走廊

门厅

地砖

渍、锈渍、修补表面孔洞。

（3）去除东立面二层及北立面二层局部的水泥砂浆粉刷带。恢复原清水城墙砖式样，破损部位用原材料砖粉修补。

（4）按历史照片，拆除二层外廊、三层阳台、露台部位的后期搭建，恢复历史原貌。

（5）尽可能保留原木质门窗，破损严重的部分应按原式样、原材料重新加工定制。去掉后期改设的铝合金门窗按现存木门窗的历史原物重新加工定制。拆除部分门窗的封堵，恢复历史原貌。

（6）现彩钢板屋顶为后期改建，应根据历史照片恢复原金属瓦屋面，并结合保温防水要求，增加防水层、保温层。

（7）保留原烟囱、老虎窗、檐沟、雨水管、雨水斗等构件，如破损较为严重，应按历史原样式、原材料重新加工定制。

3. 主楼室内

（1）一层

扬子饭店一层半地下空间现为拘留和仓储功能，应拆除后加装饰，恢复历史原貌；两处会议室均为本次修缮保护工程的重点保护部位，应保留原室内。

（2）楼梯

扬子饭店建筑内共有楼梯5部，全部为木结构，一层包括4部；去除后期加设的地砖及加建部分，恢复楼梯的历史原貌。破损部位应用原样式、原材料进行加固和更替；所有木质构件出白，分析油漆的历次涂层，按最初的色彩重新油漆。

（3）二层

二层外廊外立面城墙砖需要全部保护保留；根据历史照片，二层外廊本无木窗，应拆除后加木窗；北翼围墙为红砖砌筑的违章加建，应予以拆除恢复历史原貌；二层大厅具有良好的空间形态，必须对其中的木铺地、木门窗加以保护保留；二层楼梯间为木结构回旋楼梯，连通主楼二层直到塔楼。该楼梯保存良好，装饰简洁，具有相当的文物价值，必须加以保护保留。

（4）三层

三层内阳台现有铝合金门窗，根据历史照片，应拆除搭建，恢复其原貌。

（5）四层

四层外阳台现被违章搭建封堵，根据历史照片，应拆除搭建，恢复其原貌。

（6）节点、构件

塔楼采用木结构，钢节点，对所有构件应采取加固措施增加其耐久性和安全性，对重要构件必须加以保护保留。

（7）门、窗、五金件、装饰、电器

在施工中必须严格保护原有的小五金、门锁等。扬子饭店原有门窗均为木制，少数房间仍然保留了老式门把手，都需要进行重点保护。建筑内部装饰在后期使用中有较大变动，应拆除后加装饰层，恢复建筑室内历史原貌。建筑内部后增加的灯具，私拉电线等需要拆除以恢复建筑原貌。

4. 主楼屋面

扬子饭店主楼屋面均为坡顶，使用的红色彩钢瓦和蓝色彩钢瓦均为后期加设，应予以拆除并根据历史照片替换为原金属瓦屋面。

5. 辅楼外立面

东、南、西、北四个立面均为主要保护立面，必须全面保护外墙、外窗。

（1）立面花饰及线脚材质、颜色及肌理均需严格保护保留。

（2）建筑南侧和东侧违章建筑需全部拆除。

（3）建筑各立面均被水泥砂浆粉刷，部分剥落处可见原立面材料为城墙砖，应剥除所有后加粉刷，恢复立面原样。

（4）立面木门窗材质、样式、风格及颜色均需保护保留。

（5）各立面后期增加的铝合金门窗、封堵的门、窗应严格按原状恢复。

（6）屋面、檐沟、雨水管、雨水斗等均需保护保留或按原状修复。

6.辅楼室内

辅楼建筑内部装饰在后期使用中有较大变动，应拆除后加装饰层，恢复建筑室内历史原貌。建筑内部后增加的灯具、私拉电线等需要拆除以恢复建筑原貌。在施工中必须严格保护原有的小五金、门锁等。

（1）扬子饭店辅楼一层原南侧入口已被违章搭建封堵，在拆除违章搭建后恢复南侧入口和楼梯间使用。

（2）辅楼楼梯为木制，保存现状较好，应加以保护保留。

（3）扬子饭店辅楼二层楼梯为木制，保存现状较好，应加以保护保留。

（4）辅楼二层均为木门窗，现大多被封堵，应拆除封堵恢复原貌，对所有木门窗应加以保护保留。

（5）扬子饭店辅楼三层现为违章搭建，应予以拆除恢复历史原貌。

7.辅楼屋面

（1）扬子饭店辅楼现为灰钢瓦屋面，屋架木构件穿出山墙面，存在一定的腐朽现象。

（2）为恢复历史风貌，应替换灰钢瓦屋面为原金属瓦，并对外露木构件做保护。

（五）修缮技术要点

扬子饭店作为南京市民国建筑的杰出代表，已被有关部门列入重新利用的计划之中，将在未来的修缮和改造中重现当年的风貌，具体包括以下几个目标：

（1）恢复扬子饭店周边的历史风貌、外部的造型特征和内部的装修风格，使其成为南京市以及下关区重要的"历史文化地标"；

（2）通过置换的方式腾出扬子饭店的旧址，恢复原先的酒店功能；

（3）收集、整理、展示与扬子饭店相关的文史资料，在对原址重新使用的基础上，加入展陈、观光、游览等博物馆功能；

（4）根据实际需要在旧址旁修建新的配套设施，使扬子饭店成为集餐饮、住宿、会所与康乐等功能于一体的高端民国风情酒店，在保护原址旧貌的基础上，突显其浓厚的民国特点。

1.修缮设计的原则

扬子饭店修缮设计的讨论中，贯穿始终的原则是对有形的文物和无形文化的双重保护，恢复扬子饭店的旅馆功能，同时提升建筑的使用品质。初步设计的概念包括三点：

（1）原有设计的优异之处，予以借鉴和保留；

（2）原有设计的不足之处，予以整改和摒除；

（3）原有设计未考虑之处，予以增加。

2.建筑布局的重塑

1965—2012年，扬子饭店在南京市公安局下关分局使用期间，因使用面积不足，被人为增加了多处违章搭建，此次设计时拆除了多处后加隔断，恢复了南入口、北入口、内天井等多处风貌。同时，因当时仓促建设遗留下的各种问题也一一得到解决，一到三期之间通过新建设的天井平台得以连通，四期的室内外标高通过调整得以与一到三期协调，解决了交通和排水问题。在室外环境设计中，为恢复扬子饭店原有花园布局，拆除了多处建筑并扩展为饭店的专用绿地。

3.建筑功能的恢复与提升

扬子饭店在百年前拥有的先进建筑功能在如今已不合时宜，此次设计中的最大难点是对原有功能进行建筑和文化价值的双重分析，并通过保留和整合最终重新阐释扬子饭店进步的时代意义。餐厅、客房和大空间是首先被确认为必须完整保留的功能，这些旅馆的必须功能作为扬子饭店的文化和载体，在此次设计中将以其历史原貌再次得以呈现。连通这些功能的楼梯、过廊和敞廊将在保持原风貌不变的情况下略做更新，主要体现在标高的调整和部分不合理廊道的通达性更新上，目标为更好地为主要功能服务。受建筑材料的约束，扬子饭店的地下层和三期存在十余处面积小于 $5m^2$ 的单间，这些曾经的附属用房已不适应现今的住宿文化，此次设计整合了这些房间，通过打通非承重隔墙的方式组合起了数个大空间作为会议功能、内部办公、设备机房使用。

4. 建筑材料与设备的更新

扬子饭店在百年前对建筑材料的选择十分严格，除了外窗和屋面经百年风雨已部分损坏外，其余砖、木、钢构件均保存良好。此次设计按照原样式修复了外窗和屋面，同时对室内的卫生间和厨房部分重新设计了混凝土楼板以满足防水和荷载要求。利用建筑原有的行李井、排烟道等竖向井道，这次修缮为扬子饭店增加了全套的暖水、智能化和空调系统，这些系统的竖向走线隐蔽在原有井道之中，末端则通过与新制天花的整合得以隐藏。

（六）现状分析及保护修缮内容

1. 结构体系现状分析及保护内容

结构体系现状分析及保护内容见表 2-1。

表 2-1　结构体系现状分析及保护内容表

体系	部位	原状	历史修缮	现状破损	现状评价	保护内容	修缮技术
砖木体系	基础	（砖砌）条形基础	无修缮	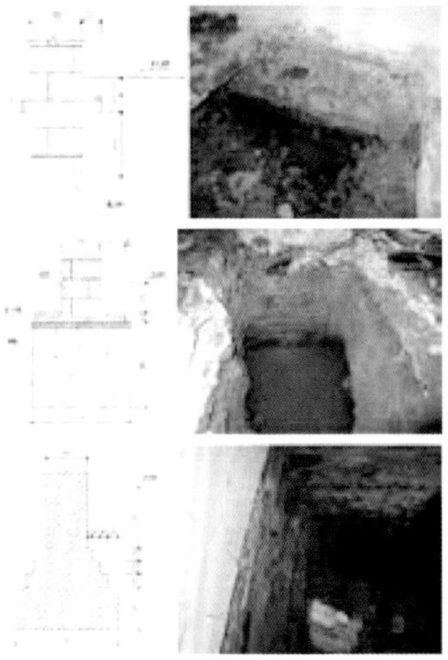 门窗洞口上方墙体有不同程度的贯穿裂缝	一般损坏	结构安全性	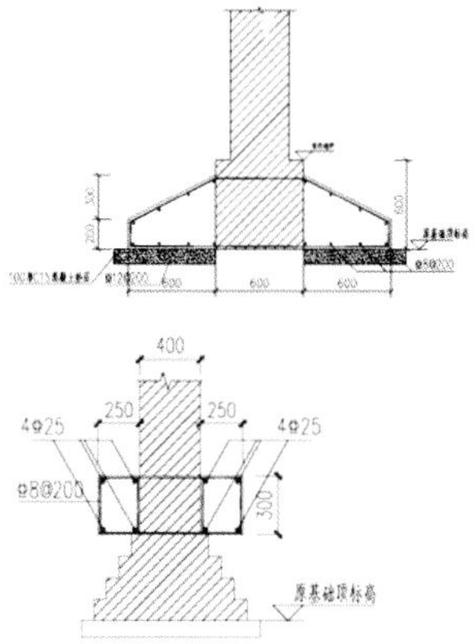 基础增设地圈梁
	砌体	城墙砖与混合砂浆	无修缮	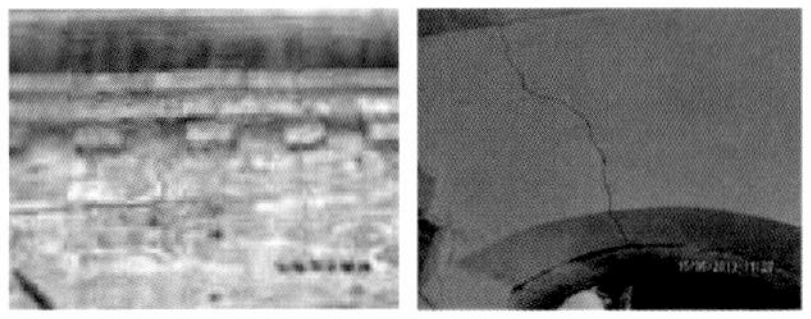 门窗洞口上方墙体有不同程度的贯穿裂缝	一般损坏	结构安全性	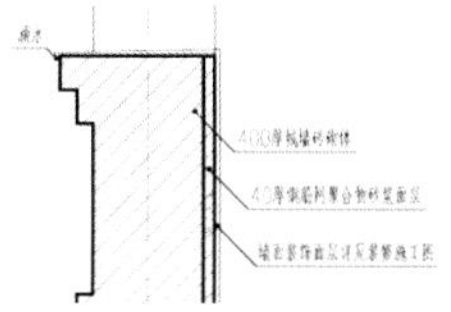 压密灌注水泥浆增强构件的整体性
	木屋架	三角形屋架体系	无修缮	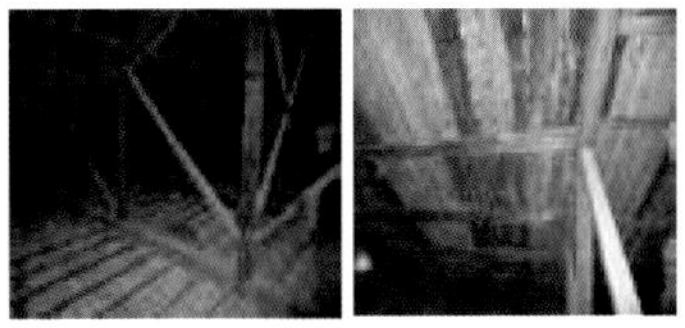 木屋架现状基本完好，除个别连接点有轻微松动外，无明显的腐朽和虫蛀损伤	一般损坏	结构安全性	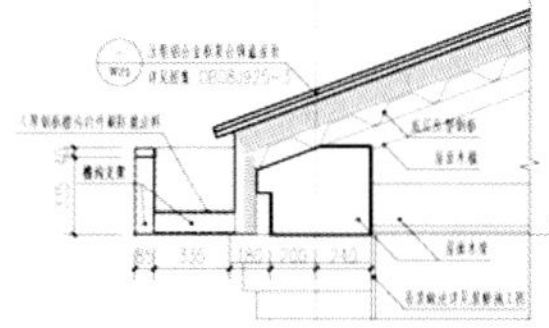 老化损坏的屋架和支撑系统等应进行修缮加固
		木梁架望板体系	无修缮	 木屋盖结构现状基本完好，无明显腐朽和虫蛀现象	一般损坏	结构安全性	对老化损坏的屋架和支撑系统等应进行修缮加固

2. 内部构造体系现状分析及保护内容

内部构造体系现状分析及保护内容见表 2-2。

表 2-2　内部构造体系现状分析及保护内容表

部位	原状	历史修缮	现状破损	现状评价	保护内容	修缮技术
楼地面	木格栅楼面	无修缮	 木楼面保存现状较好，八处勘察点的木楼楞均保存完好，无明显腐朽、虫蛀现象，仅四层一处勘察点木地板受潮严重，有大面积腐朽	一般损坏	构造工艺及外观	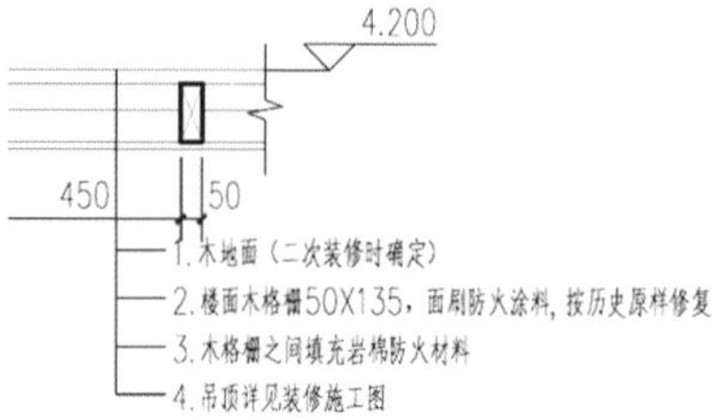
	预制楼板与混凝土面层	改楼板为后期卫生间改造时增加	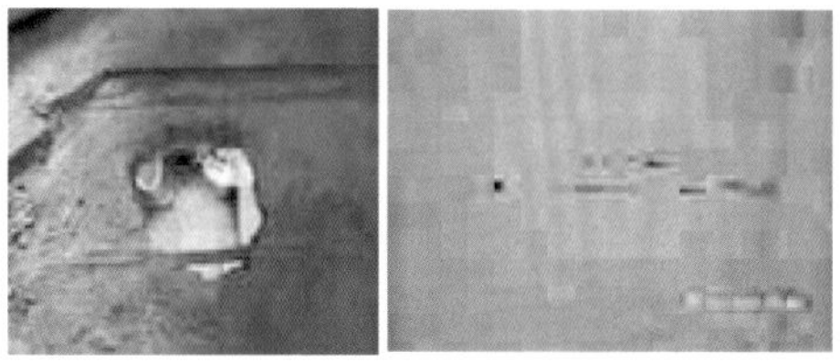 预制板钢筋锈胀、混凝土开裂与局部脱落	一般损坏	构造工艺及外观	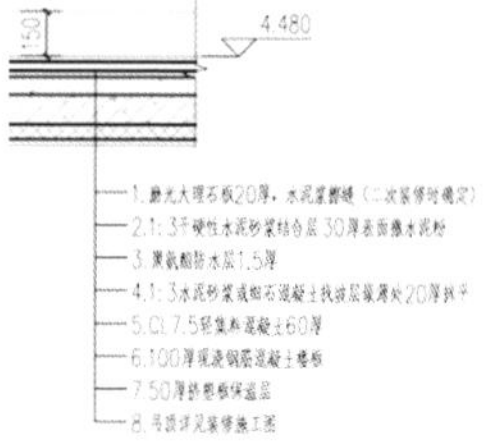
	木饰面	无修缮	 保存完好，局部面板腐坏	一般损坏	构造工艺及外观	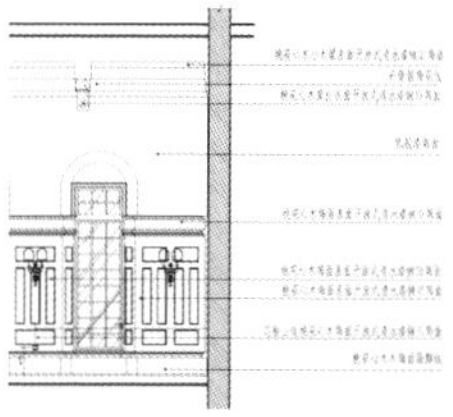
楼梯	木结构楼梯	无修缮	 1. 主楼西翼楼梯间　　2. 东翼会议室楼梯间  3. 东翼楼梯间　　4. 北翼楼梯间 楼梯保存良好，装饰简洁，具有相当的文物价值，必须加以保护保留。  局部木楼梯踏步板出现明显腐朽，腐朽与虫蛀已严重影响承载能力，必须及时采取措施进行加固处理	一般损坏	构造工艺及外观	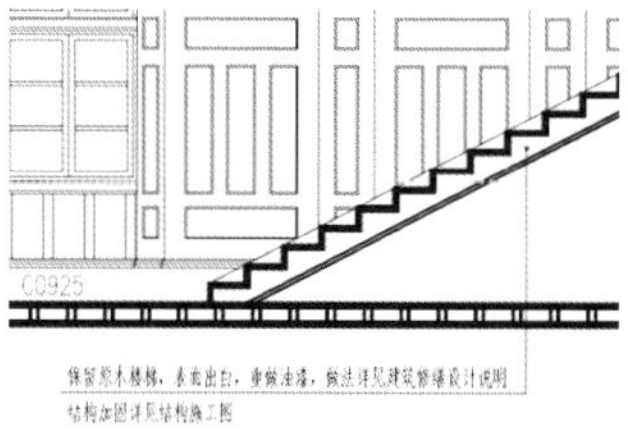

3. 外部构造体系现状分析及保护内容

外部构造体系现状分析及保护内容见表 2-3。

表 2-3　外部构造体系现状分析及保护内容表

部位	原状	历史修缮	现状破损		现状评价	保护内容	修缮技术
外墙	清水砖墙	无修缮	 门洞口上方墙体有明显的竖向与斜向贯穿裂缝	 灰缝脱落	一般损坏	构造工艺及外观	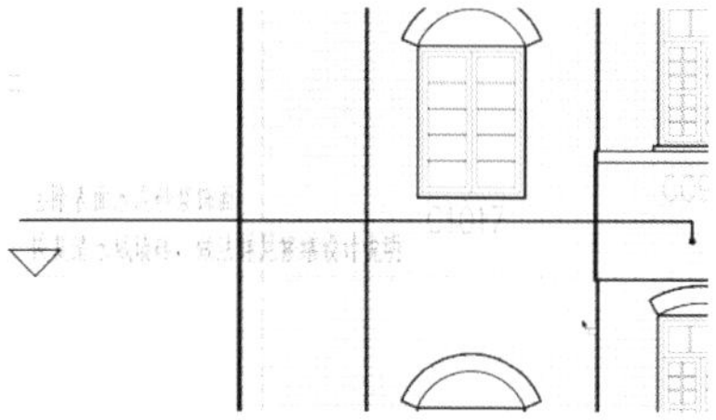
门窗	木门窗	无修缮	 二层大厅室内	 二层外廊本无木窗，应拆除后加木窗	一般损坏	构造工艺及外观	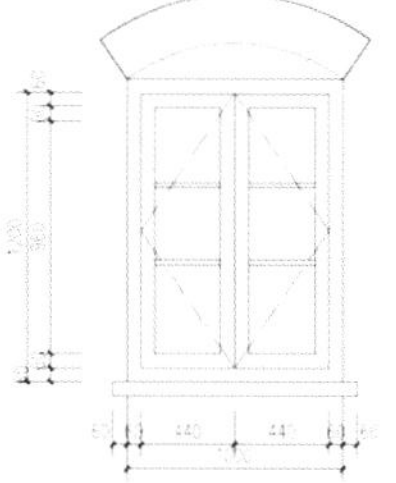 木装修的修缮一般采用"原状修复"。此次设计采用"铝木复合门窗"，在保证门、窗外观不变的同时改善其耐久度
屋面	金属屋面	无修缮	 主楼屋面	 后加的蓝色彩钢瓦屋面	一般损坏	外观	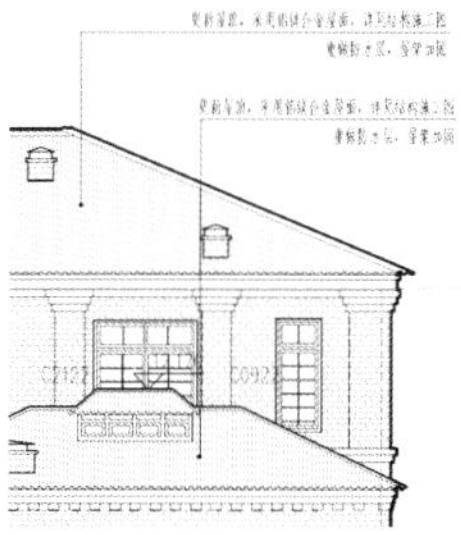 红色彩钢瓦和蓝色彩钢瓦均为后期加设，应予以拆除并根据历史照片替换为原金属瓦屋面

（七）测绘图纸

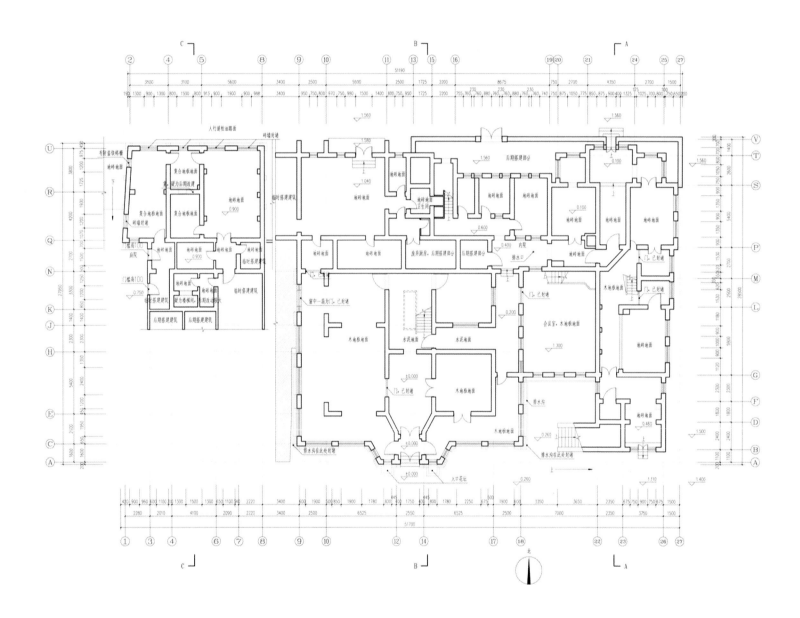

一层测绘平面图

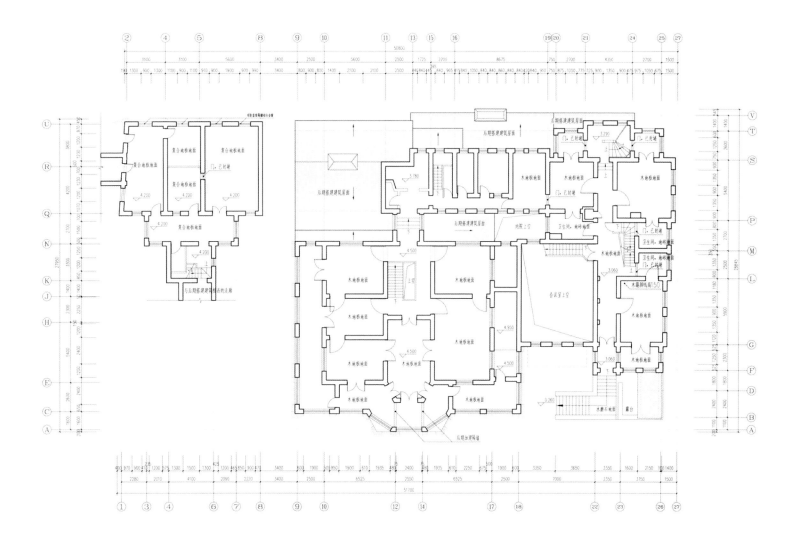

二层测绘平面图

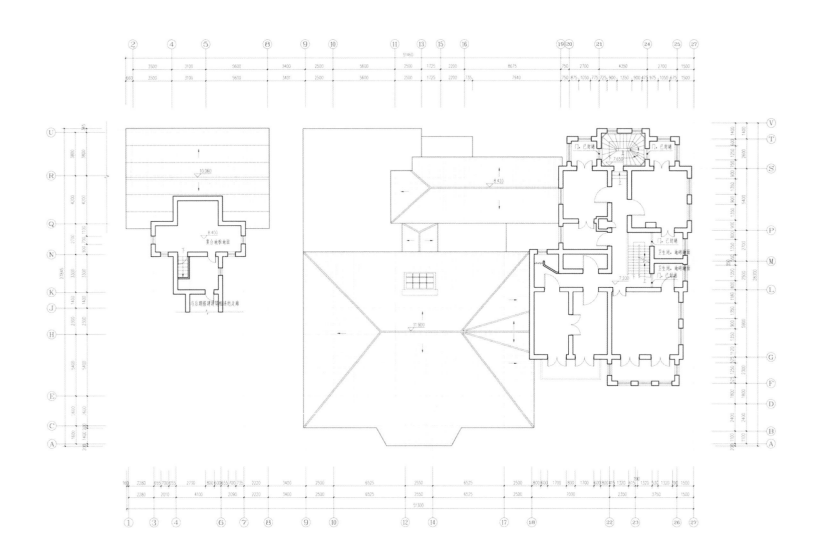

三层测绘平面图

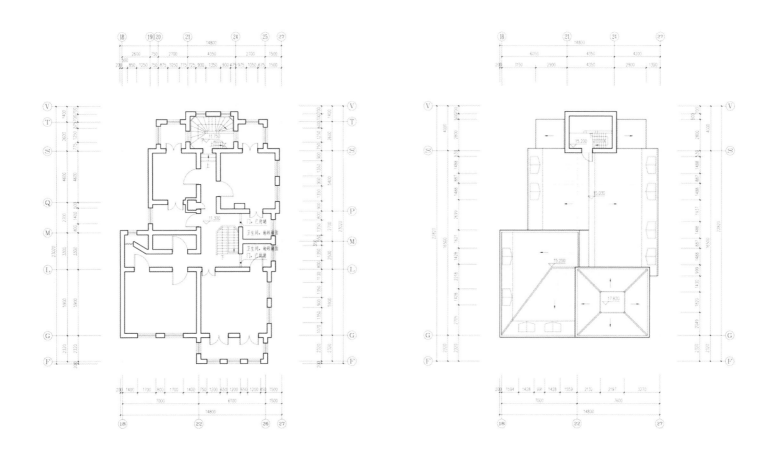

四层测绘平面图   阁楼测绘平面图

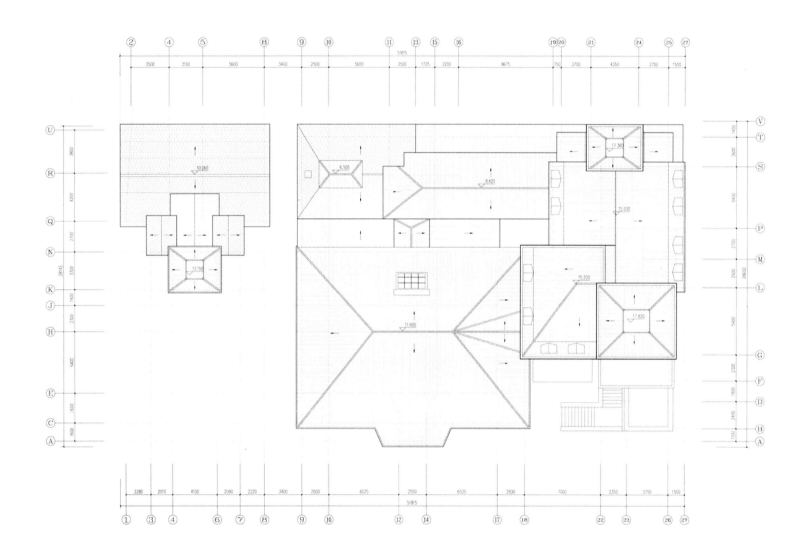

屋顶测绘平面图

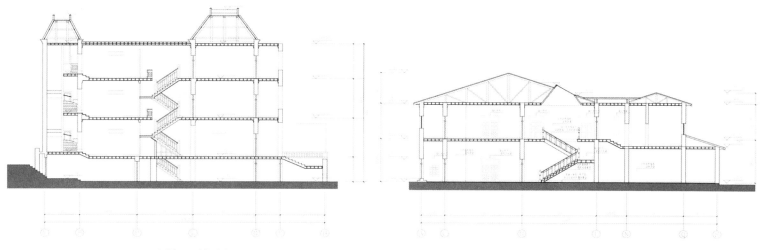

测绘A-A剖面图   测绘B-B剖面图

南立面渲染图

西立面渲染图

北立面渲染图

东立面渲染图

（八）修缮图纸

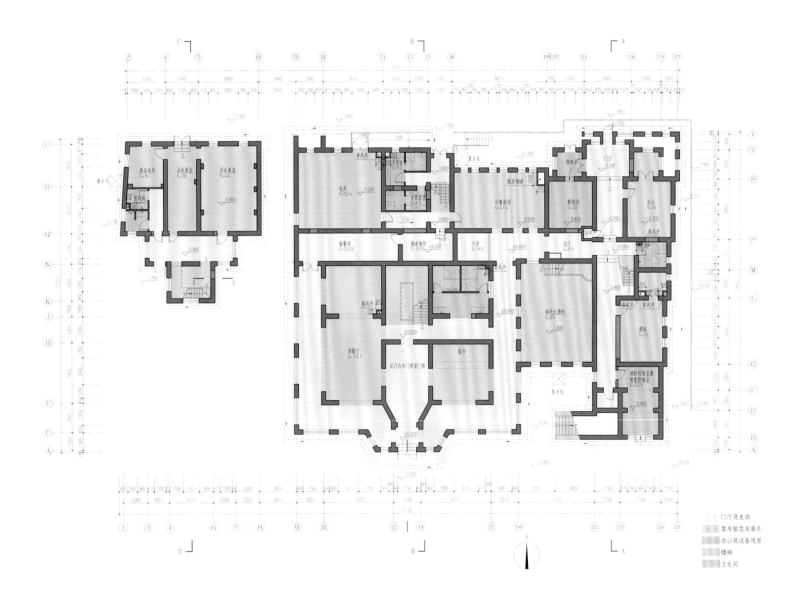

一层平面图

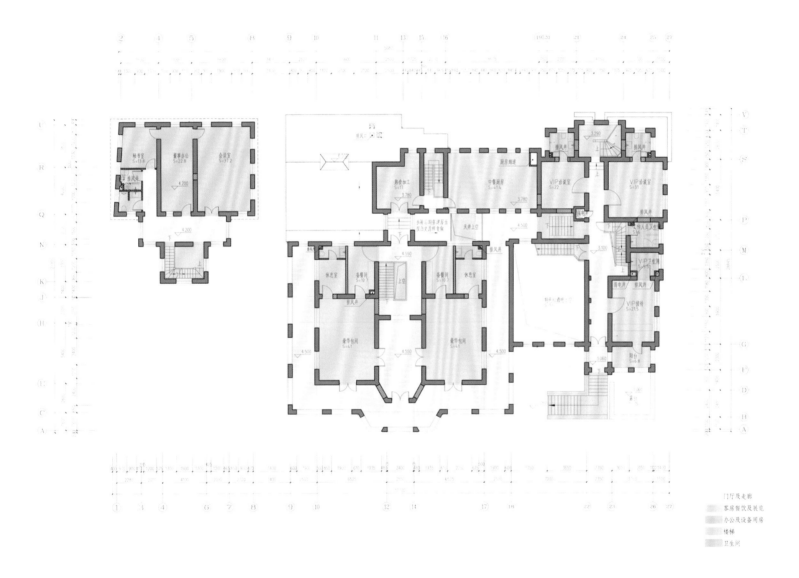

二层平面图

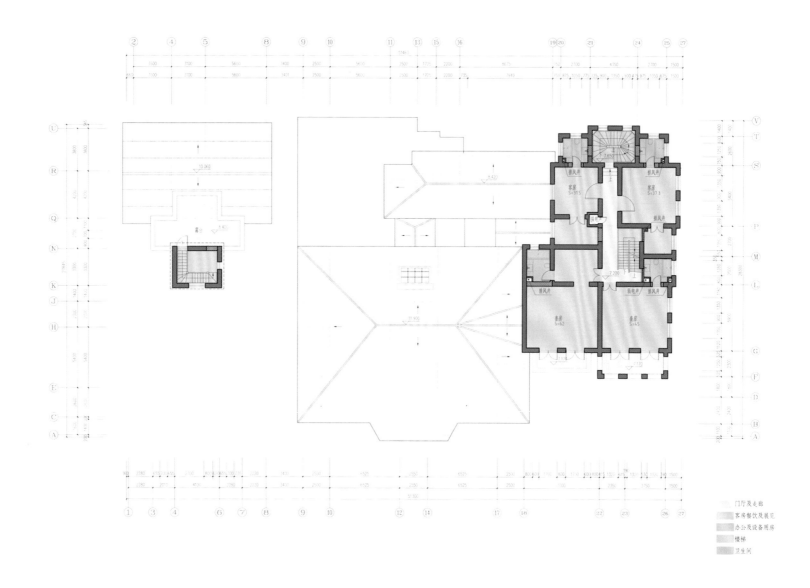

三层平面图

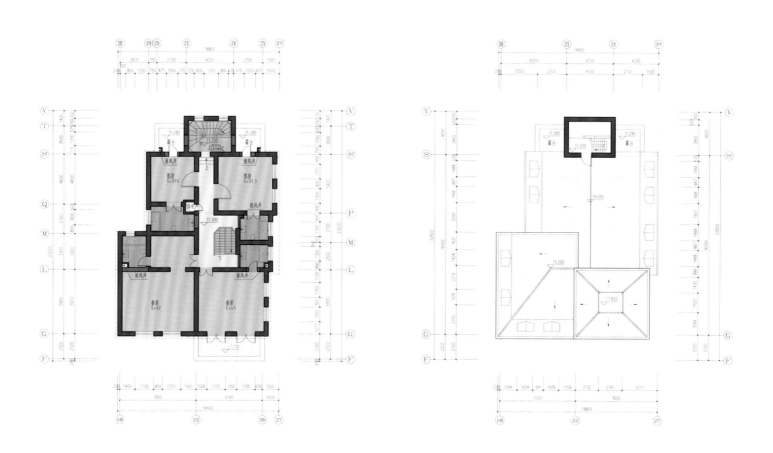

四层平面图 　　　　　　　　　　　　　　　　　　阁楼平面图

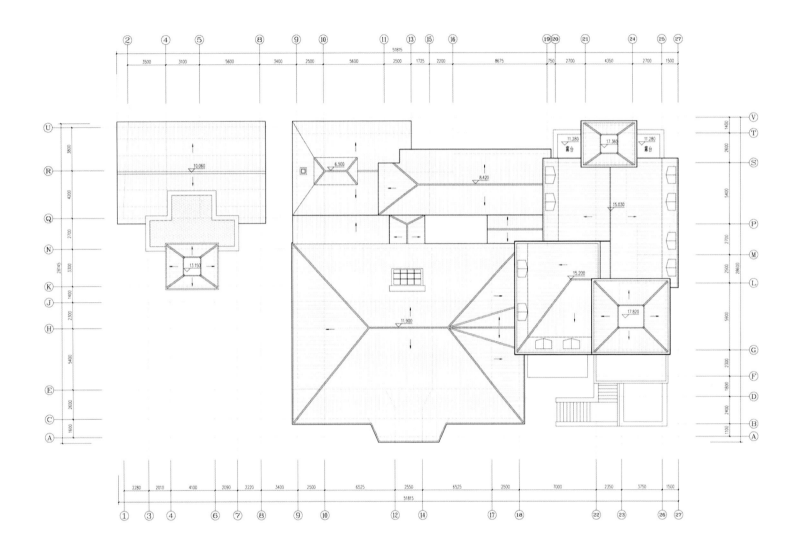

屋顶平面图

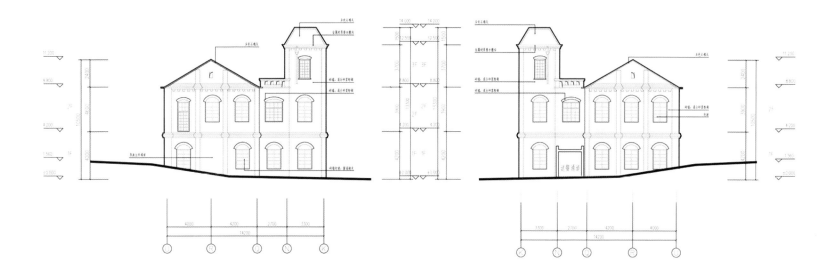

辅楼U-K立面图

辅楼K-U立面图

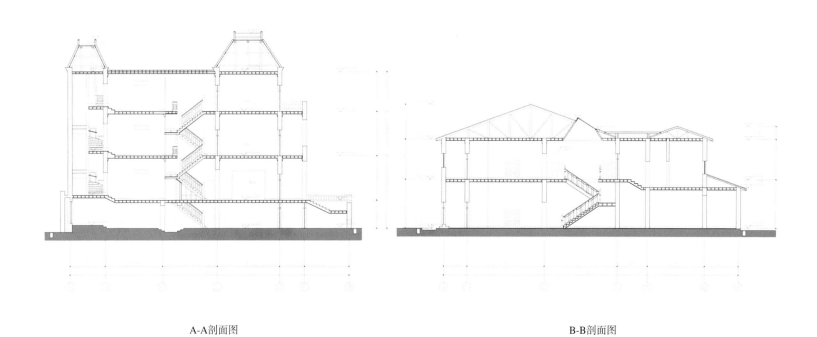

A-A剖面图

B-B剖面图

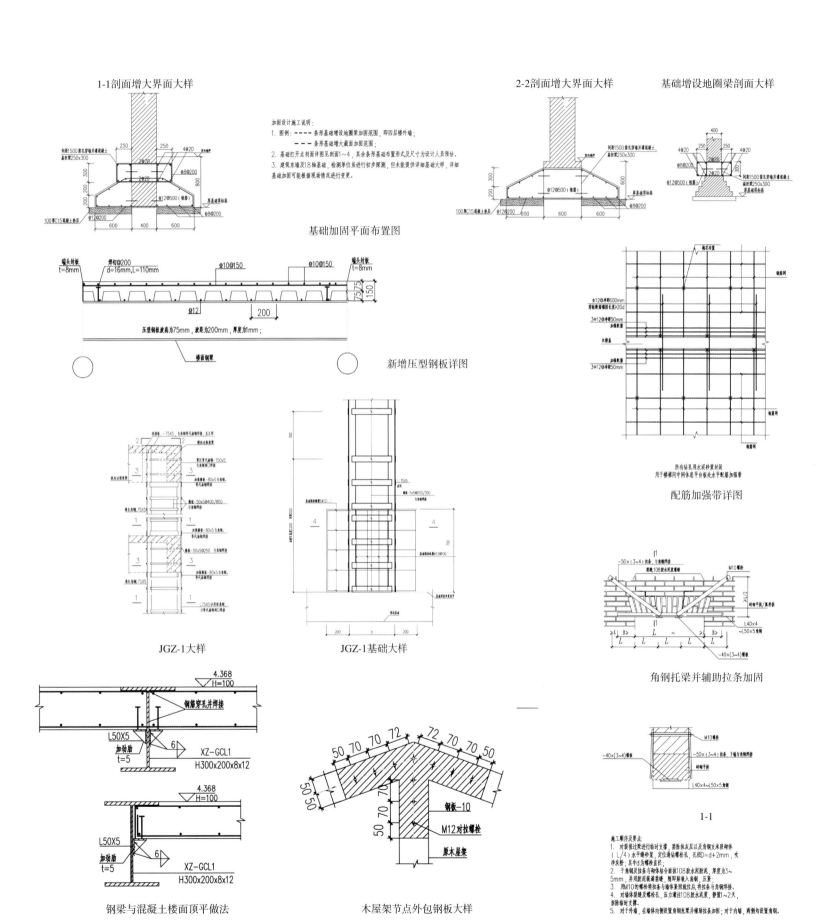

1-1剖面增大界面大样

2-2剖面增大界面大样

基础增设地圈梁剖面大样

加固设计施工说明:
1. 图例: ------ 条形基础增设地圈梁加固范围,即四层楼外墙;
   ------ 条形基础增大截面加固范围;
2. 基础打开点剖面详图见剖面1~4,其余条形基础布置形式及尺寸为设计人员预估。
3. 建筑东墙及18轴基础,检测单位正进行初步探测,但未能提供详细基础大样,详细基础加固可能根据现场情况进行变更。

基础加固平面布置图

新增压型钢板详图

配筋加强带详图

JGZ-1大样

JGZ-1基础大样

角钢托梁并辅助拉条加固

钢梁与混凝土楼面顶平做法

木屋架节点外包钢板大样

1-1

施工顺序及要点:

262

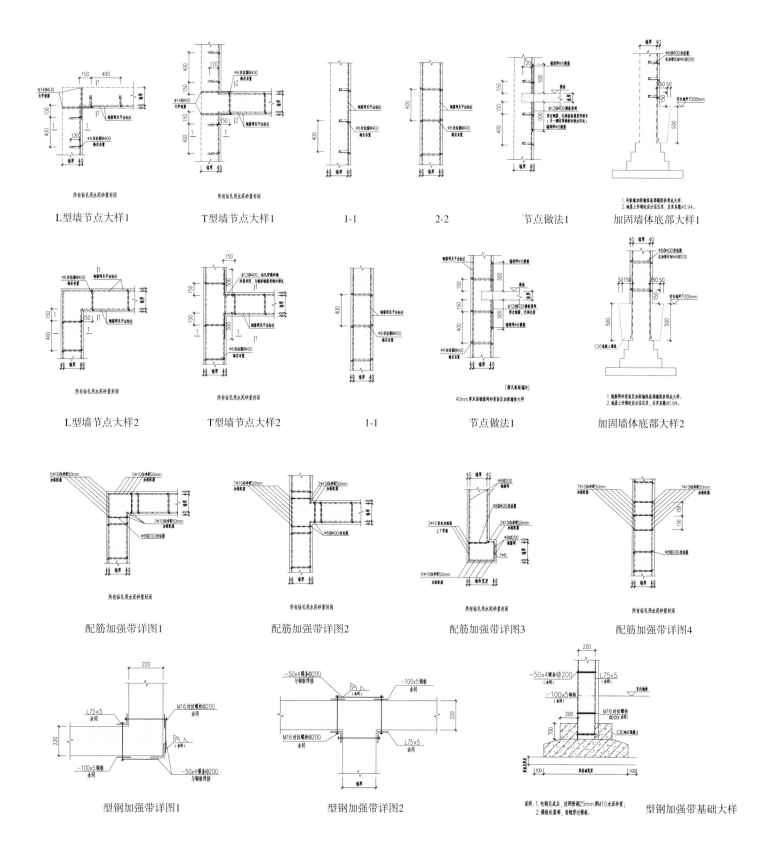

L型墙节点大样1　　T型墙节点大样1　　1-1　　2-2　　节点做法1　　加固墙体底部大样1

L型墙节点大样2　　T型墙节点大样2　　1-1　　节点做法1　　加固墙体底部大样2

配筋加强带详图1　　配筋加强带详图2　　配筋加强带详图3　　配筋加强带详图4

型钢加强带详图1　　型钢加强带详图2　　型钢加强带基础大样

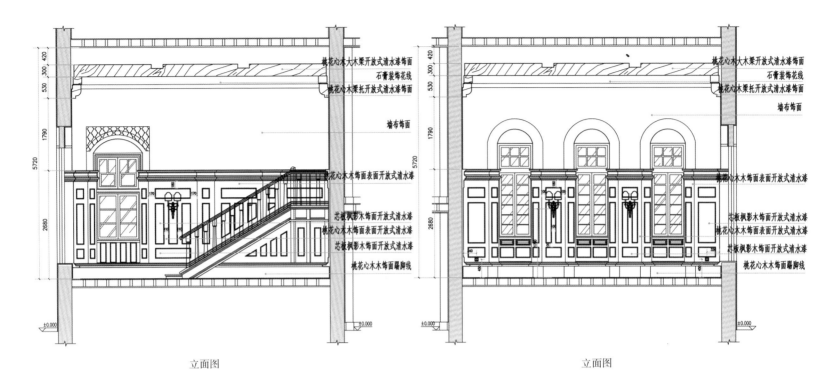

桃花心木大木梁开放式清水漆饰面
石膏装饰花线
桃花心木梁托开放式清水漆饰面

墙布饰面

桃花心木木饰面表面开放式清水漆

芯板枫影木饰面开放式清水漆
桃花心木木饰面表面开放式清水漆
芯板枫影木饰面开放式清水漆

桃花心木木饰面踢脚线

桃花心木大木梁开放式清水漆饰面
石膏装饰花线
桃花心木梁托开放式清水漆饰面

墙布饰面

桃花心木木饰面表面开放式清水漆

芯板枫影木饰面开放式清水漆
桃花心木木饰面表面开放式清水漆
芯板枫影木饰面开放式清水漆

桃花心木木饰面踢脚线

立面图

立面图

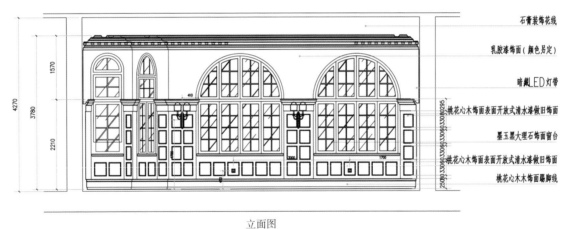

石膏装饰花线

乳胶漆饰面(颜色另定)

暗藏LED灯带

桃花心木饰面表面开放式清水漆做旧饰面

墨玉黑大理石饰面窗台

桃花心木饰面表面开放式清水漆做旧饰面

桃花心木木饰面踢脚线

立面图

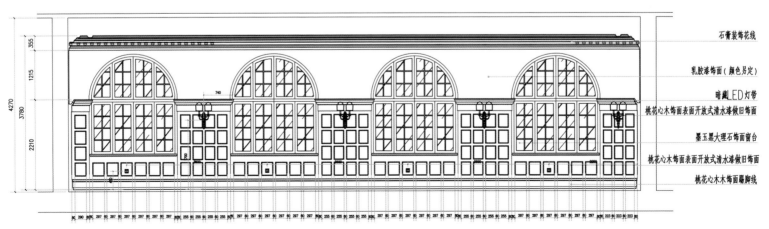

石膏装饰花线

乳胶漆饰面(颜色另定)

暗藏LED灯带

桃花心木饰面表面开放式清水漆做旧饰面

墨玉黑大理石饰面窗台

桃花心木饰面表面开放式清水漆做旧饰面

桃花心木木饰面踢脚线

立面图

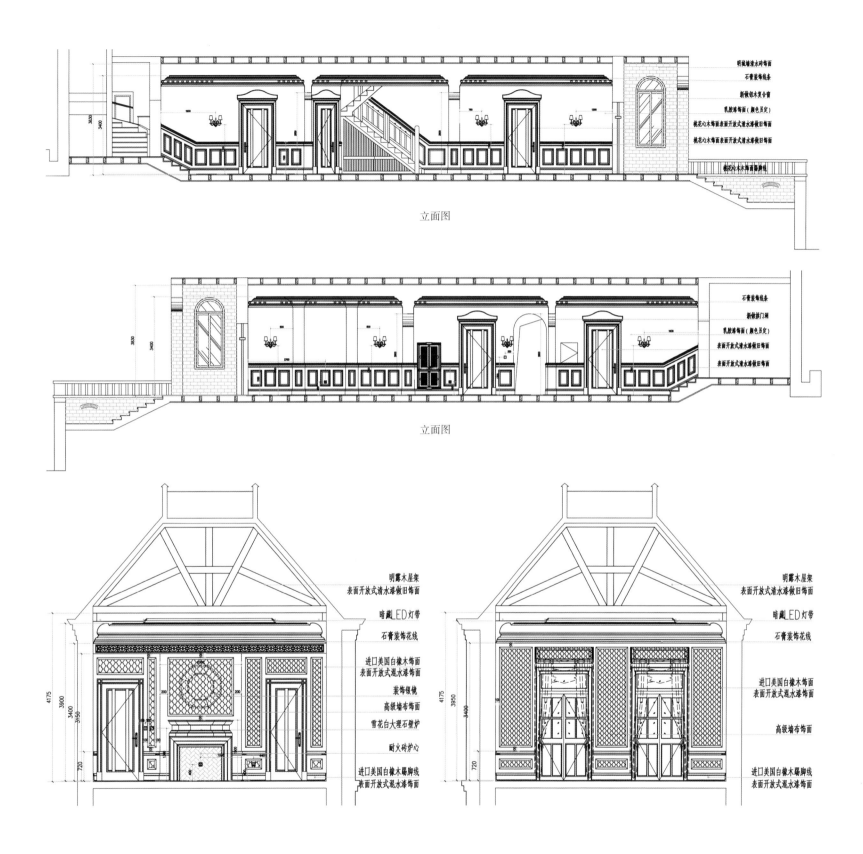

立面图

立面图

立面图

立面图

（九）修缮效果及评价

　　扬子饭店在百年之前的建设中引入了独特的建筑文化，同时也采用了城墙砖这一独有的南京建筑材料。在沉寂近 60 年后，又通过城墙砖重新被唤醒和认知，并最终得以修缮而焕发新生。在百年历程中，中西建筑文化完成了两次碰撞，双双获得了提升。

后　记

根据学术界常用定义，近代建筑在我国通常是指 19 世纪中叶（1840 年）至 20 世纪中叶（1949 年）期间，采取新的设计思路、施工技术和管理方法，运用新结构和新材料进行建造的单体和群体建筑。其对象包括中国在近代时期建造的，移植、吸收和融合了西方建筑方式，具有历史、科学、艺术价值，需要进行保护并可以进行适宜性利用的历史建筑。南京是清末洋务运动与清末新政开展的前沿重地，同时也是 1927 年之后国民政府的首都，具有特殊的城市地位。在中华民族从传统社会向现代社会转型过渡的过程中，南京扮演了重要角色。首先是其城市及建筑作为一种社会意识形态的载体，表现了这一时期上层阶级对现代性与民族性的追求与探索。一般认为，中国城市的现代化发展是从上海、广州等开埠及租借城市开始的，南京的现代化有别于这些城市，它是中国政府主权主导下进行现代化转型的城市，所以它的城市及建筑具有传统社会向现代社会逐渐转型的特殊印记及实证价值，从中可以窥探出传统中国面向世界、面向未来的种种探索与实践。这个时期南京的城市规划与建设、建筑发展、建筑技术及营造厂商的繁荣，在近代中国城市里独树一帜，占有领先地位。因此，对这一时期建筑与城市的研究和保护，具有深刻的历史意义和现实意义。

根据文物部门的统计，南京现存近代建筑约 1360 处，种类繁多、情况复杂。针对这类建筑的保护修缮工作已持续 30 余年，但已修缮和正在修缮的建筑也只占总量的 20%。造成这种窘况的根源在于专业力量不足。目前，这类保护修缮工作基本由少量高校及科研院所的专家学者完成，而大量设计单位缺乏相关学术训练和保护实践，亟须可供参考的工作方法。由于缺少统一的标准和准则，政府部门的监督管理也往往只能一事一办。而这些历史建筑的业主更是缺乏保护意识，不懂保护方法。如何有效地进行大规模保护修缮，以达到传承过去、展望未来的城市建设目标，已经成为当下无法回避的问题。

近代城市与建筑的保护和利用需要在技术操作方面和思想观念层面同时展开。本书囊括了我们多年来的研究成果和保护修缮实践，同时整合了其他兄弟院校及设计规划部门的研究成果和设计案例，以 30 多座建筑群、100 多个保护修缮案例为基础，进行分析总结，最终形成以图为主、图文并茂的系统性成果。本书的内容从南京近现代城市与建筑概述、保护原则与方法、结构体系保护修缮、内部构造体系保护修缮、外部构造体系保护修缮、特殊结构体系保护修缮、建筑性能改善、保护修缮管理规程及实践案例等几方面展开。第三、四、五章是本书的技术核心部分，这几章对建筑结构体系、内部构造体系、外部构造体系进行详细分解，针对不同部位的不同修缮方式进行详细说明，提供了一套适用于保护及利用的简便有效的菜单手册。

我们研究团队中参与本书编写的有博士生韩艺宽、陈宇恒、王真真、李莹韩、季秋、左静楠、张力，有硕士生陈易骞、吴明友、阮若辰、卢婷、赵珊珊、杨文俊、陈婷等。他们或以本书相关内容为其学位论文的研究重点，或全身心投入本书的整理编辑工作。这是本书得以在较短时间内完成的关键因素。在本书编写过程中，南京市规划局的相关领导及各位专家曾多次给予本书细致的指导，在此一并致谢！

东南大学建筑学院教授

周琦